装配公差分析自动化方法

吴玉光　著

科学出版社

北　京

内 容 简 介

本书围绕实现公差分析自动化这一目标，研究相关的理论和技术，提出基础理论和基本方法，包括几何要素的约束自由度理论、几何要素控制点变动模型、几何要素的基准体系及其建立规则与评价方法、三维公差标注正确性检查方法、机器模型的几何要素误差传递关系图、机器模型的坐标系层次体系、基于真实机器模型的装配位置计算方法、几何要素误差敏感度自动计算方法、遵循公差相关要求的尺寸公差和几何公差关联设计方法、应用公差相关要求的几何要素检测检验方法、公差分析自动化软件基本框架等。

本书可为高等学校机械设计专业的研究生、计算机辅助设计等工业软件开发者提供参考。

图书在版编目（CIP）数据

装配公差分析自动化方法／吴玉光著．—北京：科学出版社，2022.5
ISBN 978-7-03-071793-1

Ⅰ．①装…　Ⅱ．①吴…　Ⅲ．①装配（机械）-公差-自动化技术
Ⅳ．①TH163

中国版本图书馆 CIP 数据核字（2022）第 040939 号

责任编辑：陈　婕　纪四稳　李　策／责任校对：任苗苗
责任印制：赵　博／封面设计：蓝正

科学出版社 出版
北京东黄城根北街 16 号
邮政编码：100717
http://www.sciencep.com

北京凌奇印刷有限责任公司印刷
科学出版社发行　各地新华书店经销

*

2022 年 5 月第　一　版　开本：720×1000　1/16
2025 年 1 月第三次印刷　印张：12 3/4
字数：257 000

定价：98.00 元

（如有印装质量问题，我社负责调换）

前 言

零件的精度设计是产品设计的重要内容之一,零件精度通过公差指标来体现,公差指标的合理性直接影响产品的功能和制造成本。公差分析是公差设计的逆过程，公差分析的目的就是判断公差设计的合理性，优化零件的公差指标。

公差分析过程繁复，获得正确的分析结果需要丰富的专业知识和经验，因此公差分析自动化是设计者追求的梦想，为了实现这一目标，需要研究相关的理论和技术，提出基础理论和方法。

首先，几何要素的公差指标信息是公差分析过程的输入，为了保证输入信息的正确性和完整性，必须进行公差标注的正确性检查。自由度分析方法是分析几何要素公差指标合理性的基本方法。几何要素的定位完整性分析、公差分析与综合的数学模型、公差标注正确性验证等技术均需应用自由度概念。传统的几何要素自由度根据人为设定的坐标系来定义，它没有反映出几何要素的本质情况。几何要素本征自由度避免了以上缺陷，通过建立几何要素本征自由度的表示及其操作算法，几何约束关系的分析具有了统一和通用的方法。

公差数学模型是对几何要素公差信息的数学描述与表示，通过公差数学模型能够明确地解释公差参数每一个成员的意义，获得基准要素和被测要素之间的几何尺寸变动、形状变动的数值关系等，以及几何要素的控制点变动模型模拟目标几何要素在尺寸、位置和形状上偏离理想状态的情况，是公差分析、公差设计、公差检验等相关技术的基础。

正确建立几何要素的基准参考框架在公差分析与设计、几何要素检验与测量等应用中十分重要。基准参考框架的通用建立方法是将基准参考框架分解为点、过点的直线、过直线的平面三个构造元素。根据构造元素与基准要素几何类型的对应关系，建立构造元素的确定规则，给出基准要素的全部组成形式。面向坐标测量机的应用，提出基于坐标测量数据的构造元素的计算方法；面向公差分析的应用，提出基于几何要素的控制点变动模型的基准构造元素的计算方法。

几何要素误差传递关系图包含了从基准要素到目标要素的全部误差传递关系，自动建立几何要素误差传递关系图是实现目标要素变动位置自动预测的关键工作。装配模型的几何要素误差传递关系图包括装配体中零件之间的误差传递关系图和零件内几何要素之间的误差传递关系图。零件之间的误差传递关系图反映了零件模型的装配关系和装配误差；零件内几何要素之间的误差传递关系图反映了几何要素的公差标注信息、几何要素之间的基准与目标关系。

利用齐次坐标变换矩阵进行几何要素位置计算是装配公差分析中的常用方法，为了实现齐次坐标变换矩阵自动确定，首先必须实现机器模型中的坐标系自动定义，这是实现公差分析自动化的关键。

在真实机器装配接触模型中，用替代几何表示实际装配接触表面，根据误差分布规律，利用蒙特卡罗模拟方法采样得到替代几何参数值，根据替代几何的几何类型、位置和装配顺序计算装配零件的位置。

公差因子的敏感度是指公差指标的变化对目标精度影响的灵敏程度，反映了误差传动路径上各种几何要素的几何误差对目标要素几何误差影响的重要程度。若一个公差分析工具能提供公差因子的敏感度队列，则设计者就可以以此为依据对几何要素公差值及公差方案进行优化。

尺寸公差和几何公差关联设计是指同一几何要素在遵循公差相关要求的情况下，协调设计其尺寸公差和几何公差。由于关联考虑装配要素的尺寸公差和几何公差能够在不提高零件制造精度的情况下提高零件的合格率,从而增加制造效益，因此研究应用公差相关要求的设计方法具有实用价值。

针对两个基准要素应用公差相关要求的情况下缺乏转移公差计算以及几何要素精度检验的问题，必须研究应用公差相关要求的几何要素检测检验方法。首先，探讨应用公差相关要求的基准要素的几何类型、基准数量、布局关系，得出能够应用公差相关要求的基准要素的全部组合形式。然后，对每一种基准要素的组合情况，利用模拟基准要素概念建立两个基准要素应用相关要求的转移公差计算公式，给出目标要素检验公差带的计算方法和检测技术。

为了验证本书的理论和方法，必须编制一个装配公差分析自动化方法的原型软件，只有通过应用原型软件进行实例验证，才能保证本书理论和方法的正确性。

本书是对作者十多年来承担的三个国家自然科学基金项目研究成果的总结，这三个项目分别是“基于机构学理论的夹具定位误差自动分析方法研究”(50875069)、“基于机构组成原理的公差自动建模方法研究”(51175132)和“基于连杆机构模型的公差原则应用与检验方法研究”(51675147)，在此对国家自然科学基金委员会表示感谢。

书中涉及知识点多，难免有疏漏与不足之处，敬请广大读者对本书提出批评和建议。

目 录

第1章　几何约束关系的自由度分析方法

尺寸与公差指标用以指定几何要素相对于其理想状态的变动范围，包括几何要素的尺寸和形状的变动范围以及几何要素相对于基准的变动范围与变动模式，公差指标的正确设置必须遵循几何要素之间的约束关系。几何约束关系可用几何要素之间可测量的距离和角度参数来评价，距离和角度的方向必须是几何要素的自由度的方向。因此，公差指标就是控制几何要素在自由度方向的变动范围，而自由度分析方法是分析几何要素公差指标合理性的基本方法。几何要素的定位完整性分析、公差分析与综合的数学模型、公差标注正确性验证等技术均需应用自由度概念。传统的几何要素自由度根据人为设定的坐标系来定义，它没有反映几何要素的本质情况,本章给出的基本几何要素的本征自由度定义克服了这一缺陷，建立的本征自由度的表示及其操作算法使得几何约束关系分析具有统一和通用的方法。

1.1　几何要素的自由度定义

1.1.1　基本几何要素的传统自由度定义

在公差设计的合理性、正确性验证技术中，基于自由度分析的方法是传统和有效的研究方法[1-4]，人们对基于自由度的公差分析和设计技术已进行了数十年的研究，取得了大量有价值的成果[5]。有关基准约束目标自由度的关系问题早就引起了人们的注意。吴永宽等[6]提出了基准约束目标自由度的具体条件。美国机械工程师协会报告标准 ASME Y14.5.1M-1994[7]也在关于基准参考框架(DRF)的定义部分讨论了自由度的概念，枚举了点、线、面的全部相对位置关系，从几何位置控制的角度得出只有六种类型的基准参考框架的结论，并列出了全部有意义的基准组合。Kramer[8]使用符号推理的方法来决定零件在装配体内的自由度。Wu 等[9]将自由度模型与属性数据模型相结合来开发装配公差分析模型。Shen 等[10]提出了确定一个基准体系自由度的计算代数公式，试图将基准约束自由度能力的计算用于公差验证技术中。

吴玉光[11]将夹具约束工件的自由度归纳为线平移自由度、线转动自由度、面平移自由度和面转动自由度等四类。公差标注也可以理解为对几何要素的约束，公差标注的正确性主要体现在公差类型选择的有效性、各种公差关系之间约束自由度的一致性、公差数值设置的合理性等多方面[12,13]，通过自由度分析就可以检查公差标注的正确性。

自由度分析方法源于机构组成原理中的刚体约束理论。根据运动学原理，空间刚体具有三个移动自由度和三个转动自由度，机构中构件的连接实际上就是约束了构件之间的相对自由度。因此，根据自由度分析方法就可以建立机构的组成原理。零件存在制造误差及误差分布的随机性，几何要素的实际位置相对于其理想位置必然存在微小偏离，一批零件中的同一几何要素偏离其理想位置的程度各不相同，若将几何要素根据偏离程度进行排列，则每一个位置都可以看成同一几何要素相对于其理想位置的微小位移的结果，因此几何要素也具有“运动”的特征，可见它们与刚体类似，也具有自由度性质，自由度分析方法也可用于几何要素的位置偏差分析。但与刚体的自由度又不完全相同，几何要素具有几何本身的特性，即几何要素的位置在某些方向上具有不变性，几何要素具有不动度，在不动度方向的变动不影响设计要求的功能特性，因此几何要素具有的自由度数量通常小于六个。例如，点要素没有转动自由度，直线要素没有沿平行于自身直线方向的平移自由度和绕直线自身的转动自由度，平面要素没有沿平行于平面本身的平移自由度和绕自身法线的转动自由度等，因此点、直线和平面分别只有三个、四个和三个自由度。

由于点、直线、平面是构成零件形体的基本几何要素，零件的尺寸公差和几何公差均以其作为标注和测量的对象，几何要素的自由度分析方法首先需要研究点、直线和平面等三个基本几何要素的自由度。受自由度原始概念的影响，基本几何要素自由度的传统定义仍然借用刚体自由度的表示方法，即沿直角坐标系的三个坐标轴方向的平移自由度(T)和绕三个坐标轴的转动自由度(R)，如图1.1(a)～(c)所示。习惯表示法中，基本几何要素自由度沿坐标轴方向确定，但坐标系的定义却没有明确的规定，因此自由度方向的定义尚不明确，而且对于同一个几何要素在不同的坐标系下就会出现不同的自由度。此外，在没有坐标系定义的场合，自由度也没有办法表示。

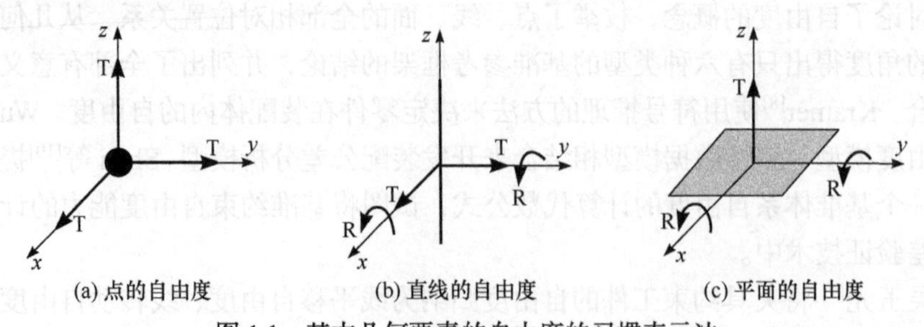

(a) 点的自由度　(b) 直线的自由度　(c) 平面的自由度

图1.1　基本几何要素的自由度的习惯表示法

基本几何要素自由度的习惯表示法没有体现几何要素自身的几何特性，即没有将基本几何要素所具有的自由度与几何要素自身的几何特性建立联系，当将其应用于公差分析和测量时，还存在着诸多问题，这些问题包括：①约束自由度计算公式没有通用性，不能处理被测目标与基准处于一般位置的情况；②不能明确指明约束某一特定自由度的具体基准要素，因此无法区分各项公差与具体基准要素的关系，从而不能支持公差检验和公差标注正确性分析。这是习惯表示法不便于建立基准要素约束自由度能力计算公式的原因，也使得当前计算机辅助设计(computer aided design，CAD)软件的公差模块均缺少了公差标注合理性检查功能。以上情况说明基本几何要素的自由度的习惯表示法是存在问题的。

1.1.2　基本几何要素的本征方向和本征自由度定义

一个几何要素的定位必然相对于一个参照系进行，这个参照系就是基准或者基准体系，而基准也必定由几何要素来承担，基准必须从基本几何要素中提取，因此公差技术中确定几何要素的位置必然要和其他几何要素联系起来，而不能孤立讨论几何要素的自由度或者仅根据几何要素自身来设置坐标系，几何要素的自由度的定义必须在这一前提下进行。事实上，每一个目标几何要素都有一个与自身以及和其基准要素的几何特性相关的固有方向，本书将这个固有方向定义为基本几何要素的本征方向。对于直线要素，本征方向为直线本身；对于平面要素，本征方向为目标平面的法线方向；对于点要素，本征方向则根据不同的基本几何要素的几何类型可分为基准点指向目标点的方向、经过目标点的基准直线的垂线方向、经过目标点的基准平面的法线方向等三种情况。

根据本征方向特性，可以将基准要素对目标要素自由度的约束要求分为四类：①约束沿本征方向的一个平移自由度；②约束垂直于本征方向的全部平移自由度；③约束沿本征方向的一个转动自由度；④约束垂直于本征方向的全部转动自由度。本征方向的定义使得自由度除了平移和转动两个类型特性，还有平行和垂直于本征方向两个方向特性。与这些约束能力相对应，这些被约束的自由度也分为四类：①线平移自由度，即沿一个给定方向的平移自由度；②面平移自由度，即沿一个平面内任意方向的平移自由度，或者说沿垂直于一个给定方向的平移自由度；③线转动自由度，即绕一个给定轴线的转动自由度，或者说沿旋转轴方向固定的转动自由度；④面转动自由度，即绕一个平面内任意轴线的转动自由度，或者说旋转轴垂直于一个固定方向的转动自由度。这四类自由度的总和正好就等于几何要素的全部自由度，因此几何要素的传统的三个平移自由度和三个转动自由度可以划分为以上四个类别，本书将这四类自由度命名为本征自由度。

点、直线和平面等三个基本几何要素的本征自由度如图 1.2 所示，点具有一个线平移自由度 T 和一个面平移自由度 TT，直线具有一个面平移自由度 TT 和一个面转动自由度 RR，平面具有一个线平移自由度 T 和一个面转动自由度 RR。这些本征自由度的方向均沿着几何要素的本征方向，几何要素的本征方向确定之后，本征自由度也就直接确定了，可见本征自由度的确定脱离了几何要素的位置坐标系，因而即使在没有定义坐标系的场合也可以利用本征自由度来说明几何约束的问题。

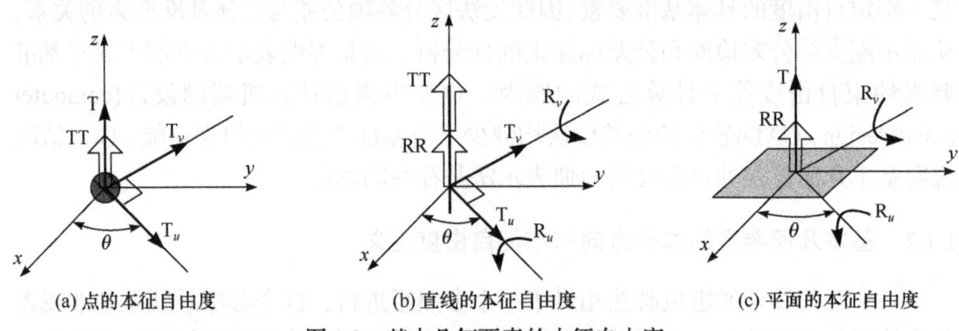

图 1.2 基本几何要素的本征自由度

图 1.2 中，T_u、T_v 和 R_u、R_v 分别表示方向已经确定的线平移自由度和线转动自由度。例如，T_u 和 T_v 分别表示相互垂直且分别沿 u 轴和 v 轴方向的线平移自由度，这里的 u、v 轴相对于 x、y 轴分别转动一个角度 θ；R_u、R_v 分别表示绕 u 轴和 v 轴的线转动自由度，且 u 轴和 v 轴相互垂直。图 1.2 中用两个字母 TT 和 RR 分别表示面平移自由度和面转动自由度，用一个字母 T 和 R 分别表示线平移自由度和线转动自由度，用带下标的字母 T 和 R 分别表示沿下标所代表方向的线平移自由度和线转动自由度。由图 1.2 可知，当 θ 已知时，TT 就可以分解为 T_u 和 T_v，RR 就可以分解为 R_u 和 R_v。因此，本征自由度和传统自由度在一定条件下可以相互转化，相对于传统的自由度定义，线平移自由度和线转动自由度就是传统的给定方向的平移自由度和转动自由度，面平移自由度可以转化为两个独立的线平移自由度，面转动自由度也可以转化为两个线转动自由度。由此可见，当 θ 已知时，点、直线、平面等基本几何要素的本征自由度和传统的自由度是完全等价的；当 θ 不确定时，面平移自由度和面转动自由度的位置和方向都是可以确定的，但此时传统自由度方向的确定就缺乏依据了。

1.1.3 成组要素的本征自由度定义

成组要素是由一组类型相同的几何形体按一定的规则阵列布置而组成的几何整体，几何形体由点、直线、平面组合而成，因此成组要素也是由点、直线、平面组成的一个整体几何图框。组成成员的常见排列有圆形阵列和矩形阵列两种布置方式，此外还有沿直线布置和沿曲线布置等特殊的阵列形式。成组要素具有布局和成员两个特性，公差项目对成组要素位置变动的控制也由两部分组成：一部分为几何图框整体相对于基准位置变动的控制，另一部分为成员要素之间的相对位置变动的控制。成组要素作为一个整体与外部基准建立几何公差关系，成员要素之间位置变动的控制通过限制成员要素的坐标位置误差来进行，坐标系则由几何图框确定。

成组要素的自由度数量与成员要素和刚体的自由度数量均不相同。首先，成组要素阵列是一个几何图框，它具有比成员要素更多的自由度，如圆形阵列成组要素，其几何图框为圆柱体，该圆柱体除了具有直线的自由度，还具有绕圆柱轴线的转动自由度。其次，成组要素的几何图框具有柱类体性质，即它没有沿柱类体长度方向的一个移动自由度。因此，根据自由度的习惯表示法，成组要素一般具有两个平移自由度和三个转动自由度。

成组要素的本征方向和本征自由度可以根据几何图框的约束情况进行定义。对于矩形阵列和圆形阵列的成组要素，其几何图框的位置和方向的约束均可以通过约束其中的一对正交矩形平面来实现。这对正交矩形平面可以根据成组要素的阵列方式进行选取，对于圆形阵列，这对正交矩形平面就是圆柱体的两个正交的直径平面；对于矩形阵列，这对正交矩形平面就是空间立方体的两个对称面。几何图框的本征方向定义为这两个正交矩形平面的交线方向，几何图框的自由度就是这两个正交矩形平面的本征自由度的逻辑和，成组要素的本征自由度的表示如图 1.3 所示。图中点划线代表几何图框的端面形状，细实线边框代表两个正交矩形平面，与几何图框相连的坐标系的 z 轴为两个正交矩形平面的交线，x 轴方向为其中一个正交矩形平面的法线方向，y 轴方向为另一个正交矩形平面的法线方向。对于矩形阵列的成组要素，其两个正交矩形平面相对于成组要素本身是固定的，因此这个坐标系的三个坐标轴的方向均为确定的方向，成组要素的本征自由度方向也是确定的，z 轴方向有一个线转动自由度 R_z，x、y 轴方向分别各有一个线平移自由度 T_x、T_y 和线转动自由度 R_x、R_y。但对于圆形阵列的成组要素，这个坐标系只有 z 轴的方向是固定的，x、y 轴方向还要通过其他条件的确定，图 1.3(b)是确定了坐标系方向的自由度情况，对于未确定坐标系方向的圆形阵列的成组要素，其本征自由度只能分解为一个线转动自由度、一个面转动自由度和一个面平移自由度。

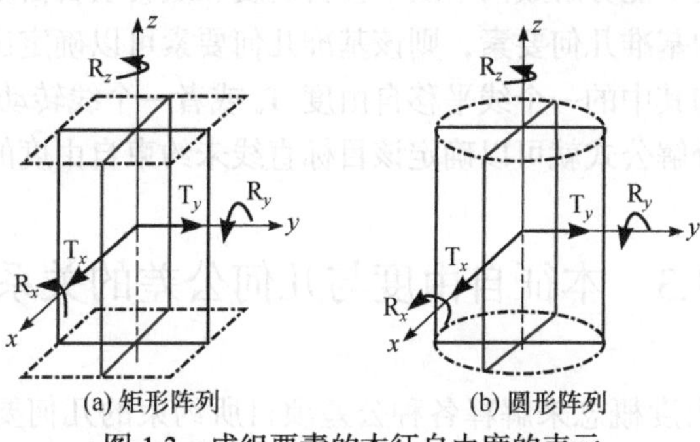

(a) 矩形阵列　　(b) 圆形阵列

图 1.3　成组要素的本征自由度的表示

1.2 本征自由度的表示和操作运算

为了应用本征自由度进行公差分析，需要定义本征自由度的逻辑运算操作算子，包括自由度的合并和分解两种操作。一个几何要素所具有的本征自由度的合并是一种逻辑求和，即参与合并的两个移动自由度或两个转动自由度分别逻辑相加。一个几何要素所具有的本征自由度的合并有以下四种情况：

(1) 两个不同方向的线平移自由度可以合并为一个面平移自由度，即 $T_u \times T_v$=TT、TT⊥T_u、TT⊥T_v。

(2) 两个不同方向的线转动自由度可以合并为一个面转动自由度，即 $R_u \times R_v$=RR、RR⊥R_u、RR⊥R_v。

(3) 一个线平移自由度加一个面平移自由度等于一个面平移自由度，即若T//TT，则T∪TT=TT。

(4) 一个线转动自由度加一个面转动自由度等于一个面转动自由度，即若R//RR，则R∪RR=RR。

一个几何要素所具有的面自由度可以分解为两个互相垂直的线自由度，面自由度的分解是一种逻辑分解。面自由度的分解有以下两种情况：

(1) 一个面平移自由度可以分解为互相垂直且同时垂直于面平移自由度的两个线平移自由度，即 TT=$T_u \times T_v$，且 T_u⊥T_v、T_u⊥TT、T_v⊥TT。

(2) 一个面转动自由度可以分解为互相垂直且同时垂直于面转动自由度的两个线转动自由度，即 RR=$R_u \times R_v$，且 R_u⊥R_v、R_u⊥RR、R_v⊥RR。

由本征自由度的定义可知，一个目标几何要素需要约束的本征自由度方向必须结合其基本几何要素才能确定，从而将面平移自由度、面转动自由度分解为线平移自由度、线转动自由度，这些确定方向的本征自由度就是习惯表示法的平移自由度和转动自由度。例如，当几何要素是一条直线时，该直线的面平移自由度和面转动自由度还不能分解成两个线平移自由度和线转动自由度，若该直线有了定义其几何公差的基准几何要素，则该基准几何要素可以确定出它所能约束的自由度方向。若已知其中的一个线平移自由度 T_u 或者一个线转动自由度 R_u，则根据本征自由度的分解公式就可以确定该目标直线未约束自由度的情况。

1.3 本征自由度与几何公差的关系

利用本征自由度概念来解释各种公差项目所约束的几何要素的变动十分方

便。点、直线、平面等三种基本几何要素具有四种本征自由度，尺寸公差和几何公差正是约束目标要素在这四种本征自由度方向的变动，各种公差项目对目标要素的位置变动约束方向就是这四种本征自由度中的一种或几种的组合。例如，目标直线相对于基准平面的垂直度公差就是约束该直线的面转动自由度；目标平面相对于基准平面的倾斜度公差就是约束该平面沿两平面交线的线转动自由度。各种公差项目的约束点、直线和平面等基本几何要素的本征自由度的类型和方向可以归纳为表 1.1。

根据公差类型与约束自由度的关系，表 1.1 中将尺寸公差分为距离尺寸公差和角度尺寸公差两种类型，将几何公差分为同轴、对称、跳动和角度四种类型。其中，目标要素和基准要素栏中的代号 n 和 v 分别表示直线要素所在方向矢量或者平面要素的法线矢量，约束自由度栏中的代号 n 和 v 则表示约束自由度所在的方向矢量。符号“//”表示两个矢量的平行关系，“⊥”表示两个矢量的垂直关系，“×”表示两个矢量的叉积运算，p 代表经过点，“$//n\text{-}v$”表示平行于两平行矢量所在的平面，若约束自由度用括号给定多个条件，则说明括号内的多个条件必须同时满足。同样，表中 T 表示线平移自由度，TT 表示面平移自由度，R 表示线转动自由度，RR 表示面转动自由度。

表 1.1 各种公差项目所约束的本征自由度

公差项目	目标要素 n	基准要素 v	约束平移自由度 类别，方向	约束转动自由度 类别，方向	备注
距离尺寸	点	平面 v	T，v		
	点	轴线 v	T，(p，$\perp v$)		
	轴线 n	轴线 v	T，$n\times v$	R，$n\times v$	n、v 不平行
	轴线 n	轴线 v	T，($\perp n$，$//n\text{-}v$)	RR，n	n、v 平行
	轴线 n	平面 v	T，v	R，$n\times v$	
	平面 n	轴线 v	T，n	R，$n\times v$	
	平面 n	平面 v	T，n	RR，n	
角度尺寸	轴线 n	轴线 v		R，$n\times v$	
	轴线 n	平面 v		R，$v\times n$	
	平面 n	轴线 v		R，$v\times n$	
	平面 n	平面 v		R，$n\times v$	
同轴	轴线 n	轴线 v	TT，v	RR，v	

续表

公差项目	目标要素 n	基准要素 v	约束平移自由度 类别，方向	约束转动自由度 类别，方向	备注
对称	中心面 n	平面 v	T，v	RR，v	
圆跳 全跳	轴线 n	轴线 v	TT，v	RR，v	
	平面 n	轴线 v	T，v	RR，v	
平行度	轴线 n	轴线 v		RR，v	
	轴线 n	平面 v		R，$n×v$	
	平面 n	轴线 v		R，$n×v$	
	平面 n	平面 v		RR，v	
垂直度	轴线 n	轴线 v		R，$n×v$	
	轴线 n	平面 v		RR，v	
	平面 n	轴线 v		RR，v	
	平面 n	平面 v		R，$n×v$	
倾斜度	轴线 n	轴线 v		R，$n×v$	
	轴线 n	平面 v		R，$n×v$	
	平面 n	轴线 v		R，$n×v$	
	平面 n	平面 v		R，$n×v$	
位置度	点	轴线 v	TT，v		
	点	平面 v	T，v		
	轴线 n	平面 v	T，v	R，$n×v$	
	轴线 n	轴线 v	T，	RR，v	n、v平行
	轴线 n	轴线 v	TT，n	RR，v	n、v重合
	平面 n	轴线 v	T，n	R，$n×v$	n、v垂直
	平面 n	轴线 v		RR，v	n、v平行
	平面 n	平面 v	T，v	RR，v	n、v平行
	平面 n	平面 v		R，$n×v$	n、v垂直

为了加强对表 1.1 中内容的理解，下面以图 1.4 所示的法兰盘零件的公差标注情况为例，说明图中标注的公差所约束的自由度情况。

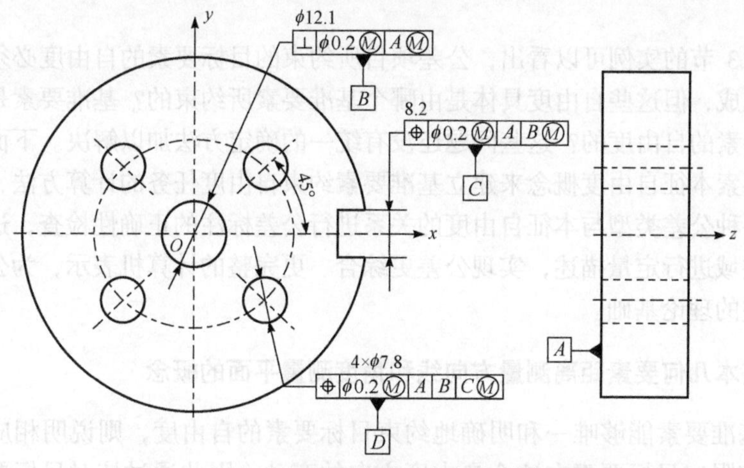

图 1.4　几何公差需要约束的自由度(单位：mm)

(1) 中心孔 B 相对于底面 A 的垂直度公差的约束自由度要求情况：中心孔 B 是一个圆柱，其导出几何要素是直线，本征方向为 z 轴，具有一个面平移自由度 TT 和一个面转动自由度 RR，两者均平行于 z 轴。垂直度公差约束中心孔 B 的面转动自由度 RR，即约束该轴线任意方向的转动自由度，而对轴线的平移自由度没有约束。

(2) 直槽 C 相对于底面 A 和中心孔 B 的位置度公差的约束自由度要求情况：直槽 C 的导出几何要素为中心平面，中心平面的本征方向为平行于 y 轴方向，中心平面具有的本征自由度为平行于 y 轴方向的线平移自由度 T_y 和面转动自由度 RR，位置度公差要求约束目标要素的所有自由度，即直槽 C 的全部自由度 T_y 和 RR 必须由两个基准要素底面 A 和中心孔 B 完全约束。

(3) 目标 D 的位置度公差的约束自由度要求情况：目标 D 为成组要素，其几何图框为一个圆柱，圆柱的轴线为两个正交平面的交线，这两个正交平面可以理解为分别与 Oxz 或 Oyz 坐标平面重合的平面，也可以理解为绕 z 轴转过一个 45° 的平面，取决于几何公差的具体基准体系。不论两个正交平面绕 z 轴转过多少角度，它们的交线均与 z 轴重合，因此该几何图框的本征方向为 z 轴方向，几何图框具有一个线转动自由度 R_z、一个面平移自由度 TT 和一个面转动自由度 RR。其中，两个正交平面的方向可以确定，因此面平移自由度 TT 可以分解为两个线平移自由度 T_x、T_y，面转动自由度 RR 可以分解为两个线转动自由度 R_x、R_y。位置度公差对这些自由度均需要约束，具体约束任务由三个基准要素 A、B、C 承担。

1.4　基本几何要素约束自由度原理

由 1.3 节的实例可以看出，公差项目所约束的目标要素的自由度必须由基准要素来完成，但这些自由度具体是由哪个基准要素所约束的？基准要素是如何约束目标要素的自由度的？这些问题还没有统一的确定方法加以解决。下面利用基本几何要素本征自由度概念来建立基准要素约束自由度任务的计算方法，进而通过建立各种公差类型与本征自由度的关系进行公差标注的正确性检查，进一步对三维公差域进行定量描述，实现公差更综合、更完整的计算机表示，为公差技术建立完整的理论基础。

1.4.1　基本几何要素距离测量方向线和角度测量平面的概念

若基准要素能够唯一和明确地约束目标要素的自由度，则说明相应的几何公差能够限定目标要素在这个自由度方向的变动，因此通过核对目标要素的全部自由度的约束基准，就可以确定该目标要素当前的公差标注对位置变动约束的完备程度。由此可见，能够计算出基准要素约束目标要素的自由度是目标要素定位完整性分析的关键，为确定这些被约束的自由度的数量和方向，提出距离测量方向线和角度测量平面两个概念，即建立基准要素约束目标要素自由度的计算方法。

距离测量方向线的定义为：当基准要素和目标要素分别由点、直线、平面等三个基本几何要素组成时，基准要素和目标要素之间的距离测量方向线是两个要素的测量点之间的连线，该连线必须是两者之间的最短距离直线或两者之间的公垂线，基准要素和目标要素之间的全部距离测量方向线必须正交。距离测量方向线用代号 DMDL 表示。

角度测量平面的定义为：当基准要素和目标要素由直线和平面两种基本几何要素组成时，基准要素和目标要素之间的角度测量平面是两直线的平行平面、同时平行于直线和平面法线的平面或同时垂直于两个平面的平面，基准要素和目标要素之间的全部角度测量平面必须正交。角度测量平面用代号 AMP 表示。

DMDL 和 AMP 脱离了坐标系，它们仅与基准要素和目标要素的几何类型、相对位置有关，一个 DMDL 对应一个线平移本征自由度方向，两个 DMDL 必然互相正交，两个 DMDL 对应一个面平移本征自由度方向；同样，一个 AMP 对应一个线转动本征自由度方向，两个 AMP 对应一个面转动本征自由度方向。对于给定的一对基准要素和目标要素，可能存在两个 DMDL，这两个 DMDL 的方向必须线性无关，而且每个 DMDL 必须同时通过基准要素和目标要素。例如，基准要素和目标要素为两个平面时，两个平面之间虽然存在无数平行的连线，但线性无关的 DMDL 只有一个。同样，对于给定的一对基准要素和目标要素，也可能存在两个 AMP，这两个 AMP 之间必须线性无关，即两个 AMP 之间必须互相垂直。

根据以上概念，约束本征自由度的数量和方向可以利用距离和角度测量原理来分析，若目标要素相对于基准要素在某一方向的距离和角度能够确定且唯一，则目标要素在该方向的平移自由度和转动自由度就被基准要素约束。因此，基准要素能够约束目标要素的平移自由度表明基准要素和目标要素之间存在 DMDL；基准要素能够约束目标要素的转动自由度表明基准要素和目标要素之间存在 AMP。判断基准要素能否约束目标要素的自由度就是找出基准要素和目标要素之间的 DMDL 和 AMP，基准要素约束自由度的程度则可以通过基准要素和目标要素之间具有的方向相互独立的 DMDL 和 AMP 的数量来衡量。

图 1.5 为基准要素和目标要素均为直线，两者相对位置分别为处于重合、垂直和平行三种情况下，它们之间的 DMDL 和 AMP 情况。图中粗实线代表基准要素，虚线代表目标要素，A、A_1、A_2 表示 AMP，D、D_1、D_2 表示 DMDL。图 1.5(a)为基准直线和目标直线重合时，两者之间的 DMDL 和 AMP 情况；同时垂直于基准直线和目标直线且互相垂直的 DMDL 有两个，同时包含两同轴直线且互相垂直的 AMP 也有两个。图 1.5(b)为基准直线和目标直线互相垂直时，两者之间的 DMDL 和 AMP 情况：不存在同时垂直于基准要素和目标要素的直线，因此两者之间没有 DMDL，而与两者共面且互相独立的平面只有一个，即两者之间只有一个 AMP。图 1.5(c)为基准直线和目标直线平行时，两者之间的 DMDL 和 AMP 情况：两者之间只有一个 DMDL，但有两个 AMP，其中一个为两者组成的平面，另一个为以两平行直线的公垂线为法线的平面，这两个 AMP 互相垂直。

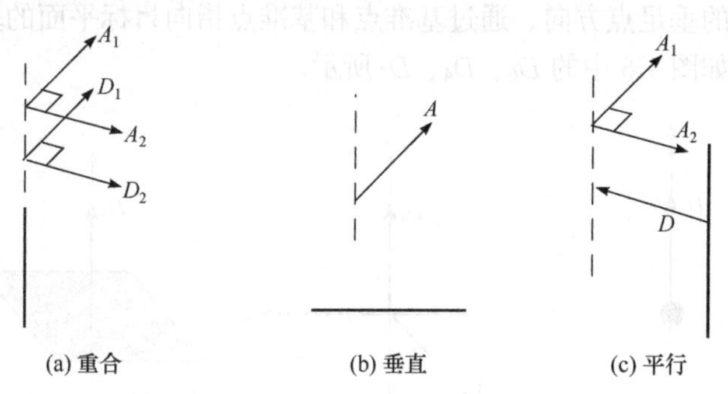

图 1.5 基准直线和目标直线之间的 DMDL 和 AMP 情况

图 1.5 中的 DMDL 和 AMP 均可以实现相应的测量任务。下面以图 1.5(c)的基准直线和目标直线平行情况为例对此进行说明。图中，两者之间只有一个 DMDL，

即这种情况下能够测量目标直线相对于基准直线的距离，也可以测量目标直线相对于基准直线在两个平面内的夹角，一个是将两者投影到以 A_1 为法线的平面内进行测量，另一个是将两者投影到以 A_2 为法线的平面内进行测量。

1.4.2 基本几何要素之间的 DMDL 和 AMP

有了 DMDL 和 AMP 的概念，计算基准几何要素约束目标几何要素自由度就是确定两者之间的 DMDL 和 AMP 的数量。基准要素和目标要素均由点、直线、平面组合而成，因此需要研究点、直线和平面在几何类型、数量和相对位置等各种配置情况下的 DMDL 和 AMP。由于两个几何要素之间的距离数据和角度数据的唯一性，基准要素和目标要素互换位置，两者之间的 DMDL 和 AMP 数量相同，下面只根据点、直线和平面分别作为基准要素时的情况进行分类讨论。当点作为基准要素时，需要讨论目标要素的几何类型为点、直线和平面三种情况；当直线作为基准要素时，需要讨论目标要素的几何类型为直线和平面两种情况；而当平面作为基准要素时，只需要讨论目标要素的几何类型为平面的情况。

1. 基准要素为点时的 DMDL 和 AMP

基准点与目标点、目标直线和目标平面的全部位置关系只有分离和重合两种情况。基准点与目标要素分离的情况下，基准点与目标点、目标直线和目标平面之间的 DMDL 均只有一条。基准点与目标要素分离的情况如图 1.6 所示，图中空心圆代表点基准要素，实心圆、粗实线、带阴影的四边形分别代表点、直线、平面目标要素。由图 1.6 可知，DMDL 在目标要素为点、直线和平面时均通过基准点，而 DMDL 相应的方向分别为通过基准点和目标点方向、通过基准点和基准点指向目标直线的垂足点方向、通过基准点和基准点指向目标平面的垂足点方向，三个方向分别如图 1.6 中的 D_6、D_4、D_5 所示。

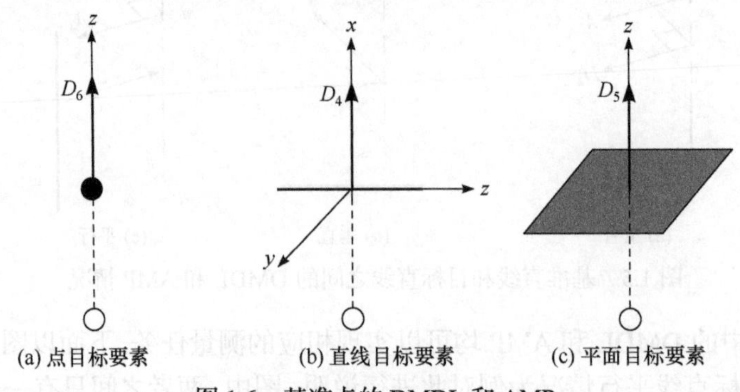

(a) 点目标要素　(b) 直线目标要素　(c) 平面目标要素

图 1.6　基准点的 DMDL 和 AMP

基准点与目标要素重合情况下，DMDL 的方向不止一个，具体取决于目标要素的类型：①当目标要素为点时，具有三条方向正交的 DMDL；②当目标要素为直线时，具有两条方向正交且均垂直于直线本征方向的 DMDL；③当目标要素为平面时，只有一条 DMDL，其方向为平面的法线方向。

2. 基准要素为直线时的 DMDL 和 AMP

当目标要素为直线时，基准直线和目标直线之间存在空间交叉、平面相交、平行和重合四种可能的相对位置关系。图 1.7(a)为基准直线和目标直线处于空间交叉位置的情况，基准直线与 z 轴重合，目标直线为 P_1P_2，基准直线和目标直线两者之间只有一条 DMDL，该 DMDL 经过两者的公垂线。基准直线和目标直线两者之间的 AMP 也只有一个，AMP 的方向与 DMDL 的方向相同。当两直线之间的距离 d 变为零时，两者之间由空间交叉关系变为平面相交关系，两者之间的公垂线垂足重合变成一个交点，此时两者之间的 DMDL 和 AMP 的数量不变。但当目标直线与基准直线平行时，如图 1.7(a)中虚线位置 P_3P_4，该情况下基准直线上任意一点均可以作为垂足找到目标直线上对应的垂足点，而此时同时垂直于基准直线和目标直线的线性无关的矢量方向有两个，其一为经过两直线的垂线方向，其二为两直线所组成的平面的法线方向，但第二个方向构不成 DMDL，原因是该方向的任意直线都不可能同时经过两直线，两者之间还是只有一条 DMDL。两者之间的 AMP 有两个，一个是以公垂线为法线的 AMP，另一个 AMP 为基准直线和目标直线构成的平面。当目标直线与基准直线重合时，两者之间存在两条同时垂直的线性无关的方向线，且这两条方向线均同时通过两直线，故此时两者之间有两条 DMDL 和两个 AMP。

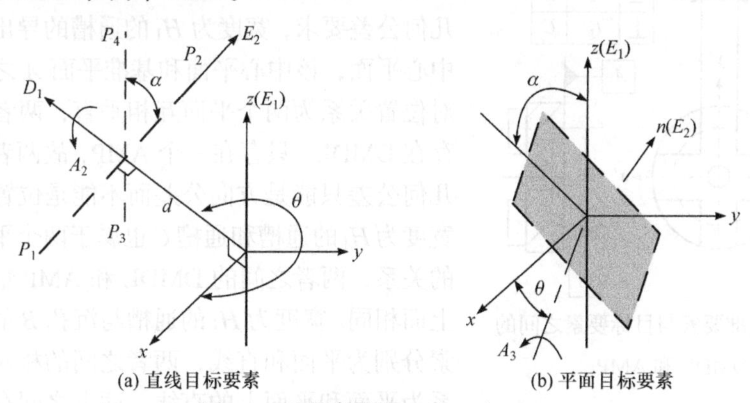

(a) 直线目标要素　　(b) 平面目标要素

图 1.7　基准直线的 DMDL 和 AMP

当目标要素为平面时，基准直线和目标平面之间存在相交、垂直、平行和重合四种相对位置关系。图 1.7(b)为基准直线和目标平面处于一般相交位置的情况，基准直线与 z 轴重合，此时只存在一条同时垂直于直线和平面法线方向的矢量，但两者不存在垂足点，故两者之间不存在 DMDL，而只存在一个 AMP；当目标平面与基准直线垂直时，则存在两个线性无关的 AMP；当目标平面与基准直线平行或重合时，两者存在一条公垂线，故两者之间只有一条 DMDL 和一个 AMP。

3. 基准要素为平面时的 DMDL 和 AMP

平面作为基准要素的情况下，基准要素和目标要素相对位置关系需要讨论的目标要素几何类型只有平面一种，基准平面与目标平面之间的相对位置只有相交、垂直和平行三种情况，其中两平面相交和垂直关系的性质相同，不需要单独讨论。两相交平面之间不存在垂足点，故两者之间不存在 DMDL，而只存在一个 AMP。当基准平面和目标平面平行时，两平行平面之间只有一条公垂线，但存在两条同时垂直于两个平面法线且线性无关的两个矢量，故平行情况下，基准平面和目标平面之间存在一条 DMDL 和两个 AMP。

1.4.3 基准要素和目标要素之间的 DMDL 和 AMP 情况举例

为熟练使用尺寸公差与几何公差标注中的 DMDL 和 AMP 计算方法，现以图 1.8 所示零件的一个几何公差为例，说明 DMDL 和 AMP 的计算情况，并将得到的 DMDL 和 AMP 与相应的几何公差类型进行对照，初步认识几何公差项目和本征自由度、DMDL、AMP 的关系。

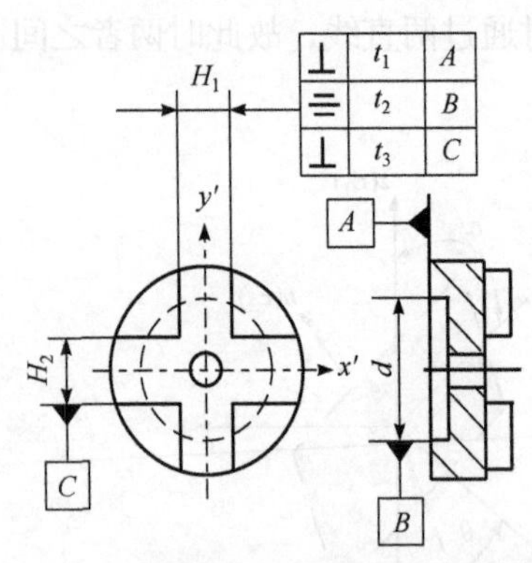

图 1.8 基准要素与目标要素之间的 DMDL 和 AMP

图 1.8 中，宽度为 H_1 的通槽相对于底面 A、直径为 d 的沉孔 B 和宽度为 H_2 的通槽 C 分别有几何公差要求，宽度为 H_1 的通槽的导出要素为中心平面，该中心平面和基准平面 A 之间的相对位置关系为两个平面互相垂直，两者之间不存在 DMDL，只存在一个 AMP，故两者之间的几何公差只能是方向公差而不能是位置公差。宽度为 H_1 的通槽和通槽 C 也属于两个平面正交的关系，两者之间的 DMDL 和 AMP 情况也与上面相同。宽度为 H_1 的通槽与沉孔 B 的导出要素分别为平面和直线，两者之间的相对位置关系为平面和平面上的直线，两者之间存在一条 DMDL 和一个 AMP，故两者之间不仅可以指定一个方向公差，也可以指定一个位置公差。

1.4.4 几何要素之间的 DMDL 和 AMP 的确定方法

通过对点、直线和平面三种基本几何要素两两之间所有可能的相对位置进行排列组合，可以得出基准要素与目标要素之间存在的全部 DMDL 和全部 AMP。两者之间的全部 DMDL 是以下六种直线之一：①直线与直线的公垂线；②直线与平面的公垂线；③平面与平面之间的公垂线；④经过点到直线的垂足的垂线；⑤经过点到平面的垂足的垂线；⑥两点的连线。当基准要素与目标要素由直线和平面组成时，基准要素与目标要素两者之间的全部 AMP 是以下四种平面之一：①两共面直线所在平面；②以两直线的公垂线为法线的平面；③同时平行于直线和平面法线的平面；④同时平行于两个平面法线的平面。由于成组要素是由几何图框组成的复合几何，计算基准要素与目标成组要素的 DMDL 和 AMP 时需要根据几何图框的几何类型进行计算。对于常见的矩形阵列和圆形阵列成组要素，它们的几何图框由两个正交的、边界为矩形的平面组成，成组要素作为基准要素和目标要素情况下，DMDL 和 AMP 的求解是两个矩形边界平面的 DMDL 和 AMP 的逻辑之和，因此求解方法不再赘述。

根据以上全部 DMDL 和全部 AMP 的计算方法，就可以计算基准约束目标要素的自由度。对于约束平移自由度的判断，可以通过查找以上六种 DMDL 的存在情况进行判断；对于约束转动自由度的判断，则可以通过查找以上四种 AMP 的存在情况进行判断。基准要素和目标要素的理想位置是确定的，因此只要确定 DMDL 和 AMP 法线的方向，就可以确定被基准要素所约束的自由度的方向。下面为了叙述方便，将六个 DMDL 单位方向矢量分别用符号 D_1、D_2、…、D_6 表示，将四个 AMP 的单位法线矢量用符号 A_1、A_2、A_3、A_4 表示。

根据 DMDL 和 AMP 的定义可知，以上六个 DMDL 单位矢量方向就对应六个线平移自由度方向，而这四个 AMP 的单位法线矢量方向就是线转动自由度方向。当基准要素与目标要素处于一些特殊位置时，如点-点、点-线、线-线重合以及线-面垂直、面-面平行等，这些特殊位置情况下均具有两条 DMDL 和两个 AMP，并且这两条 DMDL 之间和两个 AMP 之间互相垂直，这一情况正好对应面平移自由度和面转动自由度。例如，当基准直线和目标直线重合时，可以认为是两平行直线之间的距离趋近于零的极限情况，此时存在两条 DMDL 和两个 AMP，它们的具体方向不确定，但均垂直于目标要素的本征方向，对于这种特殊情况的表示，可以仿照本征自由度的定义，将两条 DMDL 和两个 AMP 用一个平行于本征方向的单位矢量表示，对应面平移自由度和面转动自由度，分别命名为 D_{xy} 和 A_{xy}。显然，$D_{xy}=D_x\times D_y$、$A_{xy}=A_x\times A_y$，其中，D_x、D_y 为两个方位确定而方向未定的 DMDL 方向矢量，A_x、A_y 为两个方位确定而方向未定的 AMP 单位法线矢量。

表 1.2 列出了几何要素之间的 DMDL 和 AMP 情况。距离数据和角度数据具有唯一性，基准要素和目标要素互换位置，两者之间的 DMDL 和 AMP 数量相同，因此当点作为基准要素时，需要列出目标要素的几何类型为点、直线、平面和成组要素等四种情况下的 DMDL 和 AMP；当直线作为基准要素时，只列出目标要素几何类型为直线、平面和成组要素三种情况下的 DMDL 和 AMP；当基准要素为平面时，只列出平面和成组要素两种情况下的 DMDL 和 AMP。表 1.2 中计算目标成组要素的 DMDL 和 AMP 时，成组要素用两个正交的矩形平面表示，成组要素通常情况下不作为基准要素使用，故在此不讨论成组要素作为基准要素情况下的 DMDL 和 AMP 的计算。

表 1.2　几何要素之间的 DMDL 和 AMP

	相对位置	目标点	目标直线		目标平面		目标成组要素	
		D	D	A	D	A	D	A
基准点	分离	D_6	D_4		D_5		D_5	
	重合	D_6，D_{xy}	D_{xy}		D_5		D_5	
基准直线	空间交叉		D_1	A_2				
	相交		D_1	A_1		A_3		A_3
	垂直		D_1	A_1		A_{xy}		A_3
	平行		D_1	A_{xy}	D_2	A_3		A_3
	重合		D_{xy}	A_{xy}	D_2	A_3	D_2	A_3
基准平面	相交					A_4		A_4
	平行				D_3	A_{xy}	D_3	A_3

根据本征自由度的概念，D_{xy} 和 A_{xy} 与目标要素的面平移和面转动自由度矢量方向相同，若基准要素与目标要素之间存在的 D_{xy} 或 A_{xy} 全部不能分解为 D_x、D_y 或 A_x、A_y，则目标要素的面平移和面转动自由度不能分解为线平移和线转动自由度。

根据表 1.2 中的定义可以方便地计算出图 1.9 中宽度为 H_1 的通槽与其三个基准要素之间的 DMDL 和 AMP，基准平面 A 与宽度为 H_1 的通槽之间具有一个 AMP，基准平面 A 的法线方向平行于 z 轴，通槽的中心面的法线平行于 x 轴，两者之间的 AMP 的法线对应表 1.2 中的 A_4，A_4 平行于 y 轴。基准轴线 B 与宽度为 H_1 的通槽之间存在一条 DMDL 和一个 AMP，它们分别为表 1.2 中的 D_2 和 A_3，D_2 的方向平行于 x 轴，A_3 的方向平行于 y 轴，即 A_3 与 A_4 相同。基准通槽 C 与宽度为 H_1

的通槽之间存在的一个 AMP 也为 A_4，其方向平行于 z 轴。

图 1.10 中目标圆柱的轴线与其基准圆柱的轴线重合，它们之间存在一个 D_{xy} 和一个 A_{xy}，分别对应一个面平移自由度和一个面转动自由度，此例采用同轴度公差就可以同时约束面平移自由度和面转动自由度。

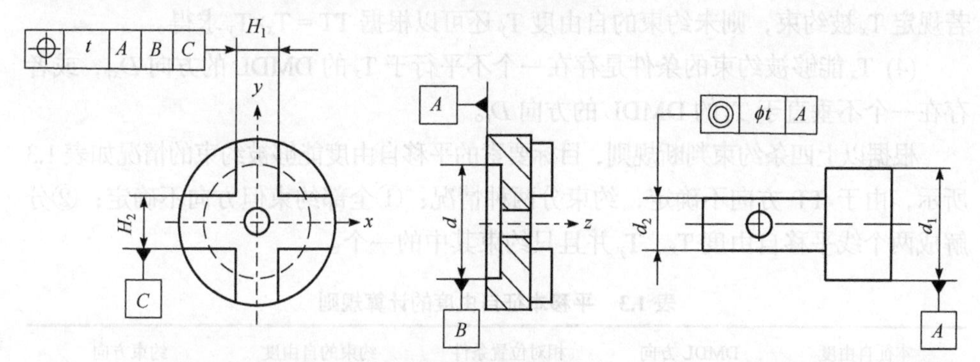

图 1.9　位置度公差标注模式下的基准要素与目标要素之间的 DMDL 和 AMP

图 1.10　基准要素与目标要素之间的 DMDL

1.5　基准要素的约束自由度能力计算

根据基准要素约束目标要素的自由度情况也可以判断基准要素设置的合理性，若一个基准要素能够唯一地约束目标要素的自由度，则该基准要素的存在是有必要的。一个公差标注中必须约束的目标要素的全部自由度，必须由全部基准要素共同参与。为判断一个公差的基准要素约束自由度的完整性，首先需要计算单一基准要素约束自由度的能力。本节利用本征自由度和 DMDL、AMP 的概念来建立一个基准要素约束自由度能力的通用计算方法。

单一基准要素约束自由度的能力取决于基准要素与目标要素之间的 DMDL 和 AMP 的数量，DMDL 和 AMP 决定了目标要素被约束的本征自由度的方向，因此根据 DMDL 方向和 AMP 法线方向与目标要素的本征方向的关系，即可确定具体的自由度约束情况。对于给定的基准要素和目标要素，首先确定目标要素的本征方向 D_p，本征自由度 T、TT 和 R、RR，然后计算两者之间的 DMDL 情况(D_i, i=1, 2,⋯, 6)、D_{xy} 和 AMP 情况(A_j, j=1, 2,⋯, 4)、A_{xy}，最后根据 DMDL 和 AMP 确定被约束的本征自由度的方向。可以根据目标要素的本征自由度情况，对每一个本征自由度建立相应的判断规则。下面根据平移自由度和转动自由度分别建立相应的判断规则。

对于平移自由度，能够被约束的判断规则包括：

(1) T 能够被约束的条件是存在一个不与 T 垂直的 DMDL 的方向 D_i。

(2) TT 能够被约束的条件是存在一个平行于 TT 的 DMDL 的方向 D_{xy}。

(3) TT 能够被分解的条件是存在一个不平行于 TT 的 DMDL 的方向 D_i，此时若规定 T_x 被约束，则未约束的自由度 T_y 还可以根据 $TT = T_x \times T_y$ 求得。

(4) T_x 能够被约束的条件是存在一个不平行于 T_x 的 DMDL 的方向 D_{xy}，或者存在一个不垂直于 T_x 的 DMDL 的方向 D_i。

根据以上四条约束判断规则，目标要素的平移自由度能够被约束的情况如表 1.3 所示，由于 TT 方向不确定，约束分两种情况：①全部约束但方向不确定；②分解成两个线平移自由度 T_x、T_y 并且只约束其中的一个。

表 1.3 平移本征自由度的计算规则

本征自由度	DMDL 方向	相对位置条件	约束的自由度	约束方向
T	D_i	不垂直	T	D_p
TT	D_{xy}	同向	TT	D_p
TT	D_i	不平行	T_x	D_i
T_y	D_{xy}	不平行	T_y	T_y
T_y	D_i	不垂直	T_y	T_y

约束转动自由度的判断规则与约束平移自由度完全相同，只要把表 1.3 中的 T、D 分别用 R、A 替换即可，具体如表 1.4 所示。

表 1.4 转动本征自由度的计算规则

本征自由度	AMP 方向	相对位置条件	约束的自由度	约束方向
R	A_i	不垂直	R	A_p
RR	A_{xy}	同向	RR	A_p
RR	A_i	不平行	R_x	A_i
R_y	A_{xy}	不平行	R_y	R_y
R_y	A_i	不垂直	R_y	R_y

图 1.4 为一法兰盘的公差标注情况。运用本征自由度概念、表 1.3 和表 1.4 的约束自由度的判断规则，可以清楚地确定被测目标的本征自由度和各基准约束目标要素的本征自由度情况。

(1) 目标 B 的垂直度公差的自由度约束情况：目标 B 的导出几何要素是直线，具有一个面平移自由度 TT 和一个面转动自由度 RR。垂直度公差要求只需要约束目标 B 的面转动自由度 RR，目标 B 的本征方向为 z 轴，基准 A 约束了目标 B 的一个面转动自由度 RR，而没有约束目标 B 的面平移自由度 TT，故满足垂直度公差对目标的约束自由度要求。基准 A 约束了目标 B 的面转动自由度，但没有确定方向，故目标 B 的面转动自由度 RR 不能分解成两个特定的方向。

(2) 目标 C 的位置度公差的自由度约束情况：目标 C 的导出几何要素是中心平面，位置度公差要求约束目标 C 的线平移自由度 T 和面转动自由度 RR。目标 C 的本征方向与 y 轴平行，线平移自由度 T 和面转动自由度 RR 的方向就是本征方向。两个基准要素 A、B 的约束自由度情况为第一基准 A 与目标 C 之间只有一个平行于 x 轴的 AMP 法线方向 A_4 而没有任何 DMDL 方向，因此第一基准 A 只约束了一个绕 x 轴的线转动自由度 R_x，RR 的另一个线转动自由度 R_y 没有被约束；第二基准 B 与目标 C 之间存在一个 DMDL 方向 D_2 和一个 AMP 法线方向 A_3，D_2 平行于 y 轴，A_3 平行于 x 轴。根据表 1.3，第二基准 B 约束了目标 C 的一个线平移自由度 T(T 方向与 y 轴平行)；根据表 1.4，A_3 平行于 x 轴即垂直于 y 轴，因此另一个线转动自由度 R_y 也没有被约束。

(3) 目标 D 的位置度公差的自由度约束情况：目标 D 为成组要素，其几何图框为两个正交的矩形平面的组合，这两个平面分别与 Oxz 或 Oyz 坐标平面重合，两个平面的交线与 z 轴重合，几何图框的本征方向为 z 轴方向，几何图框具有一个线转动自由度 R、一个面平移自由度 TT 和一个面转动自由度 RR，它们的方向均为 z 轴方向。第一基准 A 与目标 D 之间存在一个 AMP 方向 A_{xy}，因此第一基准 A 可以约束目标 D 的面转动自由度 RR；第二基准 B 与目标 D 之间存在一个 DMDL 方向 D_{xy} 和一个 AMP 方向 A_{xy}，D_{xy} 为 z 轴方向，A_{xy} 也为 z 轴方向。第二基准 B 又约束了目标 D 的面平移自由度 TT。第三基准 C 与目标 D 之间存在一个平行于 y 轴的 DMDL 方向 D_2、一个平行于 x 轴的 AMP 法线 A_3 和一个平行于 z 轴的 AMP 法线 A_3，此时目标 D 已经没有平移自由度需要约束了，而只有一个线转动自由度 R，根据表 1.4，这个 R 被第二个 A_3 约束。

1.6 本章小结

本章描述了几何要素本征方向的概念和本征自由度的定义，从而保证约束自由度的计算方法具有一般性，且便于进行装配公差分析和公差技术与 CAD 实体模型集成。基于本征自由度，分析了几何要素约束自由度的原理，给出了几何要素约束目标自由度能力的计算方法，从而方便快捷地计算出被测目标被基准约束的具体自由度。本章还提出了 DMDL 和 AMP 概念，用于计算基准要素约束目标要素自由度的情况，建立了单一基准和基准组合约束自由度能力的计算方法，提出了基于本征自由度的公差标注正确性和完整性验证的启发性规则。

参考文献

[1] Zhang B C. Geometric modeling of dimensioning and tolerancing. Tempe: Arizona State University, 1992.

[2] Wu Y. Development of mathematical tools for modeling geometric dimensioning and tolerancing. Tempe: Arizona State University, 2002.

[3] Shah J J, Yan Y, Zhang B C. Dimension and tolerance modeling and transformations in feature based design and manufacturing. Journal of Intelligent Manufacturing, 1998, 9(5): 475-488.

[4] Kandikjan T, Shah J J, Davidson J K. A mechanism for validating dimensioning and tolerancing schemes in CAD systems. Computer-Aided Design, 2001, 33(10): 721-737.

[5] Ameta G, Serge S, Giordano M. Comparison of spatial math models for tolerance analysis: Tolerance-maps, deviation domain, and TTRS. Journal of Computing and Information Science in Engineering, 2011, 11(2): 021004-1-021004-8.

[6] 吴永宽，于连璋. 零件与工装的形位精度理论与应用. 北京：机械工业出版社, 1994.

[7] ASME. Mathematical definition of dimensioning and tolerancing principles. ASME Y14.5.1M-1994. New York: American Society of Mechanical Engineers, 1994.

[8] Kramer G A. Solving Geometric Constraint Systems: A Case Study in Kinematics. Cambridge: Massachusetts Institute of Technology Press, 1992.

[9] Wu Y, Shah J J, Davidson J K. Computer modeling of geometric variations in mechanical parts and assemblies. Journal of Computing and Information Science in Engineering, 2003, 3(1):54-63.

[10] Shen Y D, Shan J J, Davidson J K. Feature cluster algebra for geometric tolerancing. International Design Engineering Technical Conferences and Computers and Information in Engineering Conference, Washington, 2011.

[11] 吴玉光. 基于工序要求的夹具定位方案自动规划方法. 机械工程学报, 2010, 46(11): 185-192.

[12] Shen Z S. Tolerance analysis with EDS/VisVSA. Journal of Computing and Information Science in Engineering, 2003, 3(1): 95-99.

[13] 刘玉生，曹衍龙. TolRM：面向三维 CAD 的公差建模系统. 计算机辅助设计与图形学学报, 2006, 18(8): 1179-1184.

第 2 章　几何要素控制点变动模型

公差的数学模型是对几何要素公差信息的数学描述与表示，通过公差的数学模型能够明确地解释公差参数的每一个成员的意义，获得基准要素和被测要素之间的几何尺寸变动和形状变动的数值关系等。因此，公差的数学模型是公差分析、公差设计、公差检验等相关技术的基础。本章介绍几何要素的控制点变动模型(control point variation model，CPVM)，该模型用于模拟目标几何要素在尺寸、位置和形状上偏离理想状态的情况，因此它贯穿全书的公差分析过程和方法。

2.1　公差的数学模型

建立合适的公差数学模型是研究人员长期以来一直进行着的研究工作，根据公差分析应用的需要出现了各种各样的公差表示方法。最早使用的公差表示模型是手工建模的线性尺寸链，采用的公差分析方法是一维公差带图解法，该方法一直在生产实际中被设计人员广泛使用。为了提高分析的自动化程度，先后又出现了漂移模型[1-3]、变动表面模型[4,5]、运动学模型[6-8]。1994 年美国机械工程协会(ASME)颁布的标准 ASME Y14.5M-1994[9]对公差进行数学定义，基于数学定义的三维公差表示方法的研究逐渐成为公差分析技术的热点研究课题。Bourdet 等[10]首先将小位移矢量簇(small displacement torsor，SDT)引入公差领域，表示刚体微小位移的六个运动分量所构成的矢量，用于描述几何要素的形状、位置、方向和尺寸偏差。一些学者也进行了相关的研究[11-20]。Clement 等[21]提出了与技术和拓扑相关的表面(technologically and topologically related surface，TTRS)模型，该模型也是三维的公差数学模型，使用旋量和矢量簇(torsor)表示几何要素的变动量。Davidson 等[22]提出了面向三维公差表示的 T-Map 模型，该模型是一个假想的凸多面体形状点集空间，T-Map 的点可以表示目标对象的类型和各种可能的变动，从而使得目标对象的各种公差变动与 T-Map 中的点具有一对一的对应关系。

但是，各种数学模型均存在不足，当前的数学模型既不全面也不精确[23]。尺寸链法和一维公差带图解法只能进行一个方向的极值公差分析，而忽略了其他方向的误差贡献，且建模和分析过程乏味、易错。漂移模型、变动表面模型涉及复杂的几何操作，运动学模型存在手工建模方法复杂、内容不全面、与公差标准不一致等问题。参数化方法基于参数约束求解，结果精度依赖于所建模型，建模过程难以自动化，而且不能包括全部公差类型。ASME 的数学定义虽然可以克服传统公差定义的不确定性缺陷，但是它仍然无法直接应用于计算机的表达。SDT 参数不能体现公差之间的相互作用，与公差没有一致的对应关系。T-Map 模型建模过程复杂，当需要计算误差积累时，就会涉及多维复杂的几何操作，使得 T-Map 模型图形可视化困难，因而难以得到实际应用。以上数学模型存在各种问题，制约了公差技术的集成研究。

公差本质上是对几何要素的各种变动进行控制，公差技术的发展历史就是对几何要素变动形式的认识逐步加深的历史，新一代产品几何技术规范(geometrical product specifications，GPS)标准体系就是公差技术逐步完善的结果。现有数学模型的研究思路多数从公差的数学定义出发，没有从几何要素的变动规律的研究出发，缺乏对几何公差信息之间以及与结构、工艺、测量、评估等相关信息之间的内在规律性研究。

公差的数学模型在设计思想上必须符合 GPS 标准体系，在内容上至少必须包括：①所有有效的几何要素所对应的全部公差类型；②所有有效的或可能的相互作用关系；③能够辨识基准优先关系和基准次序；④便于与 CAD 实体模型相结合，公差模型必须包含基准信息，既能表示公差，又便于公差积累和公差换算；⑤必须适用于各种公差分析方法，包括极值法和概率统计方法。基于控制点变动的公差表示数学模型能够满足以上要求，本章介绍其具体内容。

2.2 基本几何要素的控制点

2.2.1 几何要素的理想坐标系

几何要素的理想坐标系是指在几何要素理想模型上建立的坐标系，即理想坐标系根据几何要素的几何类型和本征自由度建立，其建立方法与目标要素和基准要素两者的几何类型、位置布局相关。理想坐标系建立在目标要素的公称位置上，用于定义公差带的位置和决定几何要素的实际位置。理想坐标系的原点为几何要素的中心，z 坐标轴为几何要素的本征方向，若几何要素的面平移自由度或面转动自由度可以分解为两个线平移自由度或线转动自由度，则这两个线自由度方向就是该几何要素的理想坐标系的 x、y 坐标轴方向。否则，该几何要素的约束自由度要么可以随意确定方向而不影响设计功能，要么缺少约束自由度的条件，此时理想坐标系的 x、y 坐标轴也不能明确确定，因此一个公差标注正确的几何要素的理想坐标系必然是可以确定的。而面平移自由度或面转动自由度能否分解以及是否有必要进行分解，取决于公差的功能要求和基准的设置。总之，理想坐标系坐标轴方向与基准约束目标自由度方向相同，理想坐标系的坐标轴方向与基准约束目标自由度方向同时确定，理想坐标系可以根据距离测量方向线和角度测量平面建立。

对于点、直线和平面等基本几何要素，根据基准要素约束目标要素本征自由度的原理，它们的理想坐标系定义如下：①理想坐标系的原点与目标要素的中心重合，即点、直线和平面等基本几何要素的坐标原点分别为点本身、直线的中点和平面的矩形包围盒的中心；②理想坐标系的 z 轴为几何要素的本征方向；③理想坐标系的 x 轴方向为基准约束目标自由度的方向，y 轴方向根据右手法则确定。设几何要素的本征方向为 D_p，根据基准顺序和基准与目标之间的距离测量方向线 $D_i(i=1, 2,\cdots, 6)$和角度测量平面法线 $A_j(j=1, 2,\cdots, 4)$确定，则通过判断基准体系中全部基准的 D_i 和 A_j 与 D_p 的位置关系，就可以确定理想坐标系的 x 轴方向，具体规则如下：

(1) 若存在 D_i 并且 $D_i\perp D_p$，或者存在 A_j 并且 $A_j\perp D_p$，则 D_i(或 A_j)就是理想坐标系的 x 轴方向。

(2) 若存在 D_{xy} 或者 A_{xy}，则垂直于本征方向的任意方向都可以作为 x 轴方向，这种情况适用于对基准约束目标的垂直自由度的方向没有要求的公差。

这种定义方式具有以下优点：

(1) 根据公差类型和基准设置确定理想坐标系的类型，理想坐标系的类型包括单一坐标轴、圆柱坐标系、球面坐标系和直角坐标系等，不同的公差类型需要建立不同类型的理想坐标系。

(2) 基准要素控制目标要素变动方向与理想坐标系的坐标轴、坐标平面相同，便于公差的验证和测量。

(3) 目标要素的位置变动在理想坐标系上定义，便于公差分析过程中模拟几何要素的变动。

2.2.2　实际几何要素的替代几何表示

在一般的装配公差分析中，通常不涉及几何要素的形状误差，即使考虑形状误差也可以用其他误差数据的一个比值来近似，所以在公差分析时常采用与目标几何要素公称几何类型相同且边界形状规则的理想几何来替代实际几何要素，这个边界形状规则的理想几何就是替代几何。通过替代几何的位置参数来表征实际几何要素的位置和方向相对于理想位置的位置和方向的误差。通过替代几何的方向和位置参数的概率抽样来模拟实际几何要素的误差分布情况，将替代几何的方向和位置参数的数值与理想位置进行对比来反映实际几何的误差。

对于平面要素，替代几何的边界为包围该实际平面边界的规则矩形，根据平面要素的理想位置，建立平面要素的矩形包围盒，该包围盒的边界就是替代几何的边界；直线要素的替代几何就是理想直线段，根据直线段端点的位置来表示实际直线的位置和方向；圆柱要素的替代几何就是理想圆台，根据理想圆台轴线两端点的位置来表示实际圆柱的位置，根据理想圆台两端面的直径来表示实际圆柱的直径。

2.2.3 基本几何要素的控制点定义

基本几何要素的控制点是指决定替代几何位置的特征点。例如，点要素的控制点就是点本身，直线要素的控制点为直线的两个端点，平面要素的控制点为替代平面边界的任意三个顶点。基本几何要素的控制点变动参数的数量与自由度的数量相同，点要素、直线要素、平面要素的变动参数的个数分别为3、4、3。

控制点变动方向为几何要素的平移自由度方向，控制点只有在变动方向上的坐标值可以变化，变动方向以外的坐标值保持不变。点要素的控制点变动方向为三个线平移自由度方向，直线要素的两个控制点变动方向为直线两端点的两个线平移自由度方向，平面要素的三个控制点变动方向为平面的线平移自由度方向。控制点变动可以表示几何要素本征自由度方向的变动，控制点在给定方向上的绝对变动量可以表示几何要素的平移自由度的变动范围，控制点在给定方向上的相对变动量可以表示几何要素的转动自由度的变动范围。

2.2.4 控制点的变动空间与公差带的关系

控制点变动可以表示各种类型的公差，采用控制点变动表示几何要素的变动与公差的意义一致，控制点最大变动量就是几何要素的公差值。因此，可以用控制点的变动来模拟几何要素的位置变动。根据本征自由度、几何要素理想坐标系和控制点的定义，替代几何随控制点运动扫掠而成的空间总和就是几何要素的公差域。点、直线、平面几何要素的变动空间形状分别为：①点的变动空间形状在球面坐标系、圆柱坐标系和直角坐标系中分别为球、圆柱体和立方体；②直线的变动空间形状可以是圆柱体或长立方体(长立方体的长度尺寸远大于宽度和高度尺寸)，直线在平面上的变动区域是矩形；③平面的变动空间形状为扁立方体(扁立方体的高度尺寸远小于长度和宽度尺寸)。

控制点之间的相对位置表示几何要素的方向误差，由一个要素的全部控制点之间最大的相对位置所形成的平面包围盒和空间包围盒就是在该几何要素的方向公差带，因此方向公差带的位置具有浮动特性，方向公差带在位置公差带内浮动。

几何要素控制点的绝对变动范围与控制点之间相对变动范围的关系就是位置公差和方向公差之间的相互作用关系，因此不同类型公差的相互作用和控制点变动量存在对应关系，例如，直线的两个方位控制点沿某一坐标方向变动的绝对变动范围、相对变动范围可以表示直线在该方向的位置公差(尺寸公差)和方向公差的关系。

2.3　基于几何要素控制点表示的公差数学模型

控制点变动模型(CPVM)可以定义替代几何的位置、模拟几何要素的各种变动，从而仿真零件的实际状态。利用控制点位置可以表示几何要素的误差情况，控制点的变动范围可以表示公差数值。基于几何要素控制点表示的公差数学模型就是根据几何类型确定控制点的数量、位置和变动范围。

2.3.1　平面要素的 CPVM

平面要素具有三个自由度，其控制参数为三个控制点沿公称平面法线方向的变动量，三个控制点为平面包围盒边界上的任意三个顶点，包围盒为平行于基准坐标系的一个坐标平面且包围公称平面边界的矩形。基准坐标系的建立规则在第 3 章详细介绍。需要注意的是，当三个控制点在公差范围内变动时，根据三个点确定的替代平面有可能会超出平面公差域，说明三个控制点的变动量之间还存在一个制约关系，即三个变动参数的组合必须保证第四个顶点不超出平面的公差域。

图 2.1 为平面要素的控制点变动模型，公称平面边界包围盒的四个顶点 P_1、P_2、P_3 和 P_4 沿 z 坐标轴方向的变动参数分别为 t_1、t_2、t_3 和 t_4，图中虚线矩形边界代表平面的公称位置，矩形的长、宽分别为 $2l$ 和 $2w$，实线四边形边界代表由三个控制点变动参数 t_1、t_2、t_3 决定的替代几何的一个实际位置，替代几何是一个平面，变动后的四个顶点还必须位于同一平面上，因此第四个变动参数 t_4 必须取决于前三个变动参数，即 $t_4 = t_1 + t_3 - t_2$。

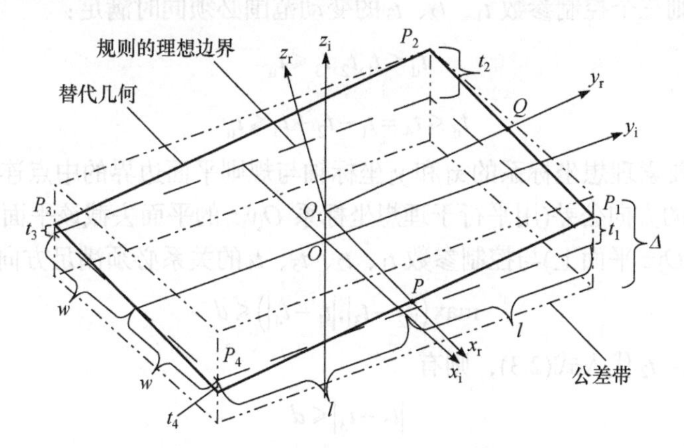

图 2.1　平面要素的控制点变动模型

为计算几何要素的几何误差传递数值，每一个几何要素均需要建立两个坐标系，一个位于几何要素的理想位置，另一个位于几何要素的实际位置，前者称为几何要素的理想坐标系，后者称为几何要素的实际坐标系。理想坐标系的原点与公称几何要素的中心重合，坐标系的 z 轴与几何要素的本征方向相同，x_i、y_i 轴则需要根据与基准要素的关系确定。若一个目标要素在其基准体系中的位置是完全确定的，则理想坐标系的 x_i、y_i 坐标轴可以与基准体系的坐标轴对应的坐标轴平行；若几何要素的基准体系不完整，则理想坐标系的坐标轴除了与基准体系相应的坐标轴平行，对不能确定的坐标轴也可以认为与 CAD 软件中相应的坐标系平行。总之，对于一个位置可以确定的几何要素，其理想坐标系是完全可以确定的。具体的确定规则如下：

(1) 几何要素理想坐标系的原点与理想几何要素的中心重合，即点、直线、平面几何要素的坐标原点分别为点本身、直线的中点、平面的包围盒的中心。

(2) 几何要素理想坐标系的 z_i 轴为几何要素的本征方向。

(3) 根据基准坐标系的 x、y、z 与本征方向的关系，确定几何要素理想坐标系的 x_i 轴方向，若本征方向垂直于基准坐标系的 x 轴，则理想坐标系的 x_i 轴平行于基准坐标系的 x 轴，否则理想坐标系的 x_i 轴平行于基准坐标系的 z 轴。

平面要素理想坐标系根据以上规则设立，坐标系的 z_i 轴与平面要素的本征方向相同，坐标系的原点位于平面矩形包围盒的中心，理想坐标系的 x_i、y_i 轴分别为矩形边界长宽方向中点的连线。

设平面要素的公差带相对于理想坐标系 z_i 轴的位置由两个参数 t_d 和 t_u 表示，它们分别为平面要素公差带在理想坐标系的 z_i 轴上投影的截距，此时 t_d 可以理解为平面的下偏差，t_u 则可以理解为平面的上偏差，因此 $t_u>t_d$。又设平面要素相对于 z 轴方向的方向公差值为 d，根据平面位置公差带定义，要保证替代平面位于公差域内，则三个控制参数 t_1、t_2、t_3 的变动范围必须同时满足：

$$t_d \leqslant t_1, t_2, t_3 \leqslant t_u \tag{2.1}$$

$$t_d \leqslant t_4 = t_1 - t_2 + t_3 \leqslant t_u \tag{2.2}$$

设平面要素理想坐标系的 x_i 和 y_i 坐标轴与规则平面边界的中点连线重合，则平面绕 x_i 轴的方向公差(用平行于理想坐标系 $O_iy_iz_i$ 的平面去截该平面要素，并将截线投影到 Oyz 平面上)与控制参数 t_1、t_2、t_3、t_4 的关系必须满足方向公差条件：

$$\max\left(\left|t_2 - t_3\right|, \left|t_1 - t_4\right|\right) \leqslant d \tag{2.3}$$

将 $t_4 = t_1 + t_3 - t_2$ 代入式(2.3)，则有

$$\left|t_2 - t_3\right| \leqslant d \tag{2.4}$$

同理，平面绕 y 轴的方向公差(投影到 Oxz 平面)与控制参数的关系为

$$\left|t_2 - t_1\right| \leqslant d \tag{2.5}$$

平面要素实际坐标系建立在替代平面上，根据替代平面的形成方法可知，替

代平面的中心点(平面四边形边界两对角线交点)一定在理想坐标系的 z 轴上，其相对于理想位置的移动量为 $t=(t_1+t_3)/2$，但在任意位置替代平面的边界已不再是一个矩形，对应边界的两条中点连线将不再保持互相垂直的关系，因此实际坐标系的 x_i、y_i 坐标轴不可能同时与这两条中点连线重合。为保持变动前后理想坐标系和实际坐标系的对应关系，规定实际坐标系的 z_r 轴平行于替代平面法线方向，实际坐标系 y_r 轴与替代平面边界的一条中点连线重合，则根据 y_r 和 z_r 可以求出实际坐标系 x_r 轴方向。根据图 2.1 的规定，替代平面的法线方向为

$$\bar{n} = \overline{O_r P} \times \overline{O_r Q} \tag{2.6}$$

式中，O_rQ 为 y_r 轴，O_rP、O_rQ 矢量值为

$$\overline{O_r P} = \bar{P} - \overline{O_r} = \left(w, 0, \frac{1}{2}(t_1 - t_2) \right) \tag{2.7}$$

$$\overline{O_r Q} = \bar{Q} - \overline{O_r} = \left(0, l, \frac{1}{2}(t_2 - t_3) \right) \tag{2.8}$$

式中，l 和 w 分别为平面边界包围盒的半长和半宽，将式(2.7)和式(2.8)代入式(2.6)，即可求得实际平面单位法线矢量 z_r：

$$z_r = \frac{\overline{O_r P} \times \overline{O_r Q}}{\left| \overline{O_r P} \times \overline{O_r Q} \right|} = \frac{(-l(t_1 - t_2), -w(t_2 - t_3), 2wl)}{\sqrt{l^2 (t_1 - t_2)^2 + w^2 (t_2 - t_3)^2 + 4(wl)^2}} \tag{2.9}$$

则 x_r 轴方向单位矢量为

$$\overline{x_r} = z_i \times z_r = \frac{(w(t_2 - t_3), -l(t_1 - t_2), 0)}{\sqrt{l^2 (t_1 - t_2)^2 + w^2 (t_2 - t_3)^2 + 4w^2 l^2}} \tag{2.10}$$

设 x_r 与 x_i 的夹角为 α，y_r 与 y_i 的夹角为 β，α、β 的计算公式分别为

$$\tan\beta = \frac{t_6 - t}{l} = \frac{t_2 - t_3}{2l} \tag{2.11}$$

$$\cos\alpha = \frac{w(t_2 - t_3)}{\sqrt{l^2 (t_1 - t_2)^2 + w^2 (t_2 - t_3)^2 + 4w^2 l^2}} \tag{2.12}$$

则平面变动后，替代平面和公称平面之间的齐次坐标变换矩阵(HTM)为三个矩阵的乘积：

$$M = M_\alpha M_\beta M_t \tag{2.13}$$

其中，

$$M_t = \begin{bmatrix} 1 & 0 & 0 & 0 \\ 0 & 1 & 0 & 0 \\ 0 & 0 & 1 & 0 \\ 0 & 0 & (t_1 - t_3)/2 & 1 \end{bmatrix} \tag{2.14}$$

$$M_\beta = \begin{bmatrix} 1 & 0 & 0 & 0 \\ 0 & \cos\beta & \sin\beta & 0 \\ 0 & -\sin\beta & \cos\beta & 0 \\ 0 & 0 & 0 & 1 \end{bmatrix} \tag{2.15}$$

$$M_\alpha = \begin{bmatrix} \cos\alpha & 0 & \sin\alpha & 0 \\ 0 & 1 & 0 & 0 \\ -\sin\alpha & 0 & \cos\alpha & 0 \\ 0 & 0 & 0 & 1 \end{bmatrix} \tag{2.16}$$

实际坐标系上一点$[x_r, y_r, z_r, 1]$在理想坐标系上的坐标值$[x_i, y_i, z_i, 1]$的计算公式为

$$\begin{bmatrix} x_i & y_i & z_i & 1 \end{bmatrix} = \begin{bmatrix} x_r & y_r & z_r & 1 \end{bmatrix} M \tag{2.17}$$

2.3.2 直线要素的 CPVM

直线要素在空间中的位置参数可以用直角坐标系和圆柱坐标系表示，这两个坐标系是直线要素的理想坐标系，坐标系的原点为理想直线的中点，z 轴与直线要素的本征方向相同，而 x_i、y_i 也要结合基准坐标系进行定义。在圆柱坐标系中，直线要素两个控制点参数分别为ρ_1、θ_1 和ρ_2、θ_2，它们分别表示两个控制点的变动方向和变动大小，θ_1、θ_2 的变动范围为 0°～360°，ρ_1、ρ_2 的最大值为直线要素的公差带半径，如图 2.2(a)所示。在直角坐标系中，直线要素的两个控制点可以用坐标参数 x_1、y_1 和 x_2、y_2 表示，x_1、y_1 和 x_2、y_2 的变化范围就是直线要素在 x_i、y_i 坐标轴方向上的公差值，如图 2.2(b)所示。

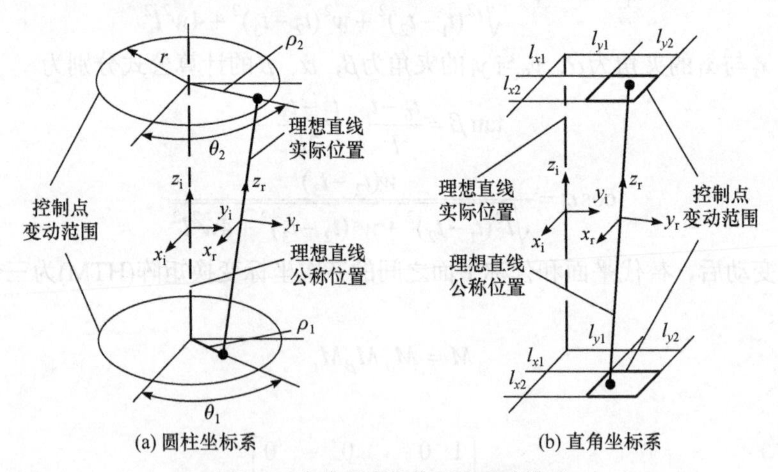

图 2.2 直线要素的位置点变动模型

应用控制点坐标参数以及相互关系可以表示直线要素的各种几何误差。例如，当需要控制直线要素的方向公差时，可以设定两个控制点在给定方向的坐标值之

间存在相互制约关系。设直线要素的位置公差域为立方体时，直线要素在 x_i、y_i 坐标轴方向上位置公差域的上下偏差分别为 l_{x1}～l_{x2} 和 l_{y1}～l_{y2}；直线要素的位置公差域为圆柱体时，该公差域半径为 r；直线要素的方向公差域形状为立方体时，在 x_i、y_i 坐标轴方向上的公差值分别为 d_x 和 d_y；直线要素的方向公差域为圆柱体时，圆柱直径为 d，则在直角坐标系下直线要素的两个控制点变动参数 x_1 和 x_2 的变动范围为 l_{x1}～l_{x2}，控制点变动参数 y_1 和 y_2 的变动范围为 l_{y1}～l_{y2}，在圆柱坐标系下直线要素控制点变动参数 ρ_1 和 ρ_2 的变动范围为 0～r，控制点变动参数 θ_1 和 θ_2 的变动范围为 0°～360°。当既要控制一条直线的位置又要要求控制其方向时，允许直线的两个控制点在变动范围内遵循误差概率分布规律进行独立变动，同时要求两个变动点相对位置必须满足方向公差数值，两种形状的公差域的不同组合情况下满足方向公差的条件如下。

(1) 位置和方向公差域均为矩形：

$$(x_2 - x_1)^2 \leqslant d_x^2, \quad (y_2 - y_1)^2 \leqslant d_y^2 \tag{2.18}$$

(2) 位置和方向公差域均为圆形：

$$\rho_1^2 + \rho_2^2 + 2\rho_1\rho_2\cos(\theta_2 - \theta_1) \leqslant d^2 \tag{2.19}$$

(3) 位置公差域为矩形，方向公差域为圆形：

$$(x_2 - x_1)^2 + (y_2 - y_1)^2 \leqslant d^2 \tag{2.20}$$

(4) 定位公差域为圆形，定向公差域为矩形：

$$(\rho_1\cos\theta_1 - \rho_2\cos\theta_2)^2 \leqslant d_x^2 \tag{2.21}$$

$$(\rho_1\sin\theta_1 - \rho_2\sin\theta_2)^2 \leqslant d_y^2 \tag{2.22}$$

直线要素的实际坐标系建立在实际位置上，坐标系的原点位于实际直线的中点，坐标系的 z_r 轴与实际直线重合，方向可以按照理想坐标系 z_i 轴相近原则设置，即由于直线几何变动是微小变动，z_i 和 z_r 的夹角一定接近 0°而不是接近 180°，根据这一原则即可确定 z_r 的正向。实际坐标系的 x_r 轴为 $x_r = z_r \times z_i$，当 z_i 和 z_r 平行时，$x_r = x_i$。

2.3.3　点要素的 CPVM

点要素用以表示圆或圆球的中心，点要素能够适用的几何公差类型只有位置度一种，根据不同的公差数值和基准要素的设置，点的位置度公差带形状有直线、圆、矩形、立方体、圆柱和圆球等多种形式，点要素在三维空间中的位置参数可以用直角坐标系、圆柱坐标系或球面坐标系的坐标值表示，如图 2.3 所示。这些坐标系建立在点要素的理想位置上，因此这些坐标系也是理想坐标系。在点要素的三种坐标系中，球面坐标系适用于公差域为球的情况，三个参数的不同设置可以代表不同的几何含义，例如，φ为常数表示点在 Oxy 平面上的位置变化，θ和φ均为常数代表点在直线上的位置变化，三个参数ρ、θ、φ均为变量时可以表示点在空间的移动距离和方向角。对于直角坐标系，三个参数分别对应点的立方体形状的公差域的长、宽、高三个坐标方向的尺寸数值，同样可以通过设定其中一个或两个参数为常数代表点在该坐标平面或坐标轴方向上的二维或一维公差带。

为建立误差传递关系，还需要在点要素的实际位置上建立实际坐标系。实际坐标系的三个坐标轴与理想坐标系的三个坐标轴分别平行。

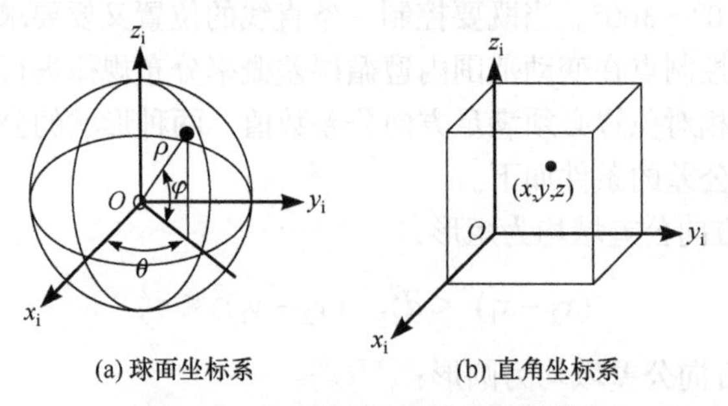

(a) 球面坐标系　　(b) 直角坐标系

图 2.3　点要素的控制点变动模型

2.3.4　圆柱要素的 CPVM

控制点变动模型既可以表示单项公差也可以表示综合公差。同样，控制点变动模型加上尺寸参数就可以模拟常见几何要素的变动情况，例如，直线的控制点变动模型加上两个半径参数就可以模拟出圆柱和圆锥的各种变动情况；平面的控制点变动模型加上两个宽度尺寸参数就可以表示宽度尺寸要素，如筋板、具有对称中心的两个轴线等，宽度尺寸要素的实际位置可以由平面的控制点变动模型表示，宽度尺寸要素的宽度尺寸可以由宽度尺寸参数表示；直线和平面的控制点变动模型的组合还可以模拟圆形阵列、矩形阵列的成组元素的变动情况。图 2.4 为圆柱要素的控制点变动模型。

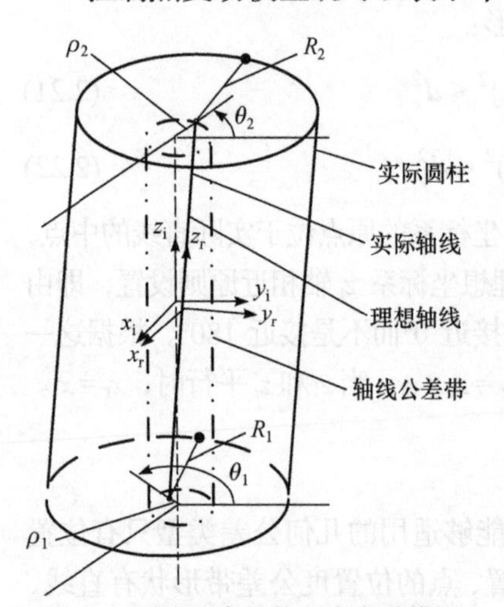

图 2.4　圆柱要素的控制点变动模型

控制点变动模型通过控制替代几何的边界顶点在自由度方向的位置来模拟实际要素的变动，这种公差表示模型可以完整表示尺寸公差、方向公差和位置公差的行为特征，几何要素独立控制点的数量和变动方向数量的乘积就是几何要素的自由度。综合公差的控制点变动模型可以由单项公差的控制点变动模型叠加而成，控制点变动参数与单项公差公差带的变动参数完全对应。

2.4　基于 CPVM 和蒙特卡罗模拟的公差分析方法

基于蒙特卡罗模拟的公差分析方法的核心内容是利用随机数发生器生成误差传递链上全部几何要素的控制点位置变动实例，对每一次生成的实例样本计算目标要素位置，即封闭环尺寸，在得到大量位置实例数据之后，利用统计分析方法计算封闭环尺寸的误差分布规律和统计特征，估算装配的合格率，分析零件公差设置的合理性。

2.4.1　几何要素的仿真实例生成方法

零件装配位置计算忽略接触表面的形状误差，在基于蒙特卡罗模拟方法生成几何要素的实例时不需要模拟形状误差，因此只需要讨论控制点变动模型中方向误差和位置误差的参数变动关系。控制点的绝对位置关系用以表示几何要素的尺寸误差和位置误差，控制点的相对位置关系则用以表示几何要素的方向误差。

当公差分析过程中需要同时考虑一个几何要素的方向误差和位置误差时，首先需要根据位置误差的概率分布规律和位置公差值，利用随机数发生器对每一个控制点生成一个变动参数实例；然后根据方向误差的分布规律，再次利用随机数发生器生成控制点的方向误差的变动参数实例；最后将控制点的位置变动实例和方向变动实例数值进行叠加，经过几何要素位置变动抽样和个性检查之后，得到求几何要素的一个实例抽样。

2.4.2　装配公差分析流程

基于 CPVM 的仿真方法与参数化仿真方法不同，参数化仿真方法基于参数约束求解，所建立的尺寸链装配函数是一个非线性方程组，求解代价很大。基于 CPVM 的装配公差分析实际上就是根据仿真得到的几何要素位置实例计算机器的装配位置，即对误差传递路径上的全部几何要素的位置参数通过坐标变换进行代数计算，然后将大量计算实例数据通过统计分析方法得到分析目标的概率统计结果，这种分析方法无须求解非线性方程，计算代价很小。基于 CPVM 和蒙特卡罗模拟的装配公差分析方法的具体流程如下：

(1) 建立误差传递路径。

(2) 确定误差传递路径上全部相关的几何要素和每个几何要素的方向公差、位置公差(尺寸公差)以及对应的误差分布规律。

(3) 根据装配关系建立零件装配位置的坐标变换关系，确定坐标变换矩阵。

(4) 利用蒙特卡罗模拟方法获得误差传递路径上全部几何要素的一个位置实例。

(5) 根据装配位置坐标变换矩阵计算目标要素的一个位置变动样本值。

(6) 根据给定的采样数量，重复步骤(4)和步骤(5)，得到足够数量的采样样本。

(7) 对采样数据进行处理，得到分析目标的概率统计结果。

2.4.3 装配尺寸公差分析实例

图 2.5 为车床尾座和尾座支撑装配简图，本例公差分析任务是尾座孔中心线相对于尾座支撑底面的尺寸误差和平行度误差。该装配由两个零件组成，两个零件的公差标注如图 2.6 和图 2.7 所示，误差传递路径上涉及的坐标变换包括尾座孔公称中心线对尾座底面基准、尾座底面与尾座支撑实际表面配合、尾座支撑实际表面对尾座支撑公称表面、尾座支撑公称表面对尾座支撑基准面。各坐标变换的变换矩阵如下。

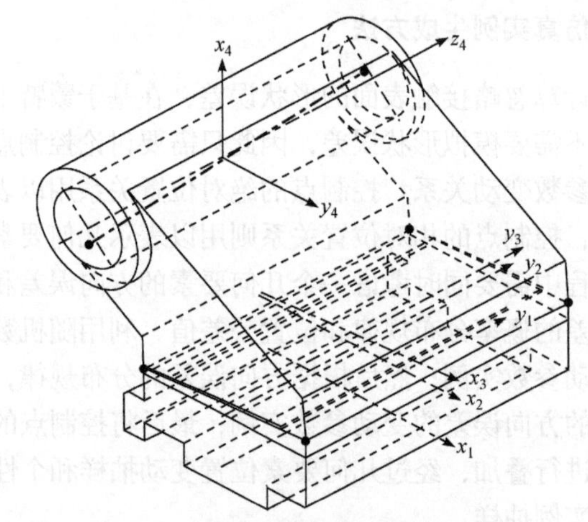

图 2.5 车床尾座和尾座支撑装配简图

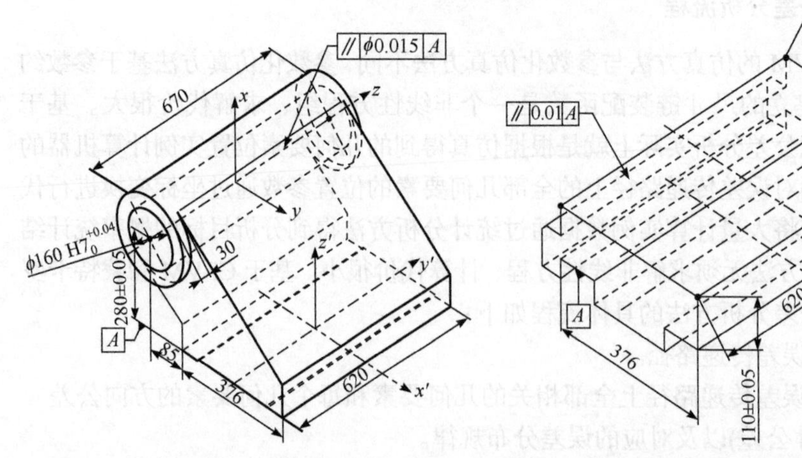

图 2.6 车床尾座的公差标注(单位：mm) 图 2.7 车床尾座支撑的公差标注(单位：mm)

(1) 尾座孔公称中心线坐标系 $x_4y_4z_4$ 对尾座底面基准坐标系 $x_3y_3z_3$ 的变换矩阵为

$$M_l^{n\text{-}b}=\begin{bmatrix}0 & 1 & 0 & 0\\ 0 & 0 & 1 & 0\\ 0 & 0 & 0 & 0\\ -273 & -5 & 280 & 1\end{bmatrix} \tag{2.23}$$

(2) 尾座底面和尾座支撑实际表面两配合面的公称尺寸相等，故可以近似认为两个坐标系重合，尾座底面与尾座支撑实际表面配合的坐标变换为恒等变换。尾座支撑实际表面坐标系 $x_3y_3z_3$ 对尾座支撑公称表面坐标系 $x_2y_2z_2$ 的坐标变换为式(2.11)～式(2.16)，式中的参数 t、α、β 均由平面控制点参数 t_1、t_2、t_3 确定。

(3) 尾座支撑公称表面对尾座支撑基准面的变换式平移变换矩阵为

$$M_p^{n\text{-}b}=\begin{bmatrix}1 & 0 & 0 & 0\\ 0 & 1 & 0 & 0\\ 0 & 0 & 1 & 0\\ 0 & 0 & 110 & 1\end{bmatrix} \tag{2.24}$$

(4) 尾座孔中心线两个控制点在变动到任意位置 $(x_4, y_4, -335)$、$(x_4, y_4, 335)$ 时，两个控制点在尾座支撑基准坐标系中的位置可由式(2.25)分别求出：

$$\begin{bmatrix}x_1 & y_1 & z_1 & 1\end{bmatrix}=\begin{bmatrix}x_4 & y_4 & z_4 & 1\end{bmatrix}M_l^{n\text{-}b}MM_p^{n\text{-}b} \tag{2.25}$$

式(2.25)中包含的变动参数有尾座支撑顶面的变动参数 (t_1, t_2, t_3) 和尾座孔中心线端点的变动参数 (x_4, y_4) 或 (x_4', y_4')，给出这些变动参数的一个具体数值就给定了装配体中相关零件的一个实例，根据装配关系就可以计算一个具体的装配尺寸。根据图 2.7 所示的公差标注，尾座支撑顶面的变动参数受尺寸公差(公差值为±0.05mm)和平行度公差(折算成尺寸公差的公差值为±0.005mm)的控制，即变动平面的四个顶点必须在平行度公差带内，同时平行度公差带在尺寸公差带内浮动。假设顶点在平行度公差带内的概率分布和平行度公差带在尺寸公差带内的概率分布均遵循正态分布，即三个变动参数在±0.005mm 范围内遵循正态分布独立变动(同时第四个顶点也必须满足参数范围)、平行度公差带的中心面在±0.045mm 范围内遵循正态分布的变动，利用正态分布的随机数发生器生成两个变动参数的一个实例，然后将两个变动参数叠加，即完成一次概率抽样。根据图 2.6 的公差标注，尾座孔中心线在 x 轴方向的变动参数的模拟方法与以上相同，即根据平行度公差值±0.0075mm 对 x_4、x_4' 进行抽样，再将抽样数值叠加到根据尺寸公差范围±0.0425mm 生成的平行度公差带中心面位置上。尾座孔中心线 y 轴方向的平行度公差和位置公差采用自由公差(虽然平行度公差值带有直径符号，但该公差在 y 轴方向没有基准)，根据公差标准规定，平行度公差的缺省值与尺寸公差相同，查出尺寸公差值为±0.15mm，因此轴线端点 y 坐标的模拟只需要一次概率抽样。

对以上过程进行仿真，分别求得尾座孔中心线两端点在尾座支撑底面坐标系中的坐标变化情况，两端点的 z_1 坐标值统计分析结果就是尾座孔中心线相对于尾座支撑底面的尺寸误差，两端点的 z_1 坐标值之差的统计分析结果就是平行度误差。表 2.1 为不同仿真次数下的统计计算结果，其中 x、z 代表左端点坐标值，x'、z'代表右端点坐标值，z-z'代表尾座孔中心线相对于尾座支撑底面的平行度。两端点的 x_1 坐标样本均值为 273mm，z_1 坐标样本均值为 390mm。由表可知，尾座孔中心线相对于尾座支撑底面的尺寸误差为±0.066mm，尾座孔中心线相对于尾座支撑底面的平行度误差为±0.011mm。

表 2.1　尾座孔轴线的位置和平行度误差(±3σ)　　(单位：mm)

仿真次数	x	z	x'	z'	z-z'
10000	0.1495	0.0883	0.1502	0.0882	0.0114
20000	0.1497	0.0716	0.1505	0.0660	0.0114
100000	0.1500	0.0665	0.1500	0.0663	0.0107
200000	0.1499	0.0662	0.1500	0.0673	0.0115

2.5　本 章 小 结

基于控制点的公差数学模型符合公差标准。控制点坐标参数定义域就是公差带，由控制点位置定义的几何要素可以到达公差域的任何位置，控制点位置在理想坐标系中的绝对位置、控制点之间的相对位置和组成点相对于拟合组成要素的位置可以直接表示尺寸与位置公差、方向公差和形状公差。

几何要素自由度的分类体现基准与目标的几何类型、相对位置关系，理想坐标系的定义体现基准优先原则，通过建立基准和被测目标两者之间的控制点参数关系，可以表示公差的独立原则和相关原则。

基于控制点的公差数学模型参数关系直观简洁，便于在 CAD 软件实体模型的数据结构中存放，适用于各种公差分析方法。控制点之间的公称距离就是几何要素的公称尺寸，根据控制点的变动量和控制点之间的公称距离的比值，就容易建立公差与精度之间的关系。

参 考 文 献

[1] Requicha A, Chan S. Representation of geometric features, tolerances, and attributes in solid modelers based on constructive geometry. IEEE Journal on Robotics and Automation, 1986, 2(3): 156-166.

[2] Requicha A A G. Toward a theory of geometric tolerancing. The International Journal of Robotics Research, 1983, 2(4): 45-60.

[3] Roy U, Liu C R. Feature-based representational scheme of a solid modeler for providing dimensioning and tolerancing information. Robotics and Computer-Integrated Manufacturing, 1988, 4(3-4): 335-345.

[4] Martinsen K. Vectorial tolerancing for all types of surfaces. ASME Advances in Design Automation, 1993, 2: 187-198.

[5] Turner J U, Wozny M J. The M-space theory of tolerances. Proceedings of the ASME 16th Design Automation Conference, Chicago, 1990.

[6] Chase K W, Gao J, Magleby S P, et al. Including geometric feature variations in tolerance analysis of mechanical assemblies. IIE Transactions, 1996, 28(10): 795-808.

[7] Chase K W, Gao J, Magleby S P. General 2-D tolerance analysis of mechanical assemblies with small kinematic adjustments. Journal of Design and Manufacture, 1995, 5(4): 263-274.

[8] Gao J, Chase K W, Magleby S P. Generalized 3-D tolerance analysis of mechanical assemblies with small kinematic adjustments. IIE Transactions, 1998, 30(4): 367-377.

[9] ASME. Mathematical definition of dimensioning and tolerancing principles. ASME Y14.5M-1994. New York: American Society of Mechanical Engineers, 1995.

[10] Bourdet P, Mathieu L, Lartigue C, et al. The concept of small displacement torsor in metrology. Advanced Mathematical Tools in Metrology II. Singapore City: World Scientific Publishing, 1996.

[11] Villeneuve F, Legoff O, Landon Y. Tolerance for manufacturing: A three-dimensional model. International Journal of Production Research, 2001, 39(8): 1625-1648.

[12] Hong Y S, Chang T C. Tolerancing algebra: A building bloke for handling tolerancing interactions in design and manufacturing. International Journal of Production Research, 2003, 41(1): 47-63.

[13] Wang H, Pramanik N, Roy U, et al. A scheme for transformation of tolerance specifications to generalized deviation space for use in tolerance synthesis and analysis. Proceedings of DETC02, Montreal, 2002.

[14] Vignat F, Villeneuve F. 3D transfer of tolerances using a SDT approach: Application to turning process. Journal of Computing and Information Science in Engineering, 2003, (3): 45-53.

[15] Villeneuve F, Vignat F. Manufacturing Process Simulation for Tolerance Analysis and Synthesis. Berlin: Springer, 2005.

[16] Vignat F, Villeneqve F. Simulation of manufacturing process (l) Generic solution of the positioning problem. Proceedings of the 9th CIRP Computer Aided Tolerancing Seminar, Tempe, 2005.

[17] Vignat F, Villeneuve F. Simulation of manufacturing process (2) Analysis of its consequences on a functional tolerance. Proceedings of the 9th CIRP Computer Aided Tolerancing Seminar, Tempe, 2005.

[18] 刘玉生, 吴昭同, 杨将新, 等. 基于数学定义的平面尺寸公差数学模型. 机械工程学报, 2001, 37 (9): 12-17.

[19] 蔡敏, 杨将新, 吴昭同. 定向公差带数学定义理论及应用的研究. 机械工程学报, 2000, 36 (11): 54-58.

[20] 彭和平. 基于新一代 GPS 框架的公差设计理论与方法研究. 武汉: 华中科技大学, 2009.

[21] Desrochers A, Clement A. A dimensioning and tolerancing assistance model for CAD/CAM systems. The International Journal of Advanced Manufacturing Technology, 1994, 9(6): 352-361.

[22] Mujezinovic A, Davidson J K, Shah J J. A new mathematical model for geometric tolerances as applied to polygonal faces. Transactions of the ASME, 2004, 126(3): 504-518.

[23] Ameta G, Serge S, Giordano M. Comparison of spatial math models for tolerance analysis: Tolerance-maps, deviation domain, and TTRS. Journal of Computing and Information Science in Engineering, 2011, 11(2): 1004-1-8.

第3章 几何要素的基准体系及其建立规则

完整定义一个几何要素位置的全部基准要素构成一个基准参考框架，即唯一确定一个正交坐标系。正确建立基准参考框架在公差分析与设计、几何要素检验与测量等应用中十分重要。本章介绍基准参考框架的通用建立方法，将基准参考框架分解为点、过点的直线、过直线的平面三个构造元素。根据构造元素与基准要素几何类型的对应关系，通过分析公差标准和实际惯例中常见的基准要素的几何类型，建立构造元素的确定规则，给出基准参考框架的全部组成形式。面向坐标测量机的应用，提出基于坐标测量数据构造元素的计算方法；面向公差分析的应用，提出基于几何要素的控制点变动模型的基准构造元素的计算方法。

3.1 基准参考框架和模拟基准要素

确定几何要素的理想位置、模拟几何要素的实际位置等是进行零件公差分析与设计的基本技术，这些技术中首先需要确定或建立定位几何要素的基准和基准体系。从基准要素中可以提取基准几何，一组完整的基准几何就是定位几何要素位置坐标系的坐标平面、坐标轴和坐标原点，能够定义坐标系的基准要素就是正确的基准参考框架。基准参考框架的正确性、合理性和唯一性对公差技术十分重要。

基准参考框架与坐标系完全对应，一个基准参考框架只能唯一确定一个坐标系。几何上，基准几何由点、直线和平面等基本几何要素构成，这些点、直线、平面以及它们之间的交点、交线、投影点、投影线和垂足点等与正交坐标系的坐标原点、坐标轴、坐标平面唯一对应。每个基准要素至少可以提取出一个基准几何，该基准几何一定对构建这个唯一的坐标系有贡献。一组完整的基准几何可以构建一个完整的正交坐标系，一组不完整的基准几何则只能推导出正交坐标系的部分要素。一个目标要素的基准几何可以完整，也可以不完整，但由这些基准几何构成的坐标系不论完整与否，均可以唯一定义目标要素的位置。

零件的检测检验首先需要对零件的几何要素进行定位，传统测量仪器通过基准平台、V型块、定位芯轴等定位元件与基准要素装配接触完成几何要素的定位工作，而先进的测量仪器如坐标测量机等，可以利用数值计算方法根据基准要素的测量数据计算出虚拟的定位元件的尺寸和位置，这些物理的和虚拟的定位元件就承担了定位实际几何要素位置的功能。为确定这些定位元件的尺寸和位置，ASME Y14.5M-2009[1]首先定义了模拟基准要素(datum feature simulator, DFS)的概念，DFS 是包容基准要素实际表面、与基准要素的理论几何形状相同的反向几何形体，并且基准体系的各个 DFS 之间保持公称的相对位置关系。DFS 根据理想状态下的基准要素几何类型和实际状态下的基准要素位置来确定，DFS 需要根据基准次序、基准要素的几何类型、相对位置进行换算，因此提取 DFS 首先需要建立相应的规则，该规则必须满足几何要素的定义和检测要求。Zhang 等[2]提出了 DFS 的三个特点：①理想的几何形状；②与实际基准要素表面密切配合；③唯一。Nigam 等[3]将 DFS 看成一个与实际基准要素表面相关的虚拟几何，并给出虚拟几何的建立方法。Tandler[4]提出了一个完整和明确的方法来定义和建立基准参考框架，详细研究了 DFS 的形状、方向、位置和尺寸控制问题，可用于实现 CAD、计算机辅助制造(computer aided manufacturing，CAM)和计算机辅助测量等应用中建立坐标系的自动化。Bhat 等[5]提出了另一种关于平面基准的定义方法，用平面对实际表面进行平移最小二乘逼近。通过找到表面上的有效点，计算最小二乘拟合平面，找出位于最小二乘拟合平面外最远的有效点，然后平移最小二乘拟合平面使其经过最外点，获得平面要素的基准体现。Wilhelm 等[6]讨论了 ASME Y14.5M—1994 定义的候选基准集合的建立算法。通过有限测量点集合建立测量点的凸包，将位于采样表面外部的凸包每个面片作为一个支撑点的外部集合，评价这些表面凸包判断是否满足候选基准要求，并将候选基准集合与平移最小二乘拟合平面进行比较，以判断所得到的基准是否满足这些基准的定位和定向的要求。大量的案例结果表明：候选基准集合可行而平移最小二乘拟合平面不可行。Jiang 等[7]开发了一个算法，能够更有效地找出满足 ASME 标准的候选基准集合，该算法与文献[6]的方法相比提高了检查凸包表面的效率。

基准的建立方法直接影响几何要素的测量结果，一旦决定采用的方法，基准变动对测量结果的影响就确定了。Salisbury 等[8]讨论了表面误差造成工件定位和定向误差的问题。Cheraghi 等[9]研究了基准目标的误差对测量结果影响的量化方法，期望有助于找出适当的基准目标位置，为制造和检验过程建立适当的控制策略。Radvar-Esfahlan 等[10,11]在研究非刚体曲面测量技术中，提出数字夹具的概念，可作为一个框架用于验证 CAD 模型中的基准区域与测量点云的一致关系，用于自由曲面零件测量的基准验证。

以上工作根据基准要素的实际表面提出 DFS 的定义以及建立方法，主要用于机械加工和测量中的定位误差估计。基于模拟方法进行公差分析，同样需要通过建立 DFS 来获得目标几何要素的实际位置，但与根据实际要素表面建立 DFS 的方法不同，公差分析方法中需要根据概率抽样得到的基准要素实例来确定 DFS，因此几何要素实际位置模型方法是保证正确建立 DFS 的关键。本章介绍根据替代几何位置参数确定 DFS 的方法，基于几何要素的控制点变动模型[12]表示替代几何的实际位置[13-15]，首先需要从零件的基础要素开始模拟采样基准要素的实际位置，其次根据基准要素的实际位置确定目标要素的基准坐标系，再次根据目标要素的基准坐标系计算目标要素的理想位置，最后根据目标要素的理想位置模拟采样目标要素的实际位置变动实例，这一过程可以保证模拟结果的正确性以及保持与公差标准的一致性。本章根据控制点变动模型确定平面要素、圆柱要素和棱柱要素所对应的 DFS，研究这三种常见基准要素的 DFS 计算方法。

3.2　基准要素的几何类型

虽然基准要素的组成要素和导出要素不外乎为点、直线、平面三种基本几何要素的各种组合，但组合的结果还是多种多样的，一个基准体系的全部基准要素的组合形式更加多样，因此本书只能对常用的基准要素及其组合进行分析。常用基准要素组合形式包括单一表面基准要素、多个表面组成的单一要素、两个要素组成的新的基准要素、成组要素、组合基准等，公差标准[1,16]均给出了各种表面作为基准要素的情况。表 3.1 是在这些标准的基础上进行了扩充的组合情况，表中给出每一种基准要素能导出的基准几何和可能承担基准坐标系的几何要素，基准几何是指基准要素的组成要素和导出要素，以及由它们合成的新的几何。

表 3.1　各种基准要素可导出的几何要素

组合形式	表面类型	标注符号	基准要素	基准几何
单一表面基准要素	平面	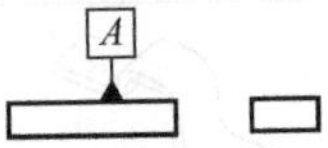	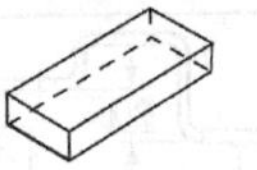	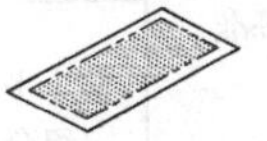
	球面	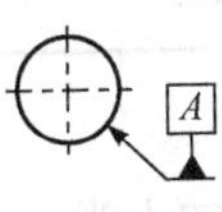	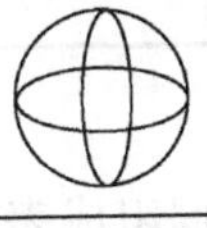	
	圆柱面	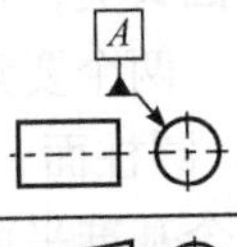	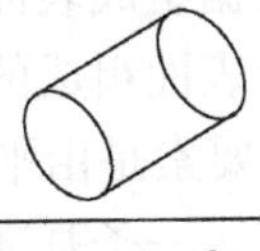	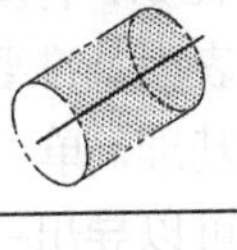
	圆锥面	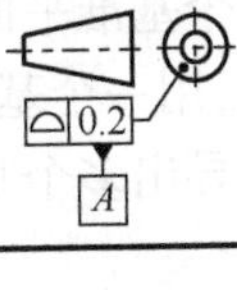	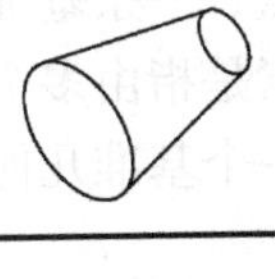	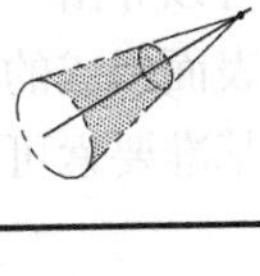

续表

组合形式	表面类型	标注符号	基准要素	基准几何
多个表面组成的单一要素	宽度要素	A		
	圆头平键	0.2 A		
	三维形体	0.2 A		
两个要素组成的新的基准要素	线性阵列	A B		
	圆周阵列	A		
	矩形阵列	4×ϕ10.5～10.9 ϕ0.4 A B		
组合基准	两个圆柱组合	A B		
	两个平面组合	20 A B		

注：表中数字的单位为 mm。

表 3.1 将基准要素根据组成表面数量分为四大类，这四大类基准要素分别为单一表面基准要素、多个表面组成的单一要素、两个要素组成的新的基准要素和组合基准。单一表面基准要素是由平面、球面、圆柱面、圆锥面等一个表面构成，从中可以导出一个基准点、一条基准轴线或一个基准平面等多种基本几何要素。多个表面组成的单一要素是指由多个表面组成,用一个基准代号指示的基准要素，该类基准要素可以导出一个基准几何，也可能导出多个基准几何。例如，板筋和

直槽等宽度要素导出一个中心平面；又如，圆头平键和圆头平键键槽、带斜度的三维形体，这种基准要素在零件图上虽然只需要一个基准代号，但其可以构成基准坐标系的多条基准线或多个基准面；再如，圆头平键要素构成一条基准线和一个基准面，带斜度的三维形体则构成一个完整的基准坐标系。两个要素组成的新的基准要素情况是：两个要素中的第一个要素本身已经作为一个基准要素存在，第二个要素再与第一个要素合成一个新的基准几何，例如，两个平行的圆柱，第一个圆柱导出的基准几何为一个轴线，第二个圆柱再与第一个圆柱合成一个新平面，即由两者合成了一个平面基准几何。成组要素是这类基准要素的一个特例，成组要素的基准几何是一个几何图框，由多个简单几何组成。成组要素由一系列阵列布置的简单几何体组成，常见成组要素阵列方式包括圆形阵列和矩形阵列两种情况，成组要素可以导出基准点、基准线和基准平面等多个、多种基准几何。组合基准是由两个具有相同几何类型的表面共同构成的一个组合基准要素，包括两个同轴圆柱面、两个共面平面、两个平行平面(法线方向相同)等多种形式，这些表面共同组成了一条基准线或一个基准面。

基准组合与组合基准不同，组合基准是指用两个基准代号所对应的两个基准要素来构造一个基准，如两个同轴短圆柱构成一条基准轴线、两个共面平面构成一个基准平面等，这两个基准要素本质上就是一个基准要素。而基准组合是指基准体系中的两个或三个基准要素可以组合成一个新的几何类型，如两个点基准组合等效于一个直线基准、两条平行直线组合等效于一个平面基准。除了第一成员基准的约束自由度功能,通过基准组合而得到的比原基准几何更复杂的几何类型，其具有组合成员单独存在时所不具有的约束自由度能力，例如，两个平行的圆柱同时作为一个目标要素的基准时，与两个圆柱单独作用时约束目标的自由度情况相同，虽然其中一个圆柱属于基准冗余，但两个圆柱会组成一个平面基准，从而使两个圆柱基准组合还具有平面基准的约束自由度能力，因而增加了对目标自由度的约束。只有用基准组合概念才能解释清楚两个平行圆柱等基准要素布局情况下的约束自由度情况。公差的基准数量最多只有三个，因此进行组合的基准数量只有两个基准的组合和三个基准的组合两种情况。基准组合可以理解为成组要素的扩展，成组要素的几何类型为几何图框，而基准组合的几何类型为直线或平面。

在由点、直线和平面这三种基本几何要素组成的基准要素中，对其中两种基准要素进行组合，根据几何类型其组合的可能情况为点-点、点-线、点-面、线-线、线-面、面-面等六种组合情况，但只有其中的点-点、点-线、线-线三种组合可以形成比原成员更复杂的几何类型，即点-点组合等效于直线、点-线和线-线组合等效于平面，如图3.1(a)～(c)中的虚线所示。三个基准要素虽然可以产生非常多的组合，但能产生新的等效几何类型的组合只有两种情况：①第一、第二、第三基准要素的几何类型均为点，前两个基准要素均为点时可组合成一条直线，再与第三个点组合形成一个平面；②第一、第二基准要素的几何类型均为点，第三基准要素的几何类型为平行于前两点连线的直线，两条平行直线组合成一个平面。三个基准要素的有效组合情况如图 3.1(d)和(e)所示。

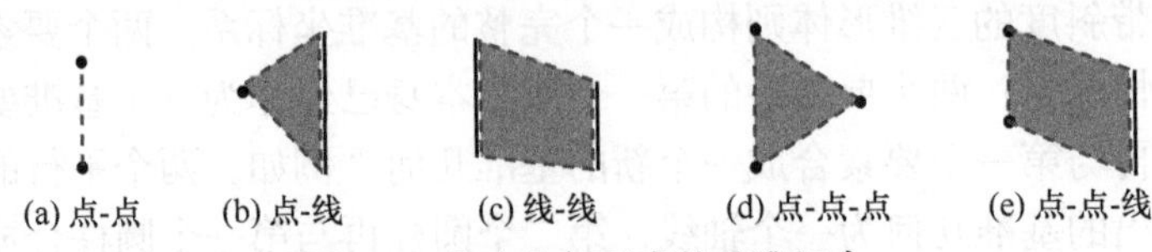

图 3.1　基本几何要素的基准组合

合法的基准组合必须具备能够产生更复杂的几何类型和增加约束自由度能力这两个条件，能形成更复杂的几何类型和更大的约束自由度能力的等效基准几何只有图 3.1 所示的五种情况。

为了说明基准组合的情况，下面以图 3.2 所示零件的位置度公差的基准要素为例，解释基准要素的基准组合以及组合之后的约束自由度情况。图中下部孔 ϕ8.9～9.2mm 的位置度公差有三个基准要素，三个基准要素 A、B、C 的几何类型为一个平面和两个圆柱，其中基准要素 B 和基准要素 C 为形状相同、尺寸不同的圆柱。目标要素具有两个平移自由度和两个转动自由度，或者一个面平移本征自由度和一个面转动本征自由度，基准要素 A 约束了目标要素的两个转动自由度，剩下两个平移自由度由基准要素 B 和基准要素 C 来约束。基准要素 B 和基准要素 C 的导出几何均为直线，对于单独的每一个基准要素，它们对目标孔的约束自由度能力相同，因此若不考虑基准组合，则基准要素 B 约束了一个平移自由度，基准要素 C 没有约束任何自由度，基准要素 C 是个冗余的基准要素，而且目标要素的另一个平移自由度还没有被约束。但事实上该基准体系是合法的，而且目标要素的全部自由度都已经完全被约束，原因是基准要素 B 和

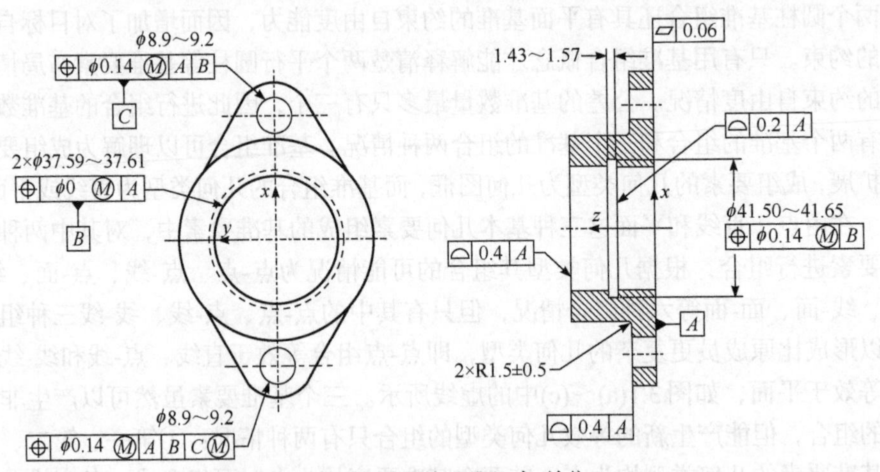

图 3.2　基准体系及其基准组合(单位：mm)

基准要素 C 这两个圆柱的两条导出直线组合形成一个平面基准，该平面基准具有两个直线基准所不具有的约束目标要素自由度的能力。该平面能够约束目标孔沿 y 轴线方向的平移自由度，因此采用基准组合概念说明基准要素 C 并不是冗余的。由此可见，如果不利用基准组合概念就难以解释这种基准体系约束自由度的情况。

3.3　基准坐标系的构造元素

从基准要素中导出基准几何目的在于用其构造基准坐标系，那么，什么样的基准几何、什么样的布局关系才能用于构造基准坐标系呢？这就需要研究基准坐标系的组成原理。基准坐标系是定义目标几何要素位置及其变动范围的坐标系，对目标要素的每一个尺寸公差和几何公差的验证，本质上都是基于该坐标系。各种基准要素所导出的基准几何的类型和数量不同以及基准要素在基准体系中的次序不同，必然使得同一个基准体系中的各种基准要素对构建基准坐标系中的作用也不同。基准要素的一个组成要素或者导出要素是否真正构成了基准坐标系的坐标轴、坐标平面、坐标原点，取决于该几何要素的类型以及在基准体系中的次序。正是存在以上原因，构建基准体系才需要考虑在不同几何类型的基准要素和位置关系情况下的基准要素存在的合法性、建立基准要素的组合规则。

本书只考虑基准要素的组成要素和导出要素分别由点、直线、平面三个基本几何要素组成的情况，即不考虑由复杂曲面作为基准要素的情况。若在三个基本几何要素中，将直线要素的位置用其两个端点来定义、平面要素的位置用其边界的三个顶点来定义，则根据定义点的数量可以认为点、直线、平面基本几何要素是由简单到复杂、从低级到高级的演变，低级几何要素通过组合来构造高级几何要素，高级几何要素可以承担更大的定位作用。例如，两个点可以形成一条直线，三个点可以形成一个平面，直线和线外一点可以形成一个平面，两条平行直线也可以形成一个平面。以上的定义方式在数学上是完备的，生产实际中也存在这样的应用，事实上工程图样中也不乏存在这种情况。根据以上事实，可以将基准坐标系的坐标原点、坐标轴、坐标平面也看成由点、直线、平面这三个基本几何要素组合而成，进一步可以定义一个正交坐标系的最基本的形式为“点 P_o+过点的直线 L_a+过直线的平面 F_p”，这里的“点 P_o”对应为坐标系的原点，“过点的直线 L_a”可以对应任意一个坐标轴，即两个坐标平面的交线，“过直线的平面 F_p”则对应其中一个坐标平面，这样的点 P_o、直线 L_a、平面 F_p 三个元素可以唯一地生成基准坐标系的另外两个坐标轴以及两个坐标平面。这三个元素与一个正交坐标系的关系如图 3.3 所示，可见根据 P_o、L_a、F_p 可以唯一确定坐标系的全部信息，

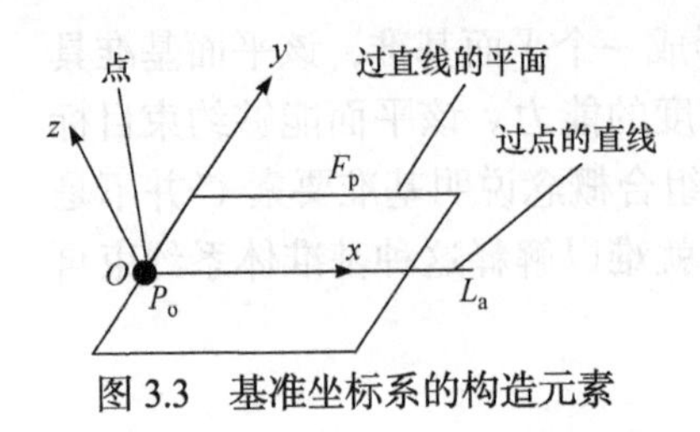

图 3.3　基准坐标系的构造元素

因此本书把这样的三个元素称为基准坐标系的构造元素。通过将基准要素和基准坐标系都分解成点、直线、平面三个基本几何要素，再从点、直线、平面约束自由度能力的角度确定其组合规律，进而建立一个基准体系的基准要素的组成规则。

3.4　构造元素与基准几何的关系

由基准坐标系的形成原理可知，基准坐标系的坐标原点、坐标轴和坐标平面来自基准要素的导出要素和组成要素以及它们之间的交点、投影点、投影线等，因此构造元素同样来自基准要素所导出的基准几何及其关联关系，即建立完整的构造元素需要采用两种方法，第一种方法是直接从基准几何中导出，第二种方法是根据多个基准几何和已建立的构造元素进行求交点、交线或者合成一种新的几何方法获得。

由表 3.1 可以看到，从单一基准要素中导出的多个基准几何和相应的坐标系对应构造元素的相对位置关系完全相同，前提条件是该单一基准要素为基准体系中的第一基准。以下以一个圆锥基准和一个成组要素基准为例来说明这一论断。圆锥基准能够导出一个点和一条过该点的直线共两个几何要素，显然这个点和直线的位置关系与 P_o 和 L_a 的位置关系完全相同。一个成组要素可以导出一条中心线和包含该中心线的一个或者两个中心平面，该中心线和任意一个中心平面的位置关系与 L_a 和 F_p 的位置关系也完全相同。由此可以得出以下结论：若单一基准要素为第一基准，则从单一基准要素中导出的点、直线和平面等基本几何要素直接分别对应为三个构造元素 P_o、L_a 和 F_p。

为了从第二、第三基准要素中导出基准几何来确定相应的构造元素，首先必须将基准几何与已有构造元素进行求交、求投影等运算以形成结果几何，再确定结果几何对应的构造元素类型。以下以图 3.2 所示零件的直径为 $\phi 8.9$～9.2mm 孔的位置度公差的基准确定为例来解释这一结论，第一基准要素 A 导出一个平面，该平面为构造元素 F_p；第二基准要素 B(直径为 $\phi 37.59$～37.61mm 的大孔)导出一条中心线，根据构造元素的定义，该中心线不直接对应构造元素 L_a，原因是其不在 F_p 上。该中心线与已有构造元素 F_p 的交集为一个点，该点为构造元素 P_o，故该中心线与已有构造元素 F_p 运算的结果几何对应为构造元素 P_o。第三基准要素 C 导出的基准几何仍然是一条直线，由于与第二基准的导出几何类型相同，该直线必须与高序基准的导出几何进行基准组合以生成新的、更高级的几何类型，否则该基准为冗余基准。基准要素 C 与基准要素 B 组合形成一个平面，该平面与已有构造元素 F_p 的交集为一条直线，该直线为 L_a。

3.5　构造元素的确定规则

根据以上构造元素和基准几何关系的讨论，可以得到两条建立构造元素的规则。

规则 1：由第一基准要素导出的点、直线、平面等基准几何直接对应构造元素 P_o、L_a 和 F_p。

规则 2：由第二和第三基准要素导出的或者组合而成的基准几何首先用以建立与其自身几何类型相同的构造元素，然后与已有构造元素通过投影和求交等运算建立与其几何类型不同的构造元素。

构造元素的建立规则是一种递归规则，这两条规则必须考虑基准要素的次序。基准要素的次序的作用可以用约束自由度的情况来描述。首先基准要素自身必须约束目标要素的剩余未约束的自由度，然后与高序基准要素组合形成更高级的基准几何，利用组合的基准几何来约束目标要素的剩余自由度。

3.6　建立构造元素的递归算法及其在基准要素正确性验证中的应用

建立构造元素的算法是一种递归算法，该算法在基准要素设置的正确性验证中十分重要，本节对这两个方面进行详细介绍。

3.6.1　建立构造元素的递归组合方法

基准几何和构造元素都是由点、直线、平面三个基本几何要素构成的，建立构造元素的核心算法就是这些点、直线、平面的递归组合。该递归组合算法首先必须满足以下两个条件：①由基准要素导出的基准几何只能与已建立好的构造元素进行组合；②通过组合形成的几何类型必须与构造元素的几何类型一致。根据以上条件和规则 2，合法的基准几何组合的数量很少，这些组合的算法如表 3.2 所示。

表 3.2 构造元素的递归组合算法

基准几何	确定 P_o	确定 L_a	确定 F_p
	位置	直线经过点和方向	平面经过点和法线
点 p	p 在 L_a 上的投影； p 在 F_p 上的投影	经过 P_o 和经过 p 在 F_p 上的投影点的直线，方向为 $P_o \to p_p$； 经过两点 P_o 和 p 的直线，方向为 $P_o \to p$	包含 p 和 L_a 的平面，法线为 $\bar{L}_a \times (p \to L_a)$
线 l	l 和 L_a 的交点或者交叉线 l 在 L_a 上的垂足点； l 与 F_p 的交点	经过 P_o 且平行于 l 在 F_p 上投影的直线，方向为 $\bar{l}$ 的投影方向； 分别经过 P_o 和经过 l 与 F_p 交点的直线，方向为 $P_o \to p_p$； 经过 P_o 且平行于 l 的直线，方向为 $\bar{l}$； l 在 F_p 上的投影线，方向为 $\bar{l}$ 的投影方向	包含 l 和 L_a 的平面，法线为 $\bar{L}_a \times (L_a \to l)$； 包含 L_a 且平行于 l 的平面，法线为 $\bar{L}_a \times \bar{l}$
面 f	f 和 L_a 的交点	经过 P_o 且平行于 f 和 F_p 交线的直线，方向为 $\bar{F}_p \times \bar{f}$； f 和 F_p 的交线，方向为 $\bar{F}_p \times \bar{f}$	包含 L_a 且平行于 f 的平面，法线同 $\bar{f}$； 包含 P_o 且平行于 l 的平面，法线同 $\bar{f}$

注：p、l、f 代表基准几何；P_o、L_a、F_p 代表已确定的构造元素；$\bar{l}$ 、$\bar{f}$ 分别代表 l 的方向单位矢量和 f 的法向矢量；→代表方向关系；$P_o \to p$ 表示从 P_o 指向 p；$p \to L_a$ 表示从 p 指向 p 在 L_a 上的垂足点。

表 3.2 中，p、l 和 f 分别代表点、直线和平面三个基本几何要素，这三个几何要素有两个可能的来源：①由基准要素导出的组成要素和导出要素；②基准要素自身的导出几何与高序基准进行基准组合之后得到的几何要素。对于一个实际零件，由于实际零件存在尺寸和几何误差，首先必须根据实际零件的基准要素计算出相应的模拟基准要素，然后从模拟基准要素中导出基准几何。

由表 3.2 可以看出，建立同一个构造元素有多个算法可以选用，此时算法的选用必须遵循以下三个规则，即规则 3、规则 4 和规则 5。

规则 3：按表 3.2 中排列顺序执行算法，对于由第二或者第三基准要素导出的基准几何，算法的选用必须根据表 3.2 中自上向下、自左向右的顺序进行，只要建立了合法的构造元素，就不再执行余下的算法。

表 3.2 中的算法排列次序是按照保证结果的正确性进行设计的，因此表中的算法必须严格按照顺序选用，否则就会得出不正确的结果。例如，在 L_a 和 F_p 已经建立之后，当再用一个点 p 来建立构造元素 P_o 时，表 3.2 中第一列有两个算法可以选用，但只有第一行的算法“p 在 L_a 上的投影”能够得到正确的结果，虽然第二个算法“p 在 F_p 上的投影”也能生成一个点，但这个点不能保证一定位于 L_a 上。

规则 4：构造元素只能由一个算法建立。一旦构造元素由当前算法确定，就不需要考虑表 3.2 中同一列的其余算法。

规则 5：导出几何可以同时用来建立两个构造元素。一个导出几何在一个算法中确定了一个构造元素之后，当前的导出几何还可以用于下一个构造元素的确定，通过选择表 3.2 中的下一列算法来确定下一个构造元素时，当前导出几何还可以使用，条件是当前基准几何不能与由其自身生成的构造元素进行运算，只能与未发生关系的构造元素进行运算。

为了解释表 3.2 中的算法实施情况，可以用图 3.2 中ϕ8.9～9.2mm 孔的位置度公差的基准坐标系的建立过程为例进行说明。目标孔的位置度公差有三个基准要素：零件底面 A、尺寸为 2×ϕ37.59～37.61mm 的中心孔 B 和尺寸为ϕ8.9～9.2mm 的另一个小孔 C。建立构造元素的过程如下：根据规则 1，主基准要素即平面 A 就是构造元素 F_p，第二基准要素的导出几何为一条中心线 l；根据规则 2，中心线 l 不在 F_p 上，因此 l 不能对应 L_a；根据规则 3，按表 3.2 中从左到右、从上到下的顺序选择合适的算法，表 3.2 中第一列第二行的算法“l 与 F_p 的交点”被选中，该算法的计算结果为构造元素 P_o；根据规则 5，再在表中按顺序查找合适的算法来生成构造元素 L_a，然而表中没有合适的算法，说明此时 L_a 不能根据 l、P_o 和 F_p 来生成。于是，开始由第三基准要素导出基准几何，第三基准要素仍然导出一条直线，基于相同的理由，第三基准要素的导出几何也不能生成 L_a，于是根据规则 3，从表 3.2 中按顺序查找算法，其中第 2 列第 2 行的算法“分别经过 P_o 和经过 l 与 F_p 交点的直线”满足要求，故过这两点的直线为构造元素 L_a。

为演示基准次序对建立构造元素的影响，假设图 3.2 中ϕ8.9～9.2mm 孔的位置度公差的三个基准要素的次序为 B、C、A，则由表 3.2 中的算法生成的构造元素就会与以上结果完全不同，即在这个假设的次序下，L_a 为孔 B 的中心线，F_p 为孔 B 和孔 C 的中心线组成的平面，而 P_o 为平面 A 和 L_a(孔 B 的中心线)的交点。

表 3.2 中的算法考虑了表 3.1 中列出的全部基准要素各种可能的组合情况，从而保证表 3.2 中算法的完整性。这一点可以用表 3.2 中所列的确定构造元素 P_o 的算法来说明表 3.2 的完整性，在建立 P_o 时已经建立的构造元素一共只有三种可能，即可能存在 L_a、可能存在 F_p 或者 L_a 和 F_p 同时存在，因此确定 P_o 的算法在设计时需要根据当前基准几何分别为 p、l 和 f 的情况与可能存在的构造元素的三种情况，再考虑各种相对位置情况下进行求交、投影等运算，表 3.2 中第一列所列的算法正是基于以上的思路得到的。同样，表 3.2 中确定 L_a、F_p 的算法也是遵循该思路得出的。

建立构造元素的递归组合算法的执行是简单明了的，因此该算法可以用以构造元素的自动确定，即基准坐标系的自动确定。

3.6.2　基准要素有效性和基准体系完整性验证规则

从约束自由度的角度，基准有效性是指基准要素能够约束几何公差指定的、目标要素的自由度，而基准体系的完整性是指用这些基准要素能够建立一个完整的基准坐标系。组成基准体系的基准要素是由几何公差标注的框格中指定的，由于确定基准坐标系的过程等同于确定构造元素的过程，基准要素的正确性验证就可以在构建三个构造元素的过程中完成。另外，建立构造元素的过程还产生了一个机会，可以提供更详细、更明确的基准要素出错信息。例如，根据确定构造元素的过程，基准要素可以进一步分类为直接对应构造元素的基准几何、与已知构造元素组合而生成新的构造元素的基准几何、不能定义构造元素的基准几何等。不能定义构造元素的基准要素就是无效的、冗余的，因此这个新的分类对确定基准要素的有效性、找出不正确的基准要素、给出详细的出错信息特别有帮助，其能方便设计者对基准要素进行修改。另外，该方法可以用于支持带有自校正功能的公差设计软件的开发。为此，以下给出基于构造元素概念用于基准要素以及基准要素体系有效性验证的两个启发式规则。

规则 6(基准要素有效性规则)：若一个基准要素的所有导出基准几何均不能用于建立构造元素，则当构造元素还没有全部确定时，该基准要素是无效的；当全部构造元素已经建立时，该基准要素是冗余的。

规则 7(基准体系完整性验证规则)：若一个基准体系不能完全确定三个构造元素，则这个基准体系是不完整的。

为了解释这些规则如何在建立构造元素的过程中判断无效基准要素，以下以图 3.4 所示零件为例加以说明。孔ϕD_3的位置度公差具有三个基准要素，第一基准要素为圆柱ϕD_1的底面 A，第二基准要素为圆柱ϕD_1本身，第三基准要素为球面ϕD_2。按照构造元素的确定规则和递归组合算法，F_p就是平面 A，P_o就是圆柱ϕD_1的轴线与F_p的交点，但L_a不能由球面ϕD_2直接确定，球面ϕD_2的导出几何为一个点 p，查表 3.2 的算法，该 p 点也不能与已确定的构造元素 F_p和 P_o进行运算来确定 L_a，可见本例中 L_a无法确定，因此本例可以得出以下验证结论：第三基准要素球面ϕD_2是一个无效的基准要素，该位置度公差的基准要素系统是不完整的。这

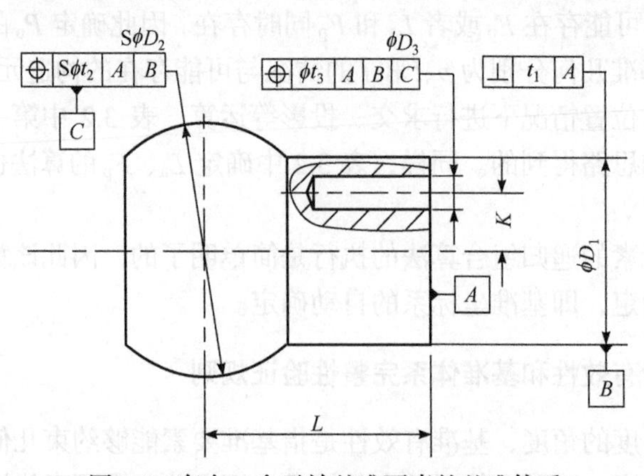

图 3.4 存在一个无效基准要素的基准体系

些出错信息的出现，将提供一个机会来修改错误的基准要素。

图 3.4 所示零件的公差规范在改正之后的情况如图 3.5 所示，在修改版中，球面ϕD_2的位置度公差有三个基准要素，第一、第二基准要素与图 3.4 的标注情况相同，它们分别确定了两个构造元素 P_o和 F_p，而 L_a可以由第三基准要素孔ϕD_3来确定，其采用的表 3.2 中算法为“分别经过 P_o和经过 l 与 F_p交点的直线”。而圆柱孔ϕD_3的位置度的基准要素并不需要三个。

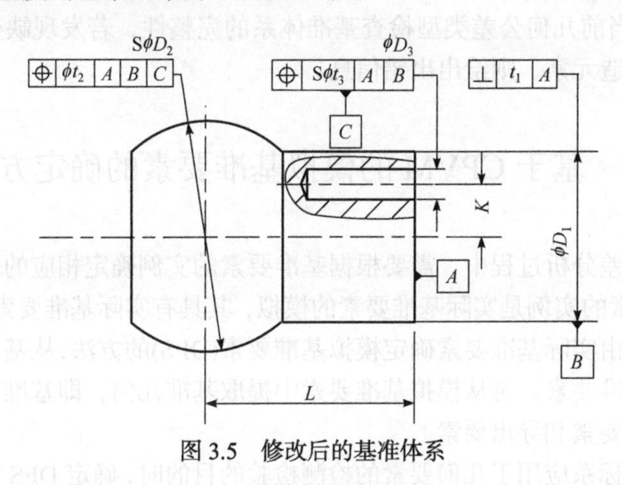

图 3.5　修改后的基准体系

3.7　基准坐标系自动建立算法流程

有了构造元素的确定规则，就能实现基准坐标系的自动建立。首先根据几何公差标注框格中的基准要素得到基准几何，然后根据基准几何以及基准次序自动确定基准坐标系的坐标原点、一个坐标轴(如 x 轴)、一个坐标平面(如 Oxy 坐标平面)。根据基准坐标系的作用不同，基准几何通过两个途径得到。用于设计目的的基准几何从基准要素的理想几何中导出，如理想基准要素的对称面、中心轴、中等点等，用于分析目的的基准几何则要根据实际几何或者仿真的实际几何依据基准体现原则计算获得。以下给出根据基准要素的公称位置和形状导出基准几何、建立基准坐标系的算法。

基准要素公称几何包含几何类型、尺寸、位置等几何信息，三维公差标注包含了给定公差的全部信息，包括关联要素、全部基准要素及其基准次序，因此基于实体模型和三维公差标注就可以自动建立基准坐标系。自动建立基准坐标系的算法步骤如下：

(1) 根据 3.2 节的描述计算基准几何。

(2) 将第一基准要素导出的基准几何直接指定为相应几何类型的构造元素，

并将其存入已确定构造元素集合中。

(3) 根据第二基准要素导出的基准几何类型和已确定的构造元素，选择表 3.2 中的相应算法，计算未确定的构造元素，并将结果存入已确定的构造元素集合中。对由第三基准要素导出的基准几何重复以上过程。

(4) 在第(3)步中还可以加上验证算法，验证当前基准要素的有效性，若存在冗余基准要素或者无效信息，则给出出错信息并推出算法。

(5) 根据当前几何公差类型检查基准体系的完整性，若发现缺少当前几何公差的必要的构造元素，则给出出错信息。

3.8 基于 CPVM 的模拟基准要素的确定方法

在几何公差分析过程中，需要根据基准要素的实例确定相应的基准几何 p_i、l_i、f_i，基准要素的实例是实际基准要素的模拟，其具有实际基准要素的几何误差，因此需要根据由实际基准要素确定模拟基准要素(DFS)的方法，从基准要素的实例中确定模拟基准要素，再从模拟基准要素中提取基准几何，即基准几何是模拟基准要素的组成要素和导出要素。

当基准坐标系应用于几何要素的检测检验的目的时，确定 DFS 首先需要根据实际基准表面通过测量手段提取特征点的坐标，再根据基准体现原则将这些坐标数据采用数值计算方法建立相应的几何形体，最后获得 DFS。本节不讨论测量问题，仅讨论面向公差分析的 DFS 建立方法。

根据 ASME Y14.5M-2009 中关于 DFS 的定义，DFS 是与基准要素理想形状相同且与实际基准要素的关联配合包容的唯一的几何形体。DFS 的确定必须遵循基准体现原则、保持各 DFS 之间的公称位置关系。为叙述方便，以下将第一、第二、第三基准要素的模拟基准要素分别表示为 DFS_1、DFS_2、DFS_3，并且此处仅考虑基准公差遵循独立原则的情况，基准要素遵循公差相关要求的处理见第 8 章和第 9 章。根据以上定义和假设，列出三个基准要素的 DFS 的规则确定和确定顺序如下：

(1) DFS_1 是第一基准要素实际表面的定型包容几何，即 DFS_1 的几何形状与第一基准要素的公称形状相同、与第一基准要素实际表面保持最大接触。

(2) DFS_2 是第二基准要素的定型定向包容几何，即 DFS_2 与第二基准要素几何类型相同、与 DFS_1 保持公称相对位置关系、与第二基准要素实际表面保持最大接触。

(3) DFS_3 是第三基准要素的定型定向包容几何，即 DFS_3 与第三基准要素几何类型相同、与 DFS_1 和 DFS_2 保持公称相对位置关系、与第三基准要素实际表面保持最大接触。

显然 DFS_1、DFS_2、DFS_3 与各自对应的基准要素实际表面保持最大接触的情况是不相同的，DFS_1 在没有位置约束的条件下与基准要素实际表面保持最大接触，DFS_2 在满足一个位置约束的条件下与基准要素实际表面保持最大接触，而 DFS_3 在满足两个位置约束的条件下与基准要素实际表面保持最大接触。图 3.6 中成组要素 4×ϕ7.7～8.5mm 位置度公差的三个基准要素中，底面 *A* 为第一基准要素，故底面 *A* 的实际拟合平面就是 DFS_1，DFS_1 与实际底面至少存在三个接触点；中心孔 *B* 为第二基准要素，包容中心孔 *B* 表面并且垂直于 DFS_1 的最大拟合圆柱就是 DFS_2，DFS_2 与实际圆柱至少存在两个接触点；槽 *C* 为第三基准要素，DFS_3 是包容槽 *C* 两侧面且距离最远的两平行平面，两平行平面的对称中心平面垂直于 DFS_1 并且同时通过 DFS_2 的轴线，DFS_3 与实际两侧面至少各存在一个接触点。

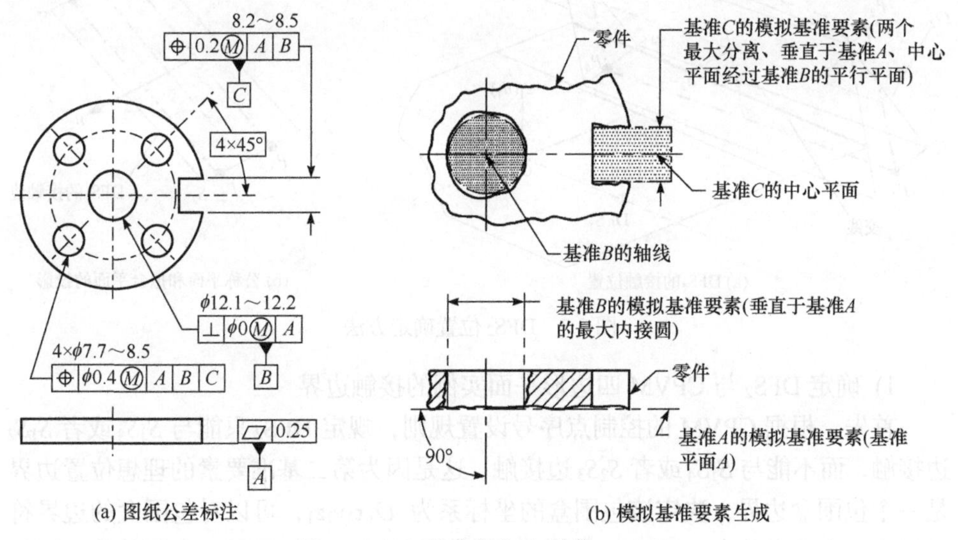

图 3.6　DFS 的确定方法(单位：mm)

3.9　基于 CPVM 的平面基准要素的 DFS 建立方法

本节首先利用几何要素的控制点变动模型(CPVM)[12]生成基准要素的变动实例，再根据基准体现原则建立各种几何类型的模拟基准要素(DFS)的确定方法。以下以第一基准要素是平面要素的情况下确定第二、第三基准要素对应的 DFS 为例，说明基于变动实例的 DFS 确定方法，对于第一基准要素为非平面的情况，也不难根据相同的原理建立相应的算法。DFS_1 与第一基准要素不存在定向关系，基准要素的 CPVM 中的第一基准平面就是 DFS_1，因此确定平面要素作为第一基准要素前提下的 DFS 就是确定 DFS_2 和 DFS_3。

3.9.1　平面要素的 DFS_2 的确定方法

第一基准要素为平面时，确定 DFS_2 位置方法如图 3.7(a)所示。根据目标要素基准体系中各基准之间的关系假设，第二基准的理想位置相对于 DFS_1 的实际位置坐标系 $O_1x_1y_1z_1$ 建立。在平面的 CPVM 中，DFS_2 的确定规则转化成以下三个条件确定：①DFS_2 是一个平面；②DFS_2 与 $O_1x_1y_1z_1$ 的 z_1 轴夹角保持公称角度；③DFS_2 由基准要素实体的外部向基准要素实例的平面接近，该实例平面由顶点 S_1、S_2、S_3、S_4 围成的四边形表示，当 DFS_2 与四边形一条边界时，计算出 DFS_2 在坐标系 $O_1x_1y_1z_1$ 上的位置。确定 DFS_2 包括以下两个步骤。

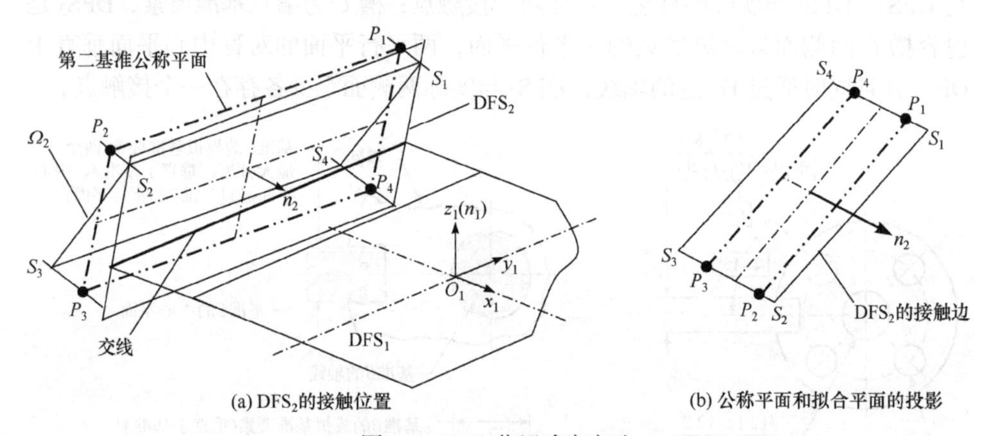

(a) DFS_2的接触位置　　(b) 公称平面和拟合平面的投影

图 3.7　DFS_2 位置确定方法

1) 确定 DFS_2 与 CPVM 四边形平面实例的接触边界

首先，根据 CPVM 的控制点序号设置规则，规定 DFS_2 只能与 S_3S_4 或者 S_1S_2 边接触，而不能与 S_1S_4 或者 S_2S_3 边接触。这是因为第二基准要素的理想位置边界是一个包围盒边界，决定该包围盒的坐标系为 $O_1x_1y_1z_1$，可以对包围盒的边界符号规定一个命名约定，让 P_1P_2 和 P_3P_4 一定平行于 $O_1x_1y_1$ 平面。实际替代平面相对于公称平面仅具有微小变动，因此与包围盒边界 P_1P_2 和 P_3P_4 对应的替代平面边界 S_1S_2 和 S_3S_4 也一定处于与 $O_1x_1y_1$ 平面大致平行的状态。其次，确定 S_1S_2 和 S_3S_4 两者何为接触边。S_1S_2 和 S_3S_4 两者何为接触边取决于两条边相对于第二基准要素公称平面的外法线 n_2 方向上的位置，这是由于 DFS_2 从实体外部接近替代平面，说明接触方向与 n_2 方向相反。图 3.7(b)为第二基准公称平面和一个替代平面实例在 $O_1x_1y_1$ 平面上的投影情况，空间上替代平面实例的四个顶点的移动轨迹与公称平面的法线方向平行，则 S_1S_4 和 S_2S_3 连线在 $O_1x_1y_1$ 平面上的投影与 n_2 的投影平行，因此在投影平面 S_1S_2 和 S_3S_4 的投影中位于 n_2 的投影前方的边就是与 DFS_2 接触的边。根据平面的 CPVM 的符号规定可知，替代平面的对应边 S_1S_4 和 S_2S_3 以及 S_1S_2 和 S_3S_4 互相平行，故可以用矢量 S_1S_4 在 n_2 上的投影与 n_2 的方向关系来

确定拟合平面与 DFS_2 的接触边界：若矢量 S_1S_4 在 n_2 上的投影与 n_2 的方向相同，则 S_3S_4 与 DFS_2 接触，否则 S_1S_2 与 DFS_2 接触。

2) 计算 DFS_2 的法线 n_2'

假设边界 S_1S_2 与 DFS_2 接触，即边界线 S_1S_2 为 DFS_2 的发生线，DFS_2 由 S_1S_2 扫掠而成，则确定 DFS_2 的已知条件为：①DFS_2 与 n_1 的夹角可以根据第一、第二基准平面的公称夹角计算，若第一、第二基准平面的外法线夹角为 ϕ，则 DFS_2 与 n_1 的夹角为 $180°-\phi$；②DFS_2 通过两个点 $S_1(x_1, y_1, z_1)$、$S_2(x_2, y_2, z_2)$。根据以上条件求解 DFS_2 单位法线的步骤如下。

(1) 设 DFS_2 的法线 n_2' 在 $O_1x_1y_1z_1$ 上的矢量为(a, b, c)，根据夹角公式可以求得参数 c：

$$n_2' \cdot n_1 = \cos(\pi - \phi)$$

$$(a,b,c)\cdot(0,0,1) = -\cos\phi$$

$$c = -\cos\phi$$

(2) 根据 n_2' 与 S_1S_2 垂直条件和 n_2 为单位矢量特点可以建立公式：

$$(a,b,c)\cdot(x_2 - x_1, y_2 - y_1, z_2 - z_1) = 0$$

$$a^2 + b^2 + c^2 = 1$$

(3) 根据步骤(1)和(2)可以求得参数 a 和 b，算法需要考虑 $x_2=x_1$ 的情况以及处理多值问题。

3.9.2 平面要素的 DFS₃ 的确定方法

确定 DFS_3 的原理如图 3.8 所示，设第三基准要素公称平面的法线与 z_1 轴的夹角为φ、与 DFS_2 的法线夹角为δ，又设第三基准公称平面的外法线单位矢量为 n_3，再设 DFS_3 的外法线 n_3' 在 $O_1x_1y_1z_1$ 上的矢量为(u, v, w)。已知第一、第二基准平面与第三基准平面的夹角，即第三基准平面的两个转动自由度已经被约束，只剩下一个平移自由度没有被约束，因此 DFS_3 只能与替代平面存在一个接触点，显然该接触点就是第三基准平面的 CPVM 中控制点变量 v_1、v_2、v_3、v_4 中最大值 v_{max} 所在顶点，因此确定 DFS_3 就是计算外法线 n_3'，具体步骤如下。

(1) 根据 n_3' 与 n_1 的夹角关系可以求得 $w = -\cos\varphi$。

(2) 根据 n_3' 与 n_2' 的夹角关系以及 n_3' 为单位矢量的特点，可以建立公式：

$$ua + vb + wc = \cos\delta$$

$$u^2 + v^2 + w^2 = 1$$

式中，a、b、c 为 DFS_2 的平面方程系数，联立两式，可求得 u、v。

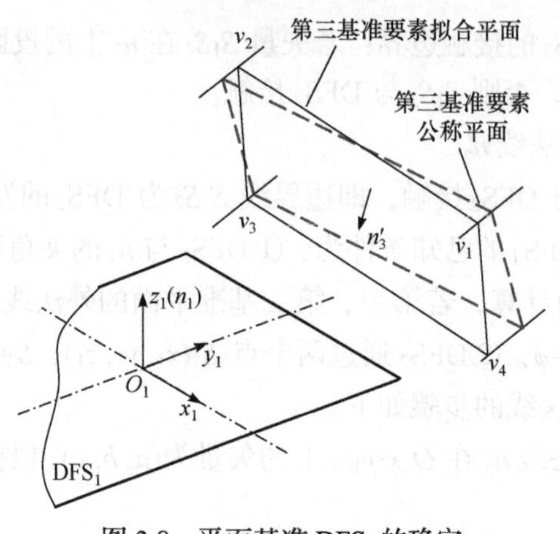

图 3.8　平面基准 DFS_3 的确定

3.10　基于 CPVM 的圆柱基准要素的 DFS 建立方法

3.10.1　圆柱要素的 CPVM

圆柱要素的几何误差包括中心线的位置与方向误差和圆柱的直径误差，圆柱的 CPVM 是直线的 CPVM 和直径的变动的叠加，如图 3.9(a)所示。图中，坐标系 $O_i\,x_i\,y_i\,z_i$ 为理想坐标系，z_i 轴与圆柱的理想轴线重合，坐标原点 O_i 位于圆柱理想轴线的中点。圆柱要素的直径变动由两端的半径参数 R_1、R_2 表示，R_1、R_2 的变动范围为直径公差的 1/2。圆柱轴线的位置变动以及圆柱直径的变动遵循各自的误差概率分布规律。为简化计算，规定变动之后的实际圆柱两端面仍然与直线公差带的端面重合，并且端面的轮廓形状仍然是圆。

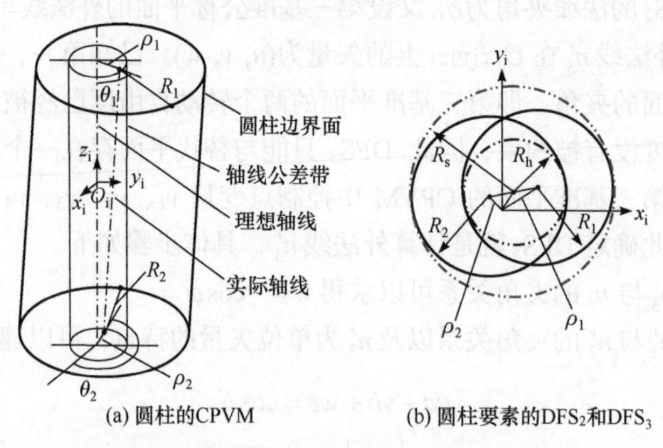

(a) 圆柱的CPVM　　(b) 圆柱要素的DFS_2和DFS_3

图 3.9　圆柱的 CPVM 及其 DFS_2 和 DFS_3

根据圆柱的 CPVM，圆柱基准的 DFS_1 为实际圆柱表面的理想包容圆柱，DFS_1 的中心线为圆柱模型的实际轴线，DFS_1 的半径取决于圆柱要素代表零件是实体(轴)还是空腔(孔)，当圆柱为孔时，DFS_1 的半径等于 R_1、R_2 的最小值；当圆柱为轴时，DFS_1 的半径等于 R_1、R_2 的最大值。因此，确定圆柱基准各基准次序的模拟基准要素只需要考虑 DFS_2 和 DFS_3。

3.10.2　圆柱要素的 DFS_2 和 DFS_3 的确定方法

无论圆柱要素作为第二基准要素还是第三基准要素，确定圆柱模型的理想轴线的过程相同，圆柱要素的 DFS_2 相对于第一基准要素的定向关系、DFS_3 相对于第一和第二基准要素的定向关系都是保持与各自的理想轴线平行，因此计算圆柱要素的 DFS_2 和 DFS_3 的方法相同。

根据圆柱的 CPVM 规定，实际圆柱的两端面圆心在理想坐标系中的坐标分别为 $(\rho_1\cos\theta_1, \rho_1\sin\theta_1, l/2)$ 和 $(\rho_2\cos\theta_2, \rho_2\sin\theta_2, -l/2)$，则圆柱的 DFS_2 和 DFS_3 的轴线在理想坐标系的 $O_i\,x_i\,y_i$ 平面上通过的点为 $((\rho_1\cos\theta_1+\rho_2\cos\theta_2)/2, (\rho_1\sin\theta_1+\rho_2\sin\theta_2)/2, 0)$。根据圆柱要素是孔还是轴的情况，对应的 DFS_2 和 DFS_3 的直径分别为

$$D_{\mathrm{h}} = R_1 + R_2 - \sqrt{(\rho_2\cos\theta_2 - \rho_1\cos\theta_1)^2 + (\rho_2\sin\theta_2 - \rho_1\sin\theta)^2}$$

$$D_{\mathrm{s}} = R_1 + R_2 + \sqrt{(\rho_2\cos\theta_2 - \rho_1\cos\theta_1)^2 + (\rho_2\sin\theta_2 - \rho_1\sin\theta)^2}$$

3.11　基于 CPVM 的棱柱基准要素的 DFS 建立方法

3.11.1　棱柱要素的 CPVM

棱柱要素包括直槽要素和筋板要素两类，棱柱要素的功能表面是一对公称距离为 w 的平行平面，棱柱要素的 CPVM 是中心平面的 CPVM 和宽度尺寸变动的叠加，如图 3.10(a)所示。中心平面位置由参数 t_1、t_2、t_3、t_4 控制，棱柱要素的宽度尺寸由参数 h 控制，h 的变动范围为$(w/2-\Delta w/2)$～$(w/2+\Delta w/2)$。在生成棱柱要素的变动实例中，四个参数 t_1、t_2、t_3、t_4 遵循中心平面的位置变动规律在垂直于公称平面方向上变化，从而生成中心平面实例，宽度参数 h 则遵循要素的尺寸变动规律在中心平面实例的法线方向上的变化，在中心平面的变动参数和宽度尺寸变动参数的共同作用下模拟出棱柱要素的实际位置和形状。

棱柱要素作为第一基准要素时，由于 DFS_1 相对于实际要素表面不需要定向包容，DFS_1 的宽度就在中心平面实例的法向方向测量，即 DFS_1 的宽度 $H=2h$，而 DFS_1 的位置就是棱柱 CPVM 中的中心平面实例所在的位置。确定棱柱要素的 DFS

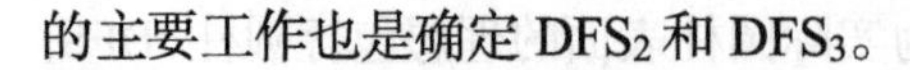

的主要工作也是确定 DFS_2 和 DFS_3。

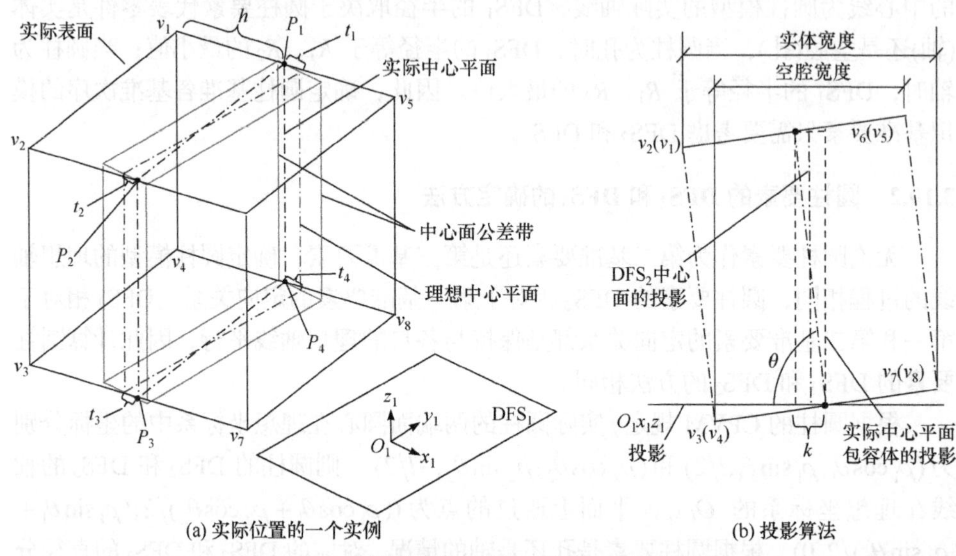

图 3.10　棱柱要素的 CPVM 及其 DFS_2 的确定

3.11.2　棱柱要素的 DFS_2 的确定方法

在棱柱要素作为第二基准要素的情况下 DFS_1 通常为一个平面，而且 DFS_2 的定向关系就是垂直于 DFS_1，本节根据该情况讨论 DFS_2 的确定方法。棱柱要素 CPVM 的两平行平面沿中心平面对称，DFS_2 的位置可以根据中心平面的位置求出，因此棱柱要素 DFS_2 的确定方法分为确定 DFS_2 中心平面的位置和计算 DFS_2 的宽度两个步骤。

1) DFS_2 中心平面的位置确定原理

首先计算出 CPVM 中心平面实例的定向包容体，该包容体的中心平面就是 DFS_2 的中心平面。当第一基准要素为平面要素或者棱柱要素时，可以假设第二基准要素即当前棱柱要素的理想中心平面垂直于第一基准平面，而且第一基准平面就是 DFS_1 所在坐标系的 $O_1x_1y_1$ 平面，第二基准要素中心平面实例的定向包容体也必然与 $O_1x_1y_1$ 坐标平面正交。则该定向包容体和中心平面实例在 $O_1x_1y_1$ 上的投影必然重合，将中心平面的四个控制顶点 P_1、P_2、P_3、P_4 向 $O_1x_1y_1$ 平面投影，设顶点在平面上的投影为 P_1'、P_2'、P_3'、P_4'，则 P_2'、P_3' 之间的距离 k 就是中心平面的定向包容体的宽度，即 DFS_2 的中心平面必然为通过 $O_1x_1y_1$ 上的两点 $(P_2'+P_3')/2$ 和 $(P_1'+P_4')/2$、垂直于 $O_1x_1y_1$ 的平面。

2) DFS_2 宽度的计算方法

将棱柱要素的两侧面向垂直于实际中心平面的平面投影，如图 3.10(b)所示，求出实际中心平面与 $O_1x_1z_1$ 平面的夹角θ，则当棱柱要素为筋板时，DFS_2 的宽度为 $2h\sin\theta+k$；当棱柱要素为直槽时，DFS_2 的宽度为 $2h\sin\theta-k$。

3.11.3　棱柱要素的 DFS₃ 的确定方法

棱柱要素作为第三基准要素时，棱柱要素的 DFS_3 的中心平面除了必须保证垂直于第一基准平面，还必须满足相对于第二基准的一个方向要求，即中心平面还存在第二定向关系。第二定向关系取决于第二基准要素的几何类型，这里仍然仅考虑第二基准要素为平面(包括棱柱)和圆柱面两种常见的几何形状，相应的定向关系包括 DFS_3 的中心平面必须垂直于 DFS_2 的平面和 DFS_3 的中心平面通过 DFS_2 的圆柱轴线两种。以下根据 DFS_2 的几何类型分别给出 DFS_3 的确定方法。

确定 DFS_3 还需要利用 CPVM 中棱柱模型的中心平面实例为棱柱两侧面的对称平面这一特性，即棱柱实际中心平面的定向包容体与两侧面的定向包容体的中心位置相同。为此，首先根据 CPVM 给出的中心平面实例确定 DFS_3 的中心平面，然后根据 DFS_3 的中心平面计算 DFS_3 的宽度。将棱柱的控制点变动模型的实际中心平面和第二基准的 DFS_2 向 $O_1x_1y_1$ 平面投影，图 3.11(a)为 DFS_2 为平面的情况，图 3.11(b)为 DFS_2 为圆柱的情况。

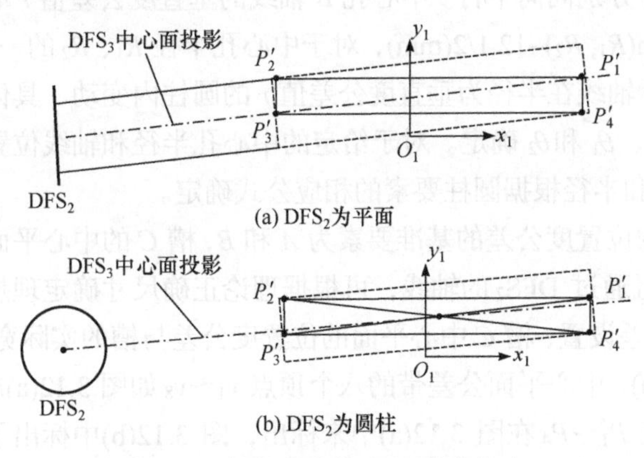

图 3.11　棱柱要素的 DFS₃ 确定方法

对于 DFS_2 为平面的情况，将投影点再向 DFS_2 投影，则这些二次投影点的中点就是 DFS_3 中心平面投影与 DFS_2 投影的交点；对于 DFS_2 为圆柱的情况，求解 DFS_3 中心平面稍微复杂一点，需要求出一条经过 DFS_2 投影中心和中心平面在 DFS_1 上的投影中心的直线，该直线使得 P_2' 与 P_4' 点(或者 P_1' 与 P_3' 点)分别在该直线两侧并且与该直线的距离相等，该直线就是 DFS_3 的中心平面投影线。

计算 DFS_3 的宽度就是计算棱柱模型两侧面的八个控制顶点到 DFS_3 中心平面

的距离，这些距离最大值的二倍就是 DFS_3 的宽度。

3.12　基于 CPVM 的模拟基准要素确定方法实例分析

以图 3.6 所示零件中成组要素($4\times\phi7.7\sim8.5$mm)的位置度公差的三个基准要素的 DFS 求解为例来说明本章介绍的方法。三个基准要素分别为零件底面 *A*、中心孔 *B* 和槽 *C*，中心孔 *B* 以底面 *A* 作为其垂直度公差的基准要素，槽 *C* 的位置度公差则分别以底面 *A* 和中心孔 *B* 为基准要素，故成组要素的三个基准要素中，高序基准要素同时又是低序基准要素的基准要素，构成了一个目标要素和基准要素的定位层次体系。

底面 *A* 为整个零件的基础基准要素，故经过 *A* 的实际表面上三个高点的拟合平面就是平面 CPVM 的替代平面，即 DFS_1，底面 *A* 为整个零件上几何要素最底层、最基础的基准要素，这里假设固连在底面 *A* 上的坐标系 $O_1x_1y_1z_1$ 也是零件的全局坐标系。

中心孔 *B* 轴线的理想位置与 z_1 重合，中心孔 *B* 轴线的理想坐标系 $O_ix_iy_iz_i$ 的 x_i、y_i 轴与 x_1、y_1 分别同向平行。中心孔 *B* 轴线的垂直度公差值 *r* 取决于实际孔的直径，即 $r = \min(R_1, R_2)-12.1/2$(mm)，对于中心孔半径 R_1、R_2 的一组概率抽样值，中心孔 *B* 的实际轴线在半径为垂直度公差值 *r* 的圆柱内变动，具体位置由四个控制点参数 ρ_1、ρ_2、θ_1 和 θ_2 确定。对于给定的中心孔半径和轴线位置实例，中心孔的 DFS_2 的位置和半径根据圆柱要素的相应公式确定。

由于槽 *C* 的位置度公差的基准要素为 *A* 和 *B*，槽 *C* 的中心平面的理想位置垂直于底面 *A* 并且通过 DFS_2 的轴线，可根据理论正确尺寸确定理想平面的边界。根据图 3.6 的公差设置，槽 *C* 中心平面的位置度公差与槽的实际宽度相关，即 $k = 0.2 + 2h-8.2$(mm)，中心平面公差带的八个顶点 $v_1\sim v_8$ 如图 3.12(a)所示，实际中心平面的四个顶点 $P_1\sim P_4$ 在图 3.12(a)中未标出，图 3.12(b)中标出了四个顶点在底面 *A* 上的投影 $P_1'\sim P_4'$。

棱柱的 CPVM 中两侧面沿中心平面对称，因此槽 *C* 的定向包容体的中心位置与中心平面的定向包容体的中心位置重合，可以用中心平面的定向包容体来确定槽 *C* 的 DFS_3 的中心平面的位置。将槽 *C* 的实际中心平面连同中心孔 *B* 的 DFS_2 一起向底面 *A* 投影，槽 *C* 的实际中心平面的投影为顶点是 $P_1'\sim P_4'$ 的矩形，DFS_2 轴线的投影为一个点。根据定向包容原则，DFS_3 的中心平面在底面 *A* 上的投影为通过 DFS_2 轴线投影点和 $P_1'\sim P_4'$ 矩形中点的直线，根据该直线可以确定 DFS_3 的中心平面的定向包容体的投影，即图 3.12(a)中的虚线矩形。

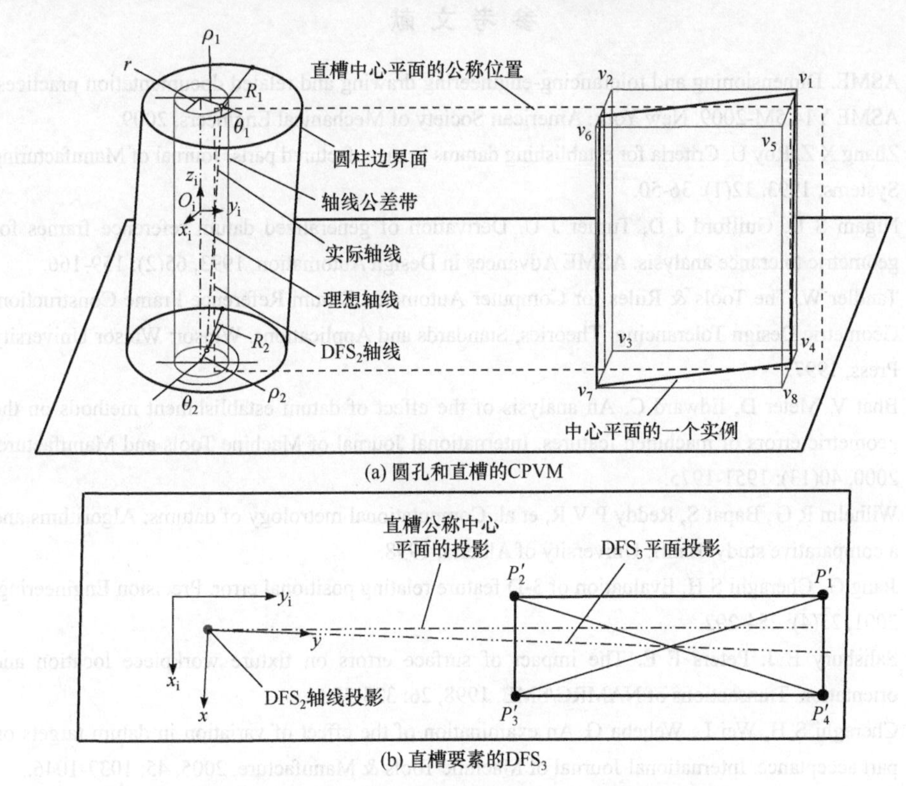

(a) 圆孔和直槽的CPVM

(b) 直槽要素的DFS_3

图 3.12　实例目标要素的 CPVM 及其 DFS_2 和 DFS_3

3.13　本 章 小 结

本章研究了基准要素的有效组合形式，提出了基准组合概念，解释了两个互相平行的圆柱同时作为基准要素的合理性；根据构造元素与基准要素的对应关系，列表归纳出基准要素的全部有效组合形式；建立了构造元素的确定规则及其算法；对基准要素的各种组合形式进行了分析，根据基准要素的相对位置和基准次序建立了构造元素的确定规则和算法，进一步实现了基准坐标系的自动建立方法和具体算法。给出了基于构造元素自动建立方法的基准要素有效性和完整性验证算法。该算法能够给出明确和具体的出错信息，从而便于设计者及时修改。

为了自动公差分析的需要，本章还介绍了基于 CPVM 的模拟基准要素自动生成算法和 CPVM 生成几何要素概率抽样实例，以保证抽样实例与公差标准和生产实际惯例的一致性。

参 考 文 献

[1] ASME. Dimensioning and tolerancing-engineering drawing and related documentation practices. ASME Y14.5M-2009. New York: American Society of Mechanical Engineers, 2009.

[2] Zhang X Z, Roy U. Criteria for establishing datums in manufactured parts. Journal of Manufacturing Systems, 1993, 12(1): 36-50.

[3] Nigam S D, Guilford J D, Turner J U. Derivation of generalized datum reference frames for geometric tolerance analysis. ASME Advances in Design Automation, 1993, 65(2): 159-166.

[4] Tandler W. The Tools & Rules for Computer Automated Datum Reference Frame Construction. Geometric Design Tolerancing: Theories, Standards and Applications. Winsor: Winsor University Press, 1997.

[5] Bhat V, Meter D, Edward C. An analysis of the effect of datum establishment methods on the geometric errors of machined features. International Journal of Machine Tools and Manufacture, 2000, 40(13): 1951-1975.

[6] Wilhelm R G, Bapat S, Reddy P V R, et al. Computational metrology of datums: Algorithms and a comparative study. Banff: University of Alberta, 1998.

[7] Jiang G, Cheraghi S H. Evaluation of 3-D feature relating positional error. Precision Engineering, 2001, 25(4): 284-292.

[8] Salisbury E J, Peters F E. The impact of surface errors on fixture workpiece location and orientation. Transactions of NAMRC/SME, 1998, 26: 323-328.

[9] Cheraghi S H, Wei L, Weheba G. An examination of the effect of variation in datum targets on part acceptance. International Journal of Machine Tools & Manufacture, 2005, 45: 1037-1046.

[10] Radvar-Esfahlan H, Tahan S A. Nonrigid geometric metrology using generalized numerical inspection fixtures. Precision Engineering, 2012, 36(1): 1-9.

[11] Radvar-Esfahlan H, Tahan S A. Robust generalized numerical inspection fixture for the metrology of compliant mechanical parts. International Journal Advanced Manufacturing Technology, 2014, 70: 1101-1112.

[12] 吴玉光，张根源. 基于几何要素控制点变动的公差数学模型. 机械工程学报，2013，49(5): 138-146.

[13] 吴玉光，顾齐齐. 基于构造元素的基准参考框架通用建立方法. 计算机集成制造系统，2016, 22(1): 241-247.

[14] Wu Y G, Gu Q Q. The composition principle for the datum reference frame. The 14th CIRP Conference on Computer Aided Tolerancing (CAT), Gothenburg, 2016.

[15] Wu Y G, Gu Q Q. An establishing method of the datum feature simulator based on CPVM model. The 36th Computers and Information in Engineering Conference, Charlotte, 2016.

[16] 中华人民共和国国家质量监督检验检疫总局，中国国家标准化管理委员会. 产品几何技术规范(GPS)几何公差 基准和基准体系(GB/T 17851—2010). 北京：中国标准出版社.

第4章 几何要素误差传递关系图及其建立方法

几何要素误差传递关系图包含了从机器基础基准到分析目标之间的全部误差传递关系，自动建立误差传递关系图是实现目标要素变动位置自动计算的关键工作。装配模型的几何要素误差传递关系图包括装配体中零件之间误差传递关系图和零件内部几何要素误差传递关系图。零件之间误差传递关系图反映了零件模型的装配关系和装配误差，零件内部几何要素误差传递关系图反映了几何要素的公差标注信息、几何要素之间的基准与目标关系。本章基于一个实例装配模型阐述两个误差传递关系图的建立过程。

4.1 机器模型中几何要素误差传递关系

几何要素的位置误差是零件制造误差和装配误差共同作用的结果。零件制造误差通过尺寸和公差标注从基准要素向目标要素进行传播和变换，而零件之间的装配误差通过装配接触面的定位与被定位关系进行传播和变换，可见确定分析目标的位置误差首先需要找出零件的全部关联要素和机器模型的全部关联装配关系。零件的各种几何要素的几何误差的自动确定、误差在零件内部的各种传播和变换的自动计算、零件之间在各种装配关系下装配误差的自动计算是实现装配公差分析自动化的关键和核心技术。为找到实现装配公差分析的自动化方法，首先需要设计一个既能表示零件的几何误差，又能标识和存储误差传播和变换路径的数据结构。

目前，针对公差信息的管理问题已有许多学者进行了研究。石源等[1]基于有序路径的集合搜索边界表示模型的零件表面，然后将表面划分为同类表面和异类表面，提出了表面之间的距离自动度量方法。EI-Mehalawi 等[2,3]基于产品数据交换标准(product data exchange standard，STEP)建立了表示零件表面之间拓扑关系的数据结构图，并以图的节点和属性为索引项建立简单的图索引，以管理零件的标注信息。Hwan 等[4]通过将表面作为节点，用边和面表示节点之间的关系，提出了一种基于边界表示模型的尺寸自动标注方法。Desrochers 等[5,6]以 TTPS 模型和最小几何基准要素(minimum geometrie datum element，MGDE)来表示零件层的公差信息和装配层的公差拓扑关系，从而分析几何公差的正确性和合理性。Jaballi 等[7]根据 TTRS 理论，通过建立蜘蛛图的数据结构，对零件上所有定位表面和功能表面的公差标注进行分析。唐杰[8]通过基于TTRS理论将尺寸划分为功能尺寸、非功能尺寸、TTRS 表面之间的尺寸，从而将零件上存在标注的几何要素相互关联起来，并建立了一种三维尺寸自动标注的算法。程亚龙等[9]提出了利用轨迹相交法[10]的刚性体识别方法，并利用刚性体识别方法来检验三维标注的完备性，这种方法通过将尺寸标注和角度标注转化为用几何要素的运动轨迹来表示几何要素的定位，但是缺少对几何公差表示的几何要素定位关系的研究。刘荣来等[11]通过用几何公差和尺寸标注来表示零件几何要素之间的关联关系，提出了一种基于关联关系图的三维标注管理的方法。陈晨等[12]基于本征自由度[13]的概念，提出了一种三维几何公差标注正确性验证的算法。

国内外研究人员在装配误差传递建模方面已有较多研究，多数方法基于数据结构中的图结构、树结构或者线性表结构对误差传递模型进行表示，但都还存在一些问题。问题包括：①一些方法只能描述链式尺寸，即观测对象之间只存在一个闭环的尺寸链，或者能够将空间尺寸关系分解到三个坐标方向上单独进行计算；②以尺寸公差为主，尺寸公差只关联两个要素，建立关系简单，误差为线性链式传递或者平面链式传递，而缺少对几何公差的表示，没有根据一般基准参考框架来定位几何要素空间位置的概念；③装配关系简化为线性串联装配关系，而非多个零件空间装配定位；④装配关系表示模型不适用于表示误差传递关系，导致尺寸传递关系生成算法复杂，不利于直接用于装配公差分析；⑤各类三维设计分析软件对于装配模型几乎都采用了装配关系树的形式，而装配关系树模型仅能表示零部件的所属关系，尤其是描述装配零件由多个定位零件共同定位时，树结构就无法描述等。综上所述，现有方法还不能完整表示机器中零件之间、零件内部几何要素之间的几何误差传播和影响的真实情况。

参与装配的几何要素及其在零件内的误差传递关系较为复杂，因此基于图的表示方法是表示装配误差的基本方法。通过利用 CAD 实体模型及其三维公差标注系统所提供的尺寸公差和几何公差信息，再利用尺寸标注中的工程语义，建立标注要素之间的基准-目标关系，从而建立装配体中零件之间、零件内部几何要素之间的几何要素误差传递关系图，得到机器模型的空间尺寸传递路径。基于图的方法适用于公差分析的自动计算算法，并且可以将计算分析过程集成于 CAD 软件中，从而方便设计人员在产品模型设计阶段进行有效的公差分析。

4.2 零件装配位置误差传递关系模型

为研究装配误差传递路径的建立方法，需要对机器中零件的各种装配关系进行分析。机器由零部件相继装配而成，零件的装配顺序一般总是先安装机架零件，然后安装中间零件，最后安装目标零件，零件在机器中的位置由一对或多对装配配合接触表面进行定位。本书将装配接触副中两个表面分别称为定位基准表面和装配基准表面，前者位于已装配零件上，简称定位基准，而后者位于待装配零件上，简称装配基准。已装配零件和待装配零件的接触关系本质上是误差传递关系，即误差是从已装配零件传递到待装配零件上。虽然误差传递顺序并不一定与装配顺序完全一致，但这不是本书所讨论的内容，本书假设误差传递顺序与装配顺序一致。一个零件在机器中的装配可能会存在多个装配接触副，装配接触副个数取决于装配接触副的几何类型和装配顺序。与同一个装配零件接触的定位基准，既可能位于同一定位零件上，也可能分别位于不同定位零件上，即一个装配零件存在一个或多个定位零件。决定当前装配零件在机器中位置的因素包括：①全部定位基准的实际位置；②全部装配基准在装配零件上的实际位置；③装配顺序，不同装配顺序下装配接触副的接触情况不同、定位基准对装配零件的误差作用也不相同。本书研究针对一般机器零件的装配误差分析方法，因此在这里进一步约定装配接触副的两个表面几何类型相同，且只考虑平面、圆柱面、圆锥面、球面等常见和简单几何类型的装配情况。

根据以上分析，零件在机器中的装配关系可以用图 4.1 所示的模型进行表示。

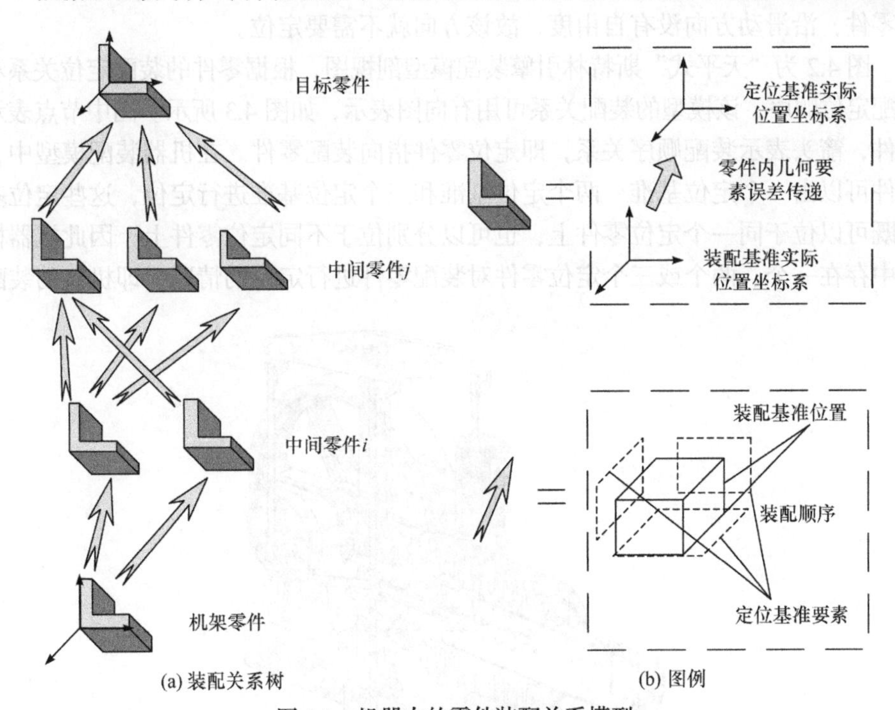

图 4.1　机器中的零件装配关系模型

零件在机器中的定位情况可以用约束自由度原理进行分析。根据刚体的自由度理论，一个刚体零件最多具有六个自由度，即三个平移自由度和三个转动自由度，但零件在装配时并非所有的自由度都必须加以约束，也并非所有的零件都具有六个自由度。一个零件上的全部需要约束的自由度应该为该零件上全部相关要素(定位基准要素、零件的设计功能目标、公差分析时的目标几何要素等)必须约束的自由度的逻辑和。根据自由度分析原理，装配基准和定位基准的几何类型决定了装配接触副约束装配零件的自由度的能力，对于给定需要约束自由度的装配零件，装配基准数量取决于装配基准与定位基准的几何类型和装配接触副的基准次序。一般情况下，一个零件需要约束的自由度数量为 6，面接触装配时零件在机器中完全定位的接触副数量通常小于等于 3，点接触情况下装配接触副数量存在大于 3 的情况。一些零件由于自身的结构特点存在不动度，这类零件在机器中需要约束的自由度会小于 6，如一般回转体零件需要约束五个自由度、圆柱只需要约束四个自由度、圆球只需要约束三个平移自由度。装配零件的定位并非需要约束全部自由度，在机器中活动的零件也不需要约束六个自由度，如滑块只有五个自由度。由此可见，对于约束的自由度数量小于6的零件，其定位基准数量可以小于 3，例如，对于回转体类零件，沿回转方向没有自由度，则只需要一个圆柱或两个圆环就认为完全定位了垂直于回转体轴线的平移和转动自由度。对于滑块零件，沿滑动方向没有自由度，故该方向就不需要定位。

图 4.2 为“天平式”斯特林引擎装配模型剖视图，根据零件的装配定位关系和装配定位顺序，该模型的装配关系可用有向图表示，如图 4.3 所示。图中节点表示零件，箭头表示装配顺序关系，即定位零件指向装配零件。在机器装配模型中，零件可以由一个定位基准、两个定位基准和三个定位基准进行定位，这些定位基准既可以位于同一个定位零件上，也可以分别位于不同定位零件上，因此机器模型中存在一个、两个或三个定位零件对装配零件进行定位的情况，即机器的装配

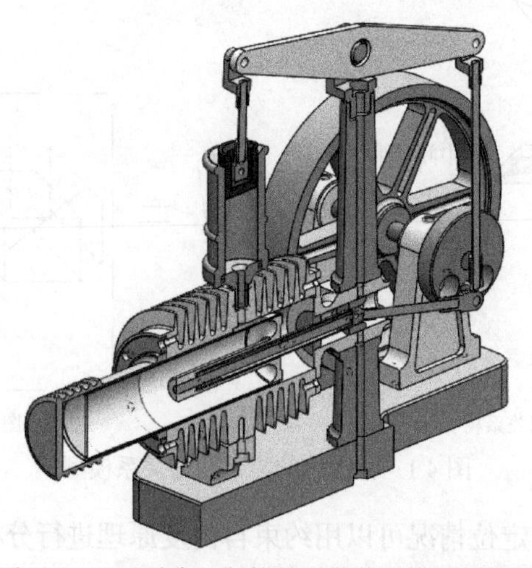

图 4.2 “天平式”斯特林引擎装配模型剖视图

零件和定位零件之间的装配关系存在一对一、一对二和一对三等三种关系。但需要注意，一个定位零件可以同时对多个装配零件进行定位，因此定位零件对装配零件没有这种对应关系,图 4.3 中零件之间的定位-被定位关系也说明了这一情况。

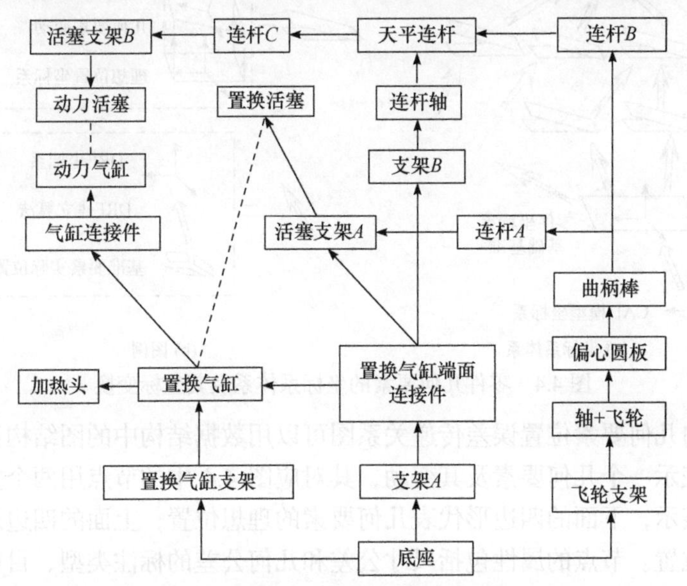

图 4.3　“天平式”斯特林引擎的装配关系图

由装配关系图 4.3 可知，机器中除了虚线关联的两个目标零件和机架零件，机器中的中间零件既是定位零件又是装配零件。对于当前分析对象，当前零件属于装配零件，在其底层的零件属于定位零件。而目标零件和机架零件只具有单一功能，机架零件是定位零件，而目标零件是装配零件。

4.3　零件内部几何要素位置误差传递关系模型

机器中的每一个零件都向其上层零件传递了它的位置及其误差，该位置同时包含了下层零件的定位误差，定位误差的传递也是从装配基准到定位基准之间进行的，因此需要建立零件内几何要素位置误差传递关系模型。零件内部几何要素位置误差传递关系表示零件内相关联的几何要素的位置与尺寸变动，反映零件内部要素之间的尺寸关系和变动的驱动关系。由于几何公差的基准存在只有一个基准、两个基准和三个基准等多种情况，误差作用路径并不一定是封闭和单一的尺寸链，而可能存在复杂的误差传递网络。因此，误差传递关系图的数据结构不可能仅是一个树结构或者线性链表结构，更一般的情况是一个存在起始节点和终端节点的不循环有向图结构。几何要素位置变动范围确定需要考虑从零件的基础要素(即装配基准)到目标要素(或者定位基准)之间的全部传递路径。

零件内误差作用路径上的几何要素的作用关系如图 4.4 所示。

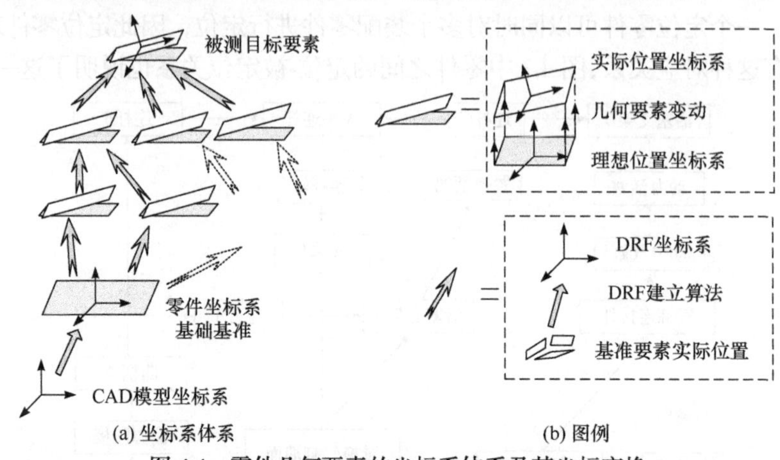

图 4.4　零件几何要素的坐标系体系及其坐标变换

零件内几何要素位置误差传递关系图可以用数据结构中的图结构进行表示，图的节点表示一个几何要素及其变动，其对应图 4.4 中的节点用两个叠加在一起的四边形表示，下面的四边形代表几何要素的理想位置，上面的四边形代表变动后的实际位置。节点的属性包括尺寸公差和几何公差的标注类型、目标要素的几何类型、误差变动的规律等，几何公差类型还包括基本几何公差类型和附加几何公差类型(如公差类型、公差数值、公差数值前缀、公差数值后缀、基准数量、基准代号、基准代号后缀)。节点的变动情况封装在几何要素的 CPVM 中，由 CPVM 根据几何要素遵循的误差变动规律来确定，图 4.4(b)说明了该情况。而误差传递关系图中节点之间联系的弧对应几何要素之间的基准-目标关系，弧的方向由基准要素指向目标要素，弧的属性包含公称理论尺寸和尺寸公差的上偏差、下偏差等信息，弧还具有顺序关系属性，用以表示基准次序。误差传递关系图中的弧对应图 4.4 中尾部开叉的空心箭头，图 4.4 中图例的含义是根据基准要素的实际状态建立基准坐标系，根据基准坐标系确定目标集合要素的理想位置。几何要素的尺寸公差和几何公差信息通过图的弧与其基准建立传递关系。当一个要素存在多个几何公差时，这些几何公差必然存在基本公差和附加公差之分，附加公差只能对要素的控制点变动增加一个约束，并且附加公差的基准要素一定是基本公差基准要素的子集，基本公差的基准要素包含附加公差的基准要素，全部基准子集的总和一定小于等于基本公差的基准要素。

误差传递关系图中的节点还要存放几何要素实际位置坐标系到零件全局坐标系的坐标变换矩阵，用于输出几何要素控制点在零件全局坐标系中的位置实例，误差传递关系图上每一个几何要素都能输出相对于零件全局坐标系的位置实例数据，这样处理的目的是便于计算几何要素的贡献率和敏感度。

从公差标注的角度看，需要有一个目标要素指向基准要素的方向关系；从误差传递的角度看，又需要基准要素指向目标要素的方向关系，因此误差传递关系图应该是一个双向图。目标要素指向基准要素的方向用于自动建立误差传递关系图和目标要素的基准坐标系、理论坐标系、实际坐标系；基准要素指向目标要素的方向用于计算几何要素的实际位置。图4.5为一个节点的情况。

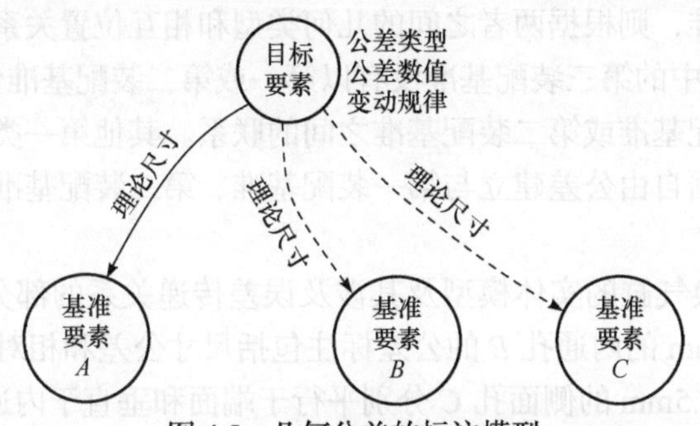

图4.5　几何公差的标注模型

从装配图上可以获得一个零件的全部装配基准要素和定位基准要素或者目标要素，对于机器的中间零件，位置变动的作用和传递分三种：①定位零件的位置误差通过装配接触副传递到装配零件；②通过当前装配零件的误差传递路径的作用和变换，将误差传递到当前装配零件的定位基准要素上，即当前装配零件的定位基准的位置包含了下层零件和装配的误差；③通过当前装配零件的装配接触副传递到其上层零件上。

对于当前零件的每一个定位基准要素，根据尺寸公差和几何公差标注搜索当前几何要素的基准要素和关联要素的信息，就可以建立从定位基准要素(目标要素)到装配基准要素的误差传递关系图。

对每一个定位基准要素采用深度优先的搜索策略，建立从当前定位基准到装配基准的全部作用路径，然后在同一个误差传递关系图上，建立下一个定位基准的传递路径。对当前几何要素采用宽度优先的搜索策略，按照基准顺序搜索当前要素的全部基准。当一个零件上存在两个定位基准要素时，第一个定位基准要素是图数据结构的首地址，为便于搜索，第一定位基准到第二定位基准之间也用一条弧建立联系，这条弧不同于基准-目标之间的关系弧，从这个角度看，误差传递关系图又是一个混合图。

在零件的误差传递关系图中，可以根据节点的入度和出度的数量，将节点分为三类：第一类节点的出度等于0，入度大于0；第二类节点的出度大于0，入度大于0；第三类节点的出度大于0，入度等于0。显然，第一类节点为组成零件全局坐标系的基础要素，第二类节点为零件的中间几何要素，第三类节点为零件的定位基准要素或者目标几何要素。

理论上，误差传递关系图中第一类节点只有一个，但零件上相互垂直的几何要素之间的自由公差不标注，在实际误差传递关系图中会出现 1～3 个第一类节点的情况，因此需要根据第一类节点之间的类型、位置等信息补全它们之间的基准-目标关系，以保证真正的第一类基准只有一个。首先，第一类节点一定是零件的基础节点，即第一装配基准。第一类节点中的第二装配基准若没有以第一装配基准作为其自身基准，则根据两者之间的几何类型和相互位置关系建立自由公差联系；若第一类节点中的第三装配基准没有以第一或第二装配基准作为其自身基准，则建立与第一装配基准或第二装配基准之间的联系。其他第一类节点中的非装配基准，也可以根据自由公差建立与第一装配基准、第二装配基准或第三装配基准之间的联系。

图 4.6 为置换气缸的实体模型及其涉及误差传递关系的部分三维公差标注，其中，直径为 35mm 的内通孔 *B* 的公差标注包括尺寸公差和相对于端面 *A* 的垂直度公差，直径为 5.5mm 的侧面孔 *C* 分别平行于端面和垂直于内通孔 *B*，该孔为定位侧面承台的基准；六个螺纹孔为成组要素，用于与连接板之间的螺栓连接，该螺栓孔组的位置度公差的基准为端面 *A*、内通孔 *B* 和侧面孔 *C*。根据该零件的公差标注可知，端面 *A* 同时作为内通孔 *B*、侧面孔 *C*、螺栓孔组和另一端面的共同基准，内通孔 *B* 为侧面孔 *C* 和螺栓孔组的共同基准，侧面孔 *C* 是端面 *A* 和螺栓孔组的共同基准，而端面 *A* 为整个零件的基础基准要素。涉及误差传递关系的几何要素之间的基准-目标关系如图 4.7 所示。

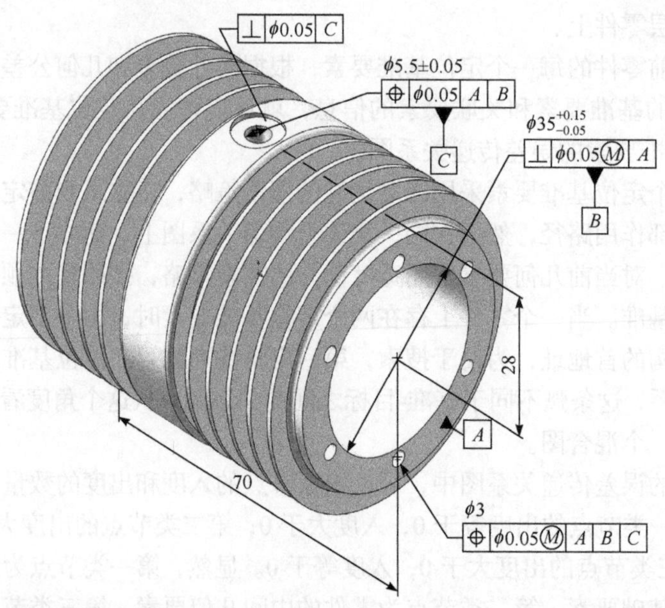

图 4.6　置换气缸的实体模型及其涉及误差传递关系的部分三维公差标注(单位：mm)

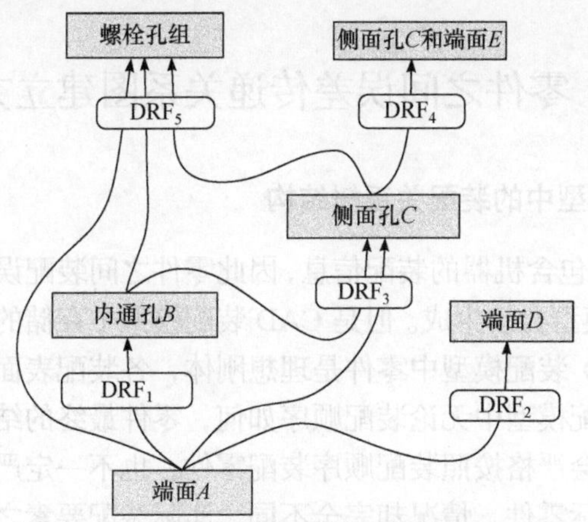

图 4.7　零件内部几何要素误差传递关系图

分析图 4.7 的基准-目标关系可知，零件内部几何要素误差传递关系同样也是一个有向图，零件中的基础基准通过中间几何要素传递到目标几何要素，传递路径上的中间几何要素的误差都对目标几何要素的实际位置产生了影响。除了基础基准要素，误差传递路径上各个几何要素的位置确定基准的数量也在 1～3。作为中间零件，端面 A 是装配基准，侧面孔 C 和端面 E、端面 D 则是定位基准零件的定位基准，因此零件内部几何要素误差传递关系图反映的是从装配基准(或机架的基础基准)到定位基准(或目标零件的目标要素)之间的误差传递路线。

通过分析零件之间误差传递关系和零件内部几何要素误差传递关系可以发现，零件内部几何要素误差传递关系图和零件之间误差传递关系图两者的结构非常相似，若考虑装配接触副是面接触，则两个数据结构可以完全相同。在零件之间误差传递关系图中，装配接触关系中的全部定位基准要素既可能位于同一定位零件上，也可能分别位于不同定位零件上，因此在存在多个定位零件的情况下，需要记录定位零件的顺序。同样，在零件内部几何要素误差传递关系图中，对于多个基准的情况，不同的基准几何类型存在相同的约束能力，需要根据基准顺序来确定不同基准的约束能力，因此零件装配关系图和零件内部几何要素误差传递关系图都必须体现有向和顺序等特点。零件装配关系图也是一个误差传递关系图，从误差传递的角度看，图 4.4 中整个图的内容就是图 4.3 的零件节点所应该有的内容。因此，零件内部几何要素误差传递关系图是零件之间误差传递关系图中零件节点所包含的内容，将零件节点扩充成几何要素误差传递关系图，就构成了完整的机器误差传递关系图，图 4.4 中的零件基础坐标系由零件的基础基准的实际位置来建立，而基础基准的实际位置由其定位零件来决定，定位零件的定位基准根据装配关系确定装配零件基础基准要素的实际位置，同时也把定位零件的几何误差传递给了装配零件。

4.4　零件之间误差传递关系图建立方法

4.4.1　CAD 装配模型中的装配关系树结构

CAD 装配模型包含机器的装配信息，因此零件之间装配误差传递关系图可以直接由 CAD 装配模型自动生成。但是 CAD 装配模型中存储的装配顺序并不十分可靠，原因是 CAD 装配模型中零件是理想刚体，各装配表面之间保持理想的位置关系，在建立装配模型中无论装配顺序如何，零件最终的结果位置均相同，因此设计者并不一定会严格按照装配顺序装配零件，也不一定严格按照基准顺序对齐零件。但对于实际零件，情况却完全不同，实际装配要素之间不再保证理想的位置关系，因此在存在误差的情况下装配顺序会直接影响机器中每个零件的位置，根据不同的装配顺序也必然得出不同的装配关系图。因此，在利用 CAD 装配模型建立装配误差传递关系图之前，首先需要对零件的装配顺序进行检查和校正。本章不讨论装配顺序识别和校正的问题，即假设在 CAD 装配模型的装配关系正确的前提下建立装配误差传递关系图。

装配模型包括零件模型数据和装配配合信息，装配配合信息包括装配体中各个零件的唯一名称、各个零件之间的装配配合关系以及相应的装配定位基准要素。各类 CAD 软件的装配体中通常都采用关系树的结构形式对机器中全部零件进行组织。图 4.8 为 SolidWorks 装配文档中导出的部分装配关系树，根节点为 SolidWorks 总装模型，其余节点存放部件或零件，不同层次的相邻节点存在装配关系，相同层次的节点之间不存在装配关系。不同层次的相邻节点所对应的两个零件之间的装配基准为第一基准，对于第二和第三基准则通过零件的属性信息存放。

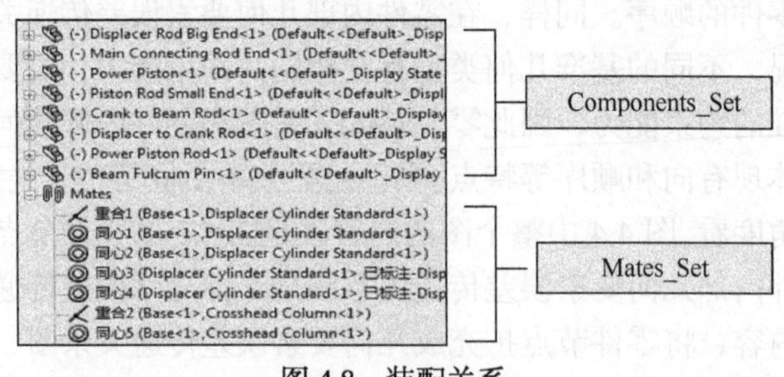

图 4.8　装配关系

由图 4.8 可知，SolidWorks 的装配模型给出了装配零件集合 Components_Set 和装配配合关系集合 Mates_Set，这两个集合可以通过 SolidWorks 系统提供的应用程序编程接口(API)函数获取。Components_Set 中的数据为装配零件指针，装配配合关系集合 Mates_Set 的节点数据则包括装配关系类型、装配零件指针、定位零件指针、装配零件上的装配要素实体指针、定位零件上的定位要素实体指针。它们正是构成零件之间误差传递关系图的全部内容。

4.4.2 零件之间误差传递关系图的数据结构

零件之间误差传递关系图可用符号 $G_{Asm}=(V, E)$表示，其中 V 为图中节点，代表零件的集合，E 为图中的弧，代表装配定位关系的集合。V 存储的数据包括：①零件文件对象指针；②所在零件的几何要素误差传递关系图 G_{Part} 指针；③装配零件的全局坐标系相对于第一定位基准的实际坐标系的齐次坐标变换矩阵。为了便于装配体零件之间几何要素误差传递关系图的建立和检索，图中的弧是一个双向弧，即采用两个单链表来描述图中弧的信息，规定由定位零件指向装配零件的弧为正向弧，由装配零件指向定位零件的弧为逆向弧，即每个节点均保存一个正向邻接表和一个逆向邻接表。正向邻接表用以记录对当前零件所定位的全部零件集合，逆向邻接表用以记录对当前零件进行定位的全部零件以及定位顺序。如图 4.9 所示，零件 C_3 安装在机架零件 C_1 上，然后对零件 C_2、C_4 进行定位，则其正向邻接表元素为 C_2、C_4；逆向邻接表元素为 C_1。零件 C_2 没有装配零件，其正向邻接表为空，而逆向邻接表按顺序存放零件 C_1 和 C_3。双向图对于机器中全部关联零件的各种排序十分方便，例如，对于从机架零件到目标零件的正向拓扑排序，可以得到机器中零件的全部安装顺序序列(C_1、C_3、C_2、C_4 和 C_1、C_3、C_4、C_2)，该序列可用于计算零件在机架中的位置；而从目标零件开始的逆向遍历，就得到了机器中确定任意零件位置的所有关联零件(例如，目标零件为 C_2，则所有关联零件为 C_1、C_3)。换句话说，根据正向弧找出当前零件作为定位基准的全部装配零件，根据逆向弧找出当前零件作为装配零件的全部定位零件及其定位基准的优先次序。

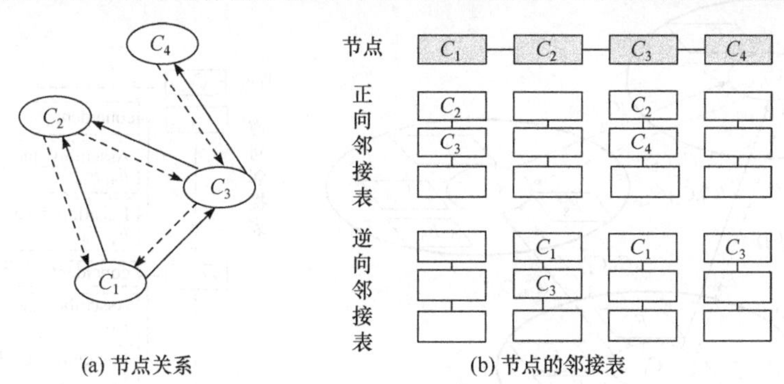

图 4.9 误差传递关系图节点数据

在一般的零件装配关系中，装配零件的所有装配基准对应的定位基准可能位于同一个零件上，也可能位于不同零件上；当位于不同零件时，就意味着该装配零件的逆向邻接表中有多个元素，此时这些元素在逆向邻接表中的排序就是定位顺序，如图 4.9 所示，零件 C_2 被零件 C_1 和零件 C_3 共同定位，由其逆向邻接表中看出，定位顺序为 C_1、C_3。

装配关系图中的弧 $\langle C_i, C_j \rangle$ 仅说明这两个零件有装配关系存在，例如，图 4.10 中的弧 $\langle C_1, C_3 \rangle$ 只描述零件 C_1、C_3 之间有装配关系存在，具体装配关系信息则存储在对应弧的数据域中。该数据域中存储的数据为：①指向关联顶点的指针；②指针对应的装配关系类型；③指针所包含的全部装配基准要素和定位基准要素及其装配顺序。对于图 4.9 中的装配关系，这些弧所具有的信息细化后的情况如图 4.10 所示。图中，实线箭头为正向弧，代表定位关系，如 C_3 由 C_1 定位、C_2 由 C_1 和 C_3 共同定位；而虚线箭头为逆向弧，代表被定位关系。弧中必须包含两个零件的装配接触面信息，例如，零件 C_1 和零件 C_3 具有三对平面装配基准，分别为 C_1 中的 F_1、F_2、F_3 和 C_3 中的 F_5、F_6、F_7，因此零件 C_3 的逆向邻接表第一个节点指向 C_1(即逆向弧 $\langle C_3, C_1 \rangle$)，该弧中存储的装配基准面表为 F_5、F_6、F_7，存储的定位基准面表为 F_1、F_2、F_3。同理，零件 C_2 由 C_1 和 C_3 共同定位，也是三对平面装配基准，根据零件 C_2 的逆向邻接表元素顺序，先与 C_1 通过两对平面进行配合定位，再与 C_3 通过一对平面进行配合定位，因此逆向邻接表第一个节点指向 C_1(即逆向弧 $\langle C_2, C_1 \rangle$)，该弧中存储的装配基准面表为 F_9、F_{10}，存储的定位基准面表为 F_1、F_4；逆向邻接表第二个节点指向 C_3(即逆向弧 $\langle C_2, C_3 \rangle$)，该弧中存储的装配基准面表为 F_{11}，存储的定位基准面表为 F_8。零件 C_1 分别对零件 C_2 和 C_3 进行定位，零件 C_1 的正向邻接表的两个节点分别指向 C_2 和 C_3，正向弧 $\langle C_1, C_2 \rangle$ 存储的装配基准面表为 F_9、F_{10}，存储的定位基准面表为 F_1、F_4；正向弧 $\langle C_1, C_3 \rangle$ 存储的装配基准面表为 F_5、F_6、F_7，存储的定位基准面表为 F_1、F_2、F_3。

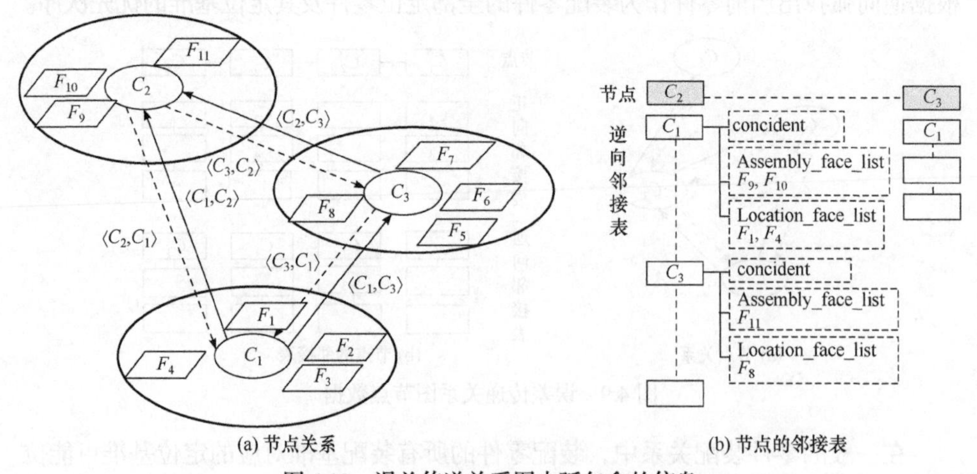

(a) 节点关系　　(b) 节点的邻接表

图 4.10　误差传递关系图中弧包含的信息

4.4.3 零件之间装配关系图自动建立算法

根据 4.4.1 和 4.4.2 小节关于装配信息的描述，利用 CAD 软件提供的装配零件集合 Components_Set 和装配配合关系集合 Mates_Set，可以自动建立机器中零件之间装配关系图，具体算法步骤如下：

(1) 从目标零件 C_i 出发，通过 Components_Set 装配零件集合节点中的映射关系获取目标零件，建立第一个顶点 V_{Ai}。

(2) 在 Mates_Set 装配配合关系集合中查找出所有包含装配 lion 关键为 C_i 的节点，将查找到的所有节点中的定位零件 $C_j \sim C_{j+n}$，入栈 Stack 或入队列 Queue 暂存(入栈是深度优先建立图，入队列是广度优先建立图)。

(3) 将查找到的所有节点中的定位零件 $C_j \sim C_{j+n}$，通过映射关系获取对应的零件后，查询图中是否存在这些零件的顶点，若不存在，则插入顶点 $V_{Aj} \sim V_{A(j+n)}$。

(4) 创建顶点 V_{Ai} 的逆向邻接表，添加元素分别为顶点 $V_{Aj} \sim V_{A(j+n)}$ 的指针。

(5) 创建顶点 $V_{Aj} \sim V_{A(j+n)}$ 的正向邻接表，添加元素就是顶点 V_{Ai} 的指针，若图中已存在顶点 V_{Aj}，则直接在其正向邻接表中后续添加顶点 V_{Ai} 的指针。

(6) 将步骤(2)中查找到的所有节点中的装配关系类型、装配零件上的定位要素指针、定位零件上的装配要素指针，添加到对应的弧上，即在 V_{Ai} 的逆向邻接表，元素 $V_{Aj} \sim V_{A(j+n)}$ 节点属性域中添加装配关系类型，V_{Ai} 零件与 $V_{Aj} \sim V_{A(j+n)}$ 零件装配配合时，V_{Ai} 零件参与该配合的装配基准要素，$V_{Aj} \sim V_{A(j+n)}$ 零件参与该配合的定位基准要素；在 $V_{Aj} \sim V_{A(j+n)}$ 的正向邻接表中，元素 V_{Ai} 节点属性域中添加装配关系类型，$V_{Aj} \sim V_{A(j+n)}$ 零件与 V_{Ai} 零件装配配合时，$V_{Aj} \sim V_{A(j+n)}$ 零件参与该配合的定位基准要素，V_{Ai} 零件参与该配合的装配基准要素。

(7) 将步骤(2)中的栈 Stack 或队列 Queue 压出一个元素，重复步骤(2)～(7)，直至栈或队列中元素为空，结束。

以上建立装配关系图的算法是一个递归算法，将装配模型中的装配树和装配配合关系转化为装配体零件之间装配关系图，同时通过弧中的装配基准要素和定位基准要素，留下自动建立零件内部几何要素误差传递关系图的接口。若有多个目标要素来源于多个目标零件，则只需要将步骤(1)中对该目标零件是否已经建立顶点做出判别，若存在，则无须建立该顶点，然后运行余下步骤即可。

4.5 零件内部几何要素误差传递关系图建立方法

几何要素误差传递关系图基于零件三维 CAD 模型和三维公差标注信息，通过将三维公差标注信息转化为几何要素之间的位置定位关系，将位置定位关系转化为图的节点和图的弧数据结构，从而构建零件内部几何要素误差传递关系图。

目前主流 CAD 系统都具备三维标注功能，这些标注功能通过单独设立的公差标注模块完成，如 NX、SolidEdge 的 PMI 模块、SolidWorks 的 DimXpert 模块、CATIA 的 Functional Annotation & Tolerance 模块、PTC 的注释模块等。这些三维标注模块经过近十年的发展，现在基本都符合公差的相关标准，并且在使用时可以根据各国标准进行模式设定。尺寸和公差标注模块在 CAD 软件中基本都是采用注释的形式以文本属性数据存放在实体模型的属性域内，或者是通过指针的方式间接地将注释信息与实体模型关联。这些公差标注模块还提供 API，从而可以建立几何要素和公差信息之间的双向搜索机制，便于通过几何要素获取公差信息，或者通过公差标注注释获取几何要素信息。对于几何公差标注，几何公差标注的两个关联要素之间具有明确的基准-目标性质，因此可以直接将关联要素设定为基准要素和目标要素；而对于尺寸公差标注，尺寸公差标注的两个关联要素之间并没有明确的基准-目标关系，此外，还有一些标注只有一个几何要素，如圆柱直径公差标注等，则需要将关联要素通过识别等方法确定相应的目标要素和基准要素。本节对各类公差标注的处理分别加以介绍。

4.5.1 误差传递关系图的基本单元

几何要素误差传递关系图中，几何要素是该图的节点，节点之间的弧则是两个节点之间的尺寸和几何公差标注，因此尺寸和几何公差标注及其关联要素构成了几何要素误差传递关系图的基本单元。几何公差标注具有明确的基准-目标关系，因此这一基本单元的节点之间指向关系明确，三维实体模型上的标注信息除了几何公差，还有尺寸公差和隐含位置关系这两类尺寸关系，这两类尺寸关系所对应的基本单元的节点之间的指向关系还不明确，需要建立算法进行识别处理。

几何公差标注已经明确了标注对象之间的基准-目标关系，因此几何公差标注是零件几何要素误差传递关系图的一个基本单元。如图 4.11(a)所示，圆柱面 F_6 和平面 F_4、F_2、F_3 之间的位置度公差连同两个理论正确尺寸完整定义了圆柱面 F_6 的位置及其变动范围，该位置度公差标注所构成的基本单元可以用图 4.11(b)所示的符号表示，圆柱面 F_6 为基本单元的目标要素，平面 F_4、平面 F_2 和平面 F_3 为基本单元的基准要素。直径要素是一个具有中心线的尺寸要素，宽度要素是一个具有中心面的尺寸要素，图 4.11(e)表示中心面 F_9 对宽度要素成员 F_{10} 和 F_{11} 的定位关系。

尺寸公差、隐含位置关系所关联的几何要素之间还没有确定的基准-目标关系，如图 4.11(d)中的平面 F_1 和平面 F_5。零件的几何要素之间还存在隐含的位置关系，如两个圆同心、两个圆柱同轴和两个平面共面等，这些几何要素可能可以合并成一个要素，也可能存在基准-目标关系，取决于具体的应用情况，图 4.11(c)表示了平面 F_4 和平面 F_5 之间的共面关系以及圆柱面 F_7 和圆柱面 F_8 之间的同轴关

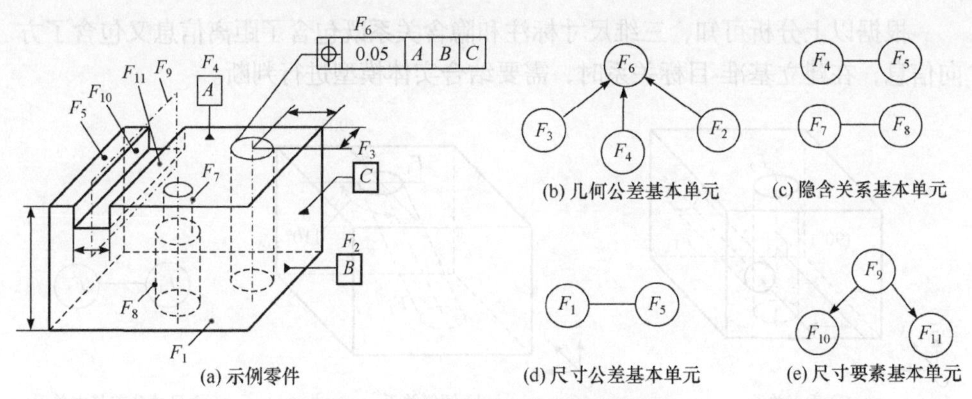

图 4.11　零件的误差传递基本单元

系。对于这些没有明确的基准-目标关系的标注，需要建立相应的规则进行自动识别，才能构成误差传递关系图的基本单元。建立误差传递关系图，就是将这些不带箭头的直线转化成带箭头的直线或者将直线两端节点进行合并。

对于零件上存在的成组要素的标注，成员要素之间的位置关系标注属于成组要素内部的标注。成组要素在零件上通过其中心要素进行定位，中心要素和成员要素之间也可以用箭头来表示定位关系。

4.5.2　三维尺寸公差标注的隐含信息

虽然尺寸公差标注的两个要素之间没有明确的基准-目标关系，但两个要素之间的相对位置还是具有某些明确的约束关系的，例如，用一个线性尺寸标注两条空间直线的距离时，实际上还隐含约定了这两条空间直线必须平行或者垂直，即明确了它们之间的角度测量平面和在该平面上的夹角(必须是 0°或者是 90°)。如图 4.12(a)所示，当圆柱面 F_1 和圆柱面 F_2 之间标注了线性尺寸时，还隐含说明了圆柱面 F_1 和圆柱面 F_2 的轴线在以两者公垂线为法线的平面的投影相互垂直，由于误差的存在，两者之间绝对垂直是不可能的，此时必须理解为圆柱面 F_2 与圆柱面 F_1 的两轴线之间在该平面方向上的夹角公差是自由公差。若能够确定圆柱面 F_2 为目标要素、圆柱面 F_1 为基准要素，则此时圆柱面 F_2 在视图面 Oyz 方向上不能再有其他基准要素对其进行定向。

角度标注的两个要素之间也存在隐含信息。如直线和平面之间一般具有两个独立的标注角度，当只标注一个角度时，隐含了另一个角度为 90°。如图 4.12(b)所示，圆柱面 F_2 与平面 F_1 之间的 110°标注，表示圆柱面 F_2 与平面 F_1 在该角度测量平面(平行于 Oxz 平面)上的夹角为 110°，同时隐含表明圆柱面 F_2 的轴线位于平行于 Oxz 的平面上，即圆柱面 F_2 的轴线与平面 F_1 在 Oyz 平面上投影成直角。一般而言，当几何要素处于同心、共线、共面等特殊位置时，隐含约定两者之间的距离尺寸为 0，两者之间的两个角度尺寸为 0，其距离和角度尺寸的公差为自由公差。

根据以上分析可知，三维尺寸标注和隐含关系既包含了距离信息又包含了方向信息，在建立基准-目标关系时，需要结合实体模型进行判断。

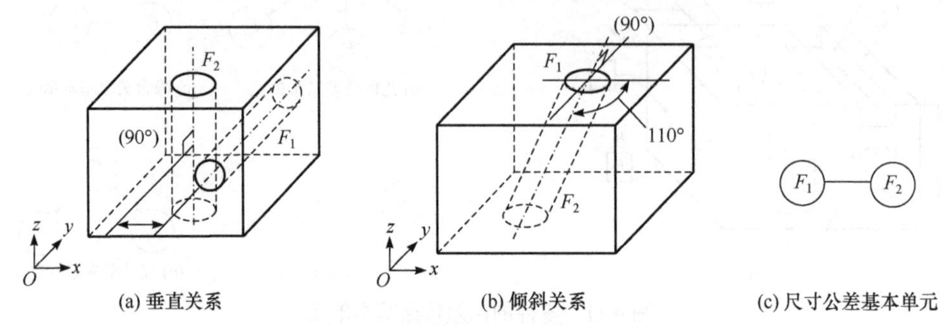

图 4.12　三维尺寸标注的隐含信息

4.5.3　尺寸标注关联要素的基准-目标关系确定规则

尽管尺寸标注的两个要素形式上没有基准-目标之分，但零件几何要素的制造和测量必然存在先后顺序，因此线性尺寸或角度尺寸所关联的两个要素之间也必定存在定位与被定位的关系。为确定这些关联要素之间的基准-目标关系，需要依据关联几何要素的已有标注以及几何要素的几何类型、空间位置等信息来建立确定规则，以下确定基准-目标关系的规则正是根据这些线索归纳出来的。

规则 1：基础基准要素为尺寸公差的基准要素。线性尺寸和角度尺寸关联的两个要素中，若其中一个要素为基础基准要素，则该要素就是基准要素，另一个要素必为目标要素。基础基准要素是定义零件上其他要素的基础，也是零件装配关系图中的装配基准要素，基础基准要素也可以由用户通过交互输入方式确定。

规则 2：复杂几何要素为基准要素、简单几何要素为目标要素。若线性尺寸标注的两个几何要素分别为面和边，且边要素为两个平面的交线，则面要素为基准要素、边要素为目标要素；若线性尺寸标注的两个几何要素分别为直线和点，且点要素为直线的顶点，则直线要素为基准要素、点要素为目标要素。

规则 3：中心要素为成组要素的基准要素，成员要素为目标要素。成组要素的成员要素之间的尺寸标注为内部尺寸，表示中心要素对成员要素的定位，成组要素内部通过“中心要素→成员要素”进行误差传递，在误差传递关系图中通过中心要素进行误差传递。宽度要素也可以看成最简单的成组要素，如图 4.13(a)所示，宽度要素由平面 F_3 和 F_2 组成，F_3 和 F_2 之间的尺寸标注形成两个基本单元，中心面 F_4 作为两个基本单元的基准要素，成员要素 F_2 和 F_3 分别作为两个基本单元的目标要素，节点之间的关系如图 4.13(b)所示。

规则 4：已定位的要素为基准要素、未定位的要素为目标要素。线性尺寸或者角度尺寸所关联的两个要素中，若其中一个要素在尺寸关联方向的自由度被完全约束，则在该自由度方向上的要素就是基准要素，另一个要素就是目标要素。如图 4.13(a)所示，F_1 与 F_2 之间有一个线性尺寸，而平行度标注中 F_1 已经确定为基准要素，故此时 F_2 就是目标要素，节点之间的关系如图 4.13(c)所示。而在平面 F_3 与平面 F_5 之间的线性尺寸，F_3 是平行度公差和线性尺寸已确定的表面，故 F_3 为当前尺寸标注的基准要素、F_5 为当前尺寸标注的目标要素，两者之间的关系如图 4.13(d)所示。

规则 5：基线标注中，基线所在要素为基准要素。基线标注是指具有多个平行的尺寸线的标注方式，在这种标注方式中，所有尺寸线共有一个关联要素，其余关联要素位于该公共要素的同一侧，此时公共要素作为所有尺寸标注的基准要素，其余关联要素都作为目标要素。在图 4.14(a)中，平面 F_1 为基准要素，其余关联要素 F_2、F_3、F_4、F_5 都作为目标要素。

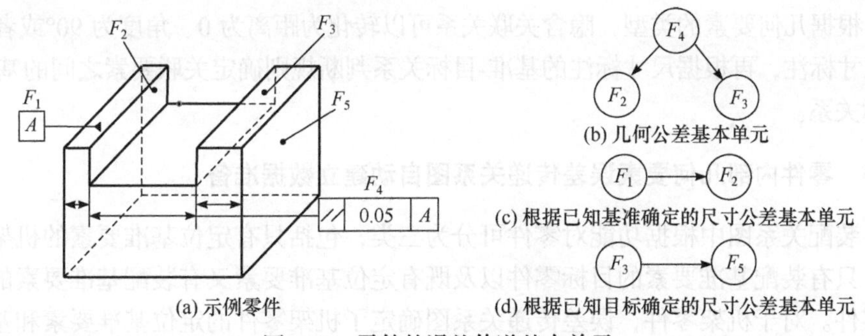

图 4.13　零件的误差传递基本单元

规则 6：连续标注的两端要素相继分别作为基准和目标要素。连续标注是指尺寸线共线的多个线性尺寸标注。在这种标注方式中，除了两端的关联要素，其余关联要素会相继出现在两个连续的尺寸标注中，此时只要确定连续标注最外侧两端的对象之间的基准-目标关系，则其余标注对象的基准-目标关系便可以相继确定。图 4.14(b)为连续标注，此时只要确定平面 F_1 和平面 F_5 的基准-目标关系，其余平面 F_2、F_3 和 F_4 之间的基准-目标关系即可确定。

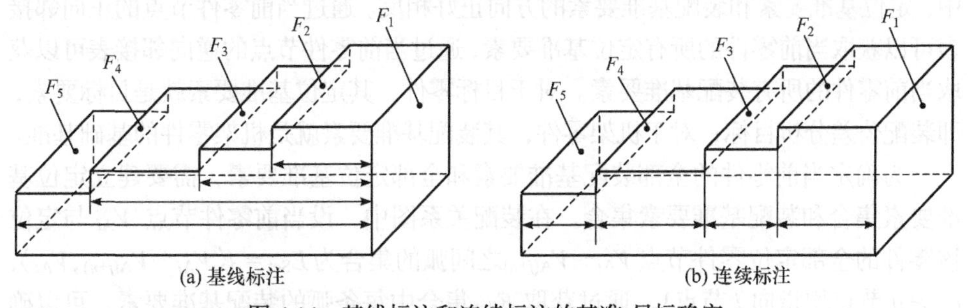

图 4.14　基线标注和连续标注的基准-目标确定

4.5.4 隐含关系的判断规则

几何要素之间的隐含关系是指具有特定相对位置的两个要素之间的定位关系，这些关系并没有在三维公差标注中明确指出，需要对实体模型进行搜索，找出几何要素之间存在的同轴、共线、共面等特殊位置关系，然后根据具体应用建立相应的基准-目标关系判断规则。

这些特殊位置包括：①两球面同心(两个球面的球心位置相同)；②点在直线上(点位于直线的两个端点之间)；③两轴线共线(两轴线存在重合的线段、两条轴线存在相同端点且方向相同、两轴线为复合孔特征中的两条轴线)；④球心在平面上(球心在面的边界内或边界上)；⑤轴线在平面上(轴线与平面的法线垂直且至少轴线的一个端点在面的边界内或边界上)；⑥两平面共面(两个平面的方程相同且都是中心要素，或者两平面为复合平面特征中的两个面)。

根据几何要素的类型，隐含关联关系可以转化为距离为 0、角度为 90°或者 0°的尺寸标注，再根据尺寸标注的基准-目标关系判断规则确定关联要素之间的基准-目标关系。

4.5.5 零件内部几何要素误差传递关系图自动建立数据准备

装配关系图中根据功能对零件可分为三类，包括只有定位基准要素的机架零件、只有装配基准要素的目标零件以及既有定位基准要素又有装配基准要素的中间零件。对于机架零件，误差传递关系图确定了机架零件的定位基准要素和基础基准要素之间的关联关系；对于中间零件，误差传递关系图确定了机架零件的定位基准要素和装配基准要素之间的关联关系；对于目标零件，误差传递关系图确定了机架零件的定位基准要素和目标要素之间的关联关系。无论哪一种零件，建立几何要素误差传递关系图的方法和步骤是相同的，以下以中间零件为例，说明误差传递关系图的结构。

零件几何要素误差传递关系图中，从零件定位基准要素走向装配基准要素为正向，定位基准要素为正向弧的起始点，装配基准要素为正向弧的终点，而在逆向弧中，定位基准要素和装配基准要素的方向正好相反。通过当前零件节点的正向邻接表可以获取当前零件的所有定位基准要素，通过当前零件节点的逆向邻接表可以获取当前零件的所有装配基准要素。对于目标零件，其定位基准要素就是目标要素，即装配公差分析目标；对于机架零件，其装配基准要素就是机架零件的基础基准。

为确定当前零件的全部装配基准要素和全部定位基准要素，需要建立定位基准要素集合和装配基准要素集合。在装配关系图中，设当前零件节点 $V_{\mathrm{A}i}$ 与定位该零件的全部定位零件节点 $V_{\mathrm{A}j}\sim V_{\mathrm{A}(j+n)}$之间弧的集合为 $E_{\mathrm{Set}}=\{\langle V_{\mathrm{A}j}\sim V_{\mathrm{A}(j+n)}, V_{\mathrm{A}i}\rangle$, $j\sim j+n$ 节点均指向 i 节点$\}$，通过获取 E_{Set} 集合中每条弧的装配基准要素，可以确定定位当前零件的全部装配基准要素集合 A_Mate Entities_Set；设当前零件节点 V_{Ai} 与所定位的全部装配零件节点 V_{Aj2}～$V_{A(j2+n2)}$之间的弧的集合为 $E_{2Set}=\{\langle V_{Ai}, V_{Aj2}$～$V_{A(j2+n2)}\rangle$, i 节点指向全部 j_2～j_2+n_2 节点$\}$，通过获取 E_{2Set} 集合每条弧中的定位基准要素，可以确定当前零件的定位基准要素集合 L_Mate Entities_Set。

图 4.15 给出了图 4.3 中的置换气缸端面连接件的直接关联零件及其定位基准要素和装配基准要素，端面连接件节点的正向邻接表中所有元素(定位基准要素)集合为 L_Mate Entities_Set=$\{F_1, F_2, F_3\}$，F_1、F_2 用来定位置换气缸面 F_{20}、F_{21}，F_3 用来定位活塞零件的面 F_5。逆向邻接表中所有元素(装配基准要素)集合为 A_Mate Entities_Set=$\{F_6, F_7\}$，F_6、F_7 由支架零件的面 F_8 和 F_9 定位。

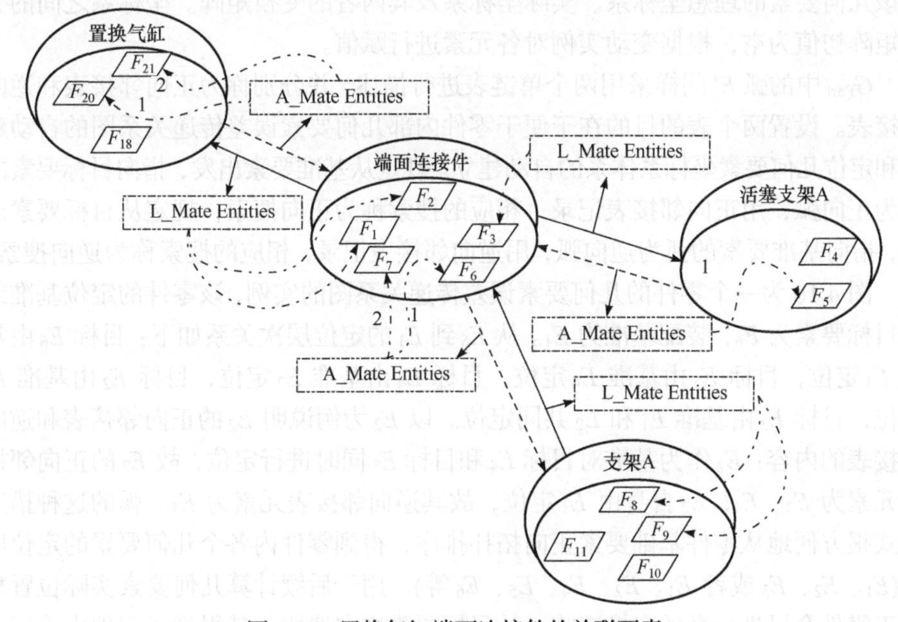

图 4.15　置换气缸端面连接件的关联要素

4.5.6　零件内部几何要素误差传递关系图自动建立算法

在利用尺寸与几何公差标注和三维几何模型建立了几何要素之间的基准-目标关系之后，就确定了几何要素之间的定位关系，结合基准-目标之间的尺寸公差或者理论正确尺寸就可以确定零件上几何要素的位置及其变动范围。在一个零件上，几何要素误差传递通过基准-目标关系实现，基准要素也由本身的基准要素来定位，目标要素本身也有可能是其他目标要素的基准要素，一个基准要素可以定位多个目标要素，一个目标要素也可以具有 1～3 个基准要素，因此零件内部几何要素的误差传递关系是一个网状结构，在计算机中必须采用基于图的数据结构进行表示。

从公差标注角度看，需要将目标要素指向基准要素，而从误差传递角度看，又需要将基准要素指向目标要素，因此零件内部几何要素误差传递关系图应该是一个双向图。设零件内部几何要素误差传递关系图 $G_{\text{Part}}=(V',E')$ 中，V' 代表几何要素实体，E' 代表定位关系，则 G_{Part} 建立了零件内部几何要素误差传递关系图中零件节点的全部装配基准要素和全部定位基准要素之间的联系。一个零件内部几何要素的位置定义点参数和坐标变换矩阵等数据可以在 G_{Part} 图中建立，利用 G_{Part} 就可以确定零件内定位基准要素或目标要素相对于装配基准要素的位置，因此建立了 G_{Part} 就完善了整个装配关系图 G_{Asm}。

G_{Part} 中每个顶点存储四大类数据：①目标几何要素；②几何公差与尺寸公差类型与数量；③几何要素控制点参数、变动规律和控制点位置的一个变动实例；④该几何要素的理想坐标系、实际坐标系及其两者的变换矩阵。坐标系之间的变换矩阵初值为空，根据变动实例对各元素进行赋值。

G_{Part} 中的弧 E' 同样采用两个单链表进行描述，并分别称为正向邻接表和逆向邻接表。设置两个表的目的在于便于零件内部几何要素误差传递关系图的自动建立和定位几何要素坐标系体系的自动建立。规定从基准要素出发，指向目标要素的弧为正向弧，用正向邻接表记录，相应的搜索称为正向搜索；规定从目标要素出发，指向基准要素的弧为逆向弧，用逆向邻接表记录，相应的搜索称为逆向搜索。

图 4.16 为一个零件的几何要素误差传递关系图的实例，该零件的定位基准或者目标要素为 E_6，装配基准为 E_1。从 E_6 到 E_1 的定位层次关系如下：目标 E_6 由基准 E_5 定位，目标 E_5 由基准 E_4 定位，目标 E_4 由基准 E_2 定位，目标 E_2 由基准 E_1 定位，目标 E_3 由基准 E_1 和 E_2 共同定位。以 E_2 为例说明 E_2 的正向邻接表和逆向邻接表的内容：E_2 作为基准对目标 E_4 和目标 E_3 同时进行定位，故 E_2 的正向邻接表元素为 E_3、E_4；E_2 自身由 E_1 定位，故其逆向邻接表元素为 E_1。弧的这种描述方式很方便地从零件基础要素正向拓扑排序，得到零件内各个几何要素的定位序列(E_1、E_2、E_3 或者 E_1、E_2、E_4、E_5、E_6 等)，用于后续计算几何要素实际位置相对于零件全局坐标系的变换矩阵。从目标要素逆向遍历，就得到了零件内确定该

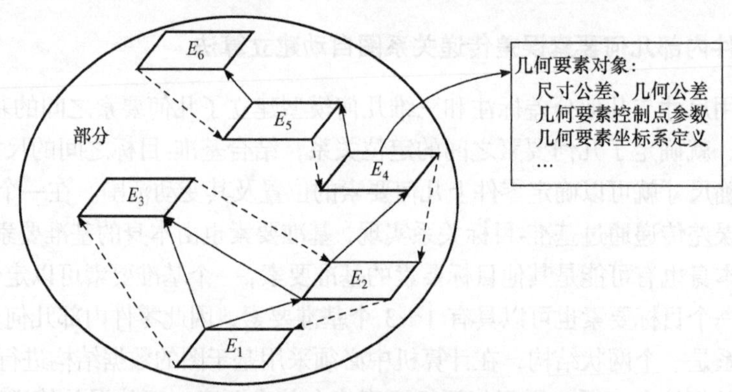

图 4.16　几何要素误差传递关系图逻辑关系及其包含信息

目标要素位置的所有基准(例如，目标要素为E_3，则其所有基准要素为E_1、E_2)。换句话说，根据正向弧找出当前要素作为基准时的全部目标要素，根据逆向弧找出当前要素作为目标要素时的全部基准及其基准优先次序。

零件图中的弧$\langle E_i, E_j\rangle$建立起几何要素之间的相互定位关系，例如，图 4.16 中的弧$\langle E_2, E_4\rangle$描述几何要素E_2、E_4的定位关系，正向弧E_2指向E_4，E_2作为基准，定位目标要素 E_4，而公差类型数据存在目标要素的顶点数据域中。如果是多个基准共同定位的目标要素，除了公差类型还有基准优先顺序的描述，本章采用两个邻接表表示图的弧，因此计算至某个目标要素时，该顶点的逆向邻接表中元素存放顺序即基准优先顺序的体现。

最后根据当前零件顶点的定位基准要素集合 L_Mate Entities_Set、装配基准要素集合 A_Mate Entities_Set、$Set_1=\{(E, GDT)\}$、$Set_2=\{(D, E)\}$建立递归算法，自动完成当前零件图的建立。具体算法如下：

(1) 将当前零件顶点的定位基准要素集合 L_Mate Entities_Set 中所有元素 E_i～E_{i+n}(几何要素)入栈 Stack；

(2) 从栈 Stack 中弹出一个元素E_i，若还未存在该顶点，则建立零件图顶点V_{Pi}；

(3) 遍历Set_1集合，找出所有该几何要素的“要素-标注”对(E_i, GDT_j～GDT_{j+n})；

(4) 遍历这些“要素-标注”对，获取每个GDT_j公差特征框中的基准代号D_k ($k=1$、2、3，分别表示第一、二、三基准，可以不全部存在)；

(5) 遍历Set_2集合，找出对应$D_k(k=1,2,3)$的几何要素$E_k(k=1,2,3)$，查询零件图中是否已经存在$E_k(k=1,2,3)$顶点，若不存在，则建立零件图顶点$V_{Pk}(k=1,2,3)$，并入栈 Stack；

(6) 创建顶点V_{Pi}的逆向邻接表，添加元素分别为顶点$V_{Pk}(k=1,2,3)$的指针，若图中已存在顶点V_{Pi}，则直接在其正向邻接表中后续添加顶点V_{Pk}的指针；

(7) 创建顶点$V_{Pk}(k=1,2,3)$的正向邻接表，添加元素就是顶点V_{Pi}的指针，若图中已存在顶点V_{Pk}，则直接在其正向邻接表中后续添加顶点V_{Pi}的指针；

(8) 将E_i的“要素-标注”对(E_i，GDT_j～GDT_{j+n})中的 GDT 公差信息分别存入顶点V_{Pi}的数据域中；

(9) 从栈 Stack 弹出下一个元素，并查询零件图中是否已经存在该顶点，若不存在，则建立零件图顶点，然后重复步骤(3)～(8)，直至栈中元素为空；

(10) 将当前零件顶点的装配基准要素集合 A_Mate Entities_Set 中，所有元素E_i～E_{i+n}(几何要素)入栈 Stack，进行步骤(8)，直至栈中元素为空，结束。

这一递归算法的具体过程如下。首先通过步骤(1)从零件顶端，即所有定位基准要素或目标要素出发，朝零件基础基准要素方向(逆向)，搜索当前几何要素的基准要素，再将基准要素作为当前几何要素，搜索其基准要素，直至零件的基础基准要素。在步骤(3)中，可能会出现一个几何要素上有多个标注的情况，是因为存在尺寸公差和复合公差，本书前述将尺寸公差关联的要素分解为目标要素和基准要素，而复合公差中次要公差的基准集合被包含于主要公差的基准集合，即次要公差建立的关系已经在主要公差中完成；步骤(10)是为了保证该零件能够在机架中完全被确定。

4.6 装配体几何误差传递关系图的自动建立实例

4.6.1 几何公差标注的基准-目标关系确定

尺寸公差所关联的几何要素之间的基准-目标关系确定算法已在前面介绍，这里补充介绍几何公差标注的基准-目标关系确定。各种 CAD 软件都提供相关的 API，能够通过 API 获取零件内三维公差标注信息及其对应实体对象指针，三维公差标注信息及其对应的实体对象以数据对(标注、实体即 Annotation、Entity)的形式暂存，因此可以方便地将其转化为基准-目标关联形式的数据。为此需要通过公差特征框中的基准代号与基准标注代号字符比对来确定基准要素，首先将直接获取到的数据对整理分解为两个集合：①第一个集合为目标几何要素和几何公差标注信息，即 $Set_1=\{(E,\ GDT)\}$，其中，E 为目标几何要素，GDT 为几何公差标注；②第二个集合为基准代号和代号所指的基准要素，即 $Set_2=\{(D,\ E)\}$，其中，D 表示基准代号，E 为基本几何要素。经过上述处理，三维公差信息和实体信息转换为一系列“链节”，通过下面设计的算法，可以像拼接链扣一样便捷地实现零件内部几何要素误差传递关系图自动建立。

以图 4.17 所示的置换气缸端面连接件的几何公差标注为例，该零件的标注数据对包括：基准 A-F_1、基准 B-F_3、基准 C-F_6，垂直度 $\phi 0.05A$-F_3、垂直度 $\phi 0.05A$-F_6、位置度 $\phi 0.10ABC$-F_2、位置度 $\phi 0.15AB$-F_7。然后整理这些数据对，得到 $Set_1=\{(F_3,$

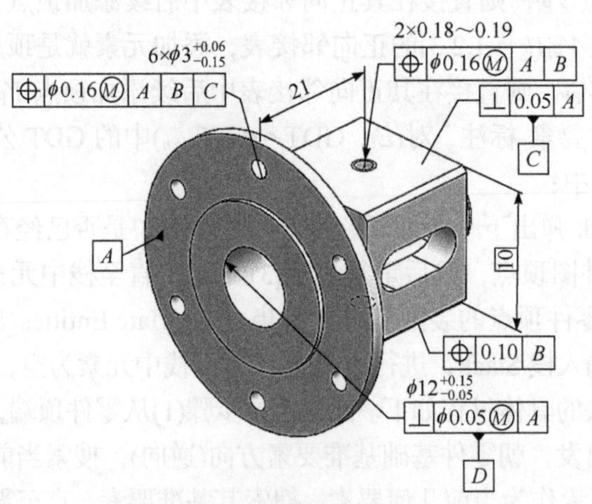

图 4.17　置换气缸端面连接件的几何公差标注(单位：mm)

垂直度ϕ0.05A)、(F_6，垂直度ϕ0.05A)、(F_2，位置度ϕ0.10ABC)、(F_7，位置度ϕ0.15AB)}，Set_2={(基准 A，F_1)、(基准 B，F_3)、(基准 C，F_6)}。

4.6.2　零件之间几何要素误差传递关系图自动建立算法实例

本节取图 4.2 所示的斯特林引擎装配模型中的一部分来介绍其误差传递关系图的建立过程。置换活塞由置换气缸和活塞支架共同定位，如图 4.18 所示，其中从飞轮支架一直安装到连杆 A，连杆 A 是为了拉动活塞支架 A，实现置换活塞在置换气缸内往复运动；而置换气缸端面连接件与活塞支架为轴孔装配，确定活塞支架 A 的中心位置，因此不妨假设分析活塞运动到某一位置时的情况，即可忽略连杆 A 对活塞支架 A 的装配。因此，这里以图 4.18 中双点划线框的零件装配为例，运用上述算法自动建立装配体零件之间几何要素误差传递关系图。

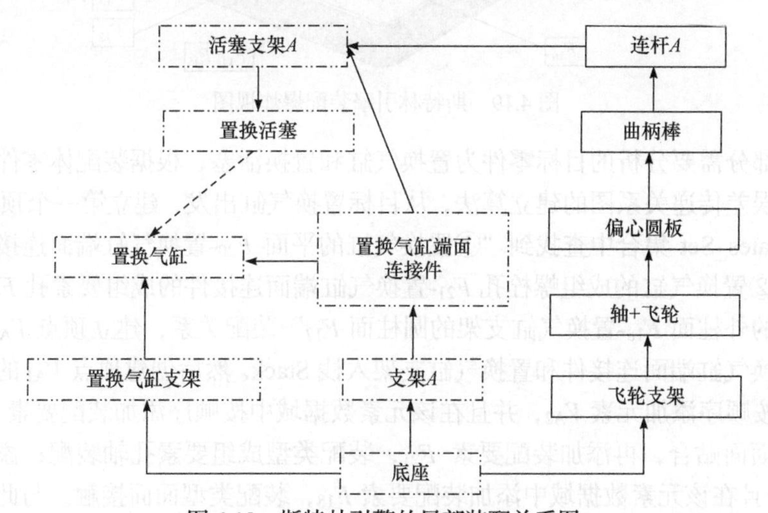

图 4.18　斯特林引擎的局部装配关系图

根据算法流程，该部分装配由 7 个零件组成，图 4.19 为该部分的爆炸视图，并且用注释 F_1～F_{21} 标明了各个零件上参与装配的几何要素，虚线箭头表示内部或者下底面，则 Components_Set={底座，支架 A，置换气缸支架，置换气缸端面连接件，置换气缸，活塞支架，置换活塞}，装配配合关系集合 Mates_Set ={底座的 F_{13} 平面与置换气缸支架的 F_{14} 平面贴合，底座的 F_{16} 成组螺栓孔与置换气缸支架的 F_{15} 成组螺栓孔安装，活塞支架 A 的圆柱面 F_4 与置换活塞的内柱面 F_{19} 紧配合，活塞支架 A 的圆柱面 F_5 与置换气缸端面连接件的内孔柱面 F_3 间隙配合，置换气缸的端面 F_{20} 与置换气缸端面连接件的端面 F_1 贴合，置换气缸的成组螺栓孔 F_{21} 与置换气缸端面连接件的成组要素孔 F_2 安装，…}。虽然只有 7 个零件装配，但每个零件都有 1～3 对装配配合关系，因此这里不再一一列举。

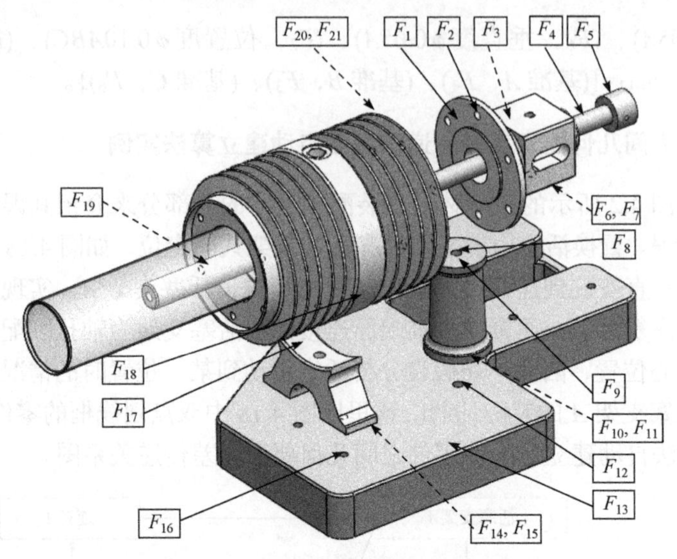

图 4.19 斯特林引擎装配爆炸视图

该部分需要分析的目标零件为置换气缸和置换活塞，根据装配体零件之间几何要素误差传递关系图的建立算法，从目标置换气缸出发，建立第一个顶点 V_{A1}。再在 Mates_Set 集合中查找到“①置换气缸的平面 F_{20}-置换气缸端面连接件的平面 F_1；②置换气缸的成组螺栓孔 F_{21}-置换气缸端面连接件的成组要素孔 F_2；③置换气缸的外柱面 F_{18}-置换气缸支架的圆柱面 F_{17}”装配关系，建立顶点 V_{A2} 和 V_{A3} 并将置换气缸端面连接件和置换气缸支架入栈 Stack。然后创建顶点 V_{A1} 的逆向邻接表，按顺序添加元素 V_{A2}，并且在该元素数据域中按顺序添加装配要素 F_{20}，装配类型面面贴合，再添加装配要素 F_{21}，装配类型成组要素孔轴装配；添加元素 V_{A3}，并且在该元素数据域中添加装配要素 F_{18}，装配类型面面接触。与此同时，创建顶点 V_{A2} 的正向邻接表，添加元素 V_{A1}，并且在该元素数据域中按顺序添加定位要素 F_1 和装配类型面面贴合，再添加定位要素 F_2 和装配类型成组要素孔轴装配；同样，创建顶点 V_{A3} 的正向邻接表，添加元素 V_{A1}，并且在该元素数据域中添加定位要素 F_{17} 和装配类型面面接触。到这里，算法第一次递归完成，然后从 Stack 弹出一个元素，即置换气缸支架，进入下一次递归，直至 Stack 为空，即底座弹出后，整个装配体零件之间几何要素误差传递关系图建立完毕。如图 4.20 所示，图中用箭头来表示上述过程中描述的在正逆向邻接表中添加元素后的关系，1、2、3 序号表示装配顺序。

4.6.3 零件内部几何要素误差传递关系图自动建立算法实例

本节以图 4.17 中的置换气缸端面连接件为实例，验证上述算法流程的正确性。

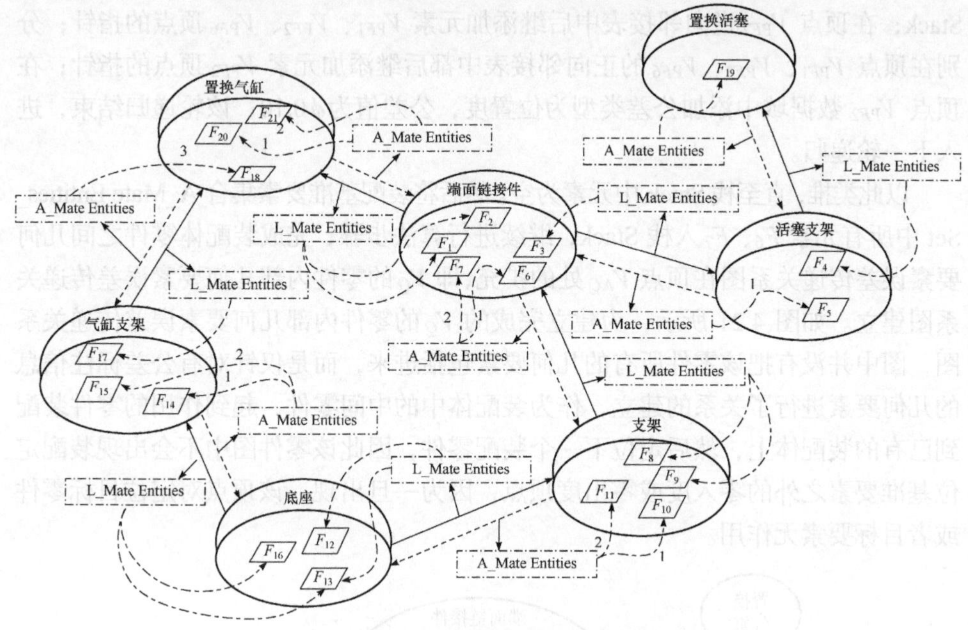

图 4.20　置换气缸部分零件之间的误差传递关系

根据 4.5.5 和 4.6.1 小节中内容，四个集合已确定，分别为：Set_1={(F_3，垂直度ϕ0.05A)、(F_6，垂直度ϕ0.05A)、(F_2，位置度ϕ0.10ABC)、(F_7，位置度ϕ0.15AB)}，Set_2={(基准 A，F_1)、(基准 B，F_3)、(基准 C，F_6)}，L_Mate Entities_Set={F_1，F_2，F_3}，A_Mate Entities_Set={F_6，F_7}。

依据这四个集合数据自动建立零件内部几何要素误差传递关系图：将 F_1、F_2、F_3 入栈 Stack；压出 F_3，建立第一个顶点 V_{PF3}，并在集合 Set_1 中查找出所有“几何要素-标注”对为 F_3，垂直度ϕ0.05A，获取这个位置度公差基准代号 A，在 Set_2 集合中查找到基准 A 对应的实体 F_1，然后查询零件图中是否存在 F_1 顶点，若不存在则建立顶点 V_{PF1}，并将 F_1 入栈 Stack；创建顶点 V_{PF3} 的逆向邻接表，添加元素 V_{PF1} 顶点的指针；创建顶点 V_{PF1} 的正向邻接表，添加元素 V_{PF3} 顶点的指针；在顶点 V_{PF3} 数据域中添加公差类型为垂直度，公差值为ϕ0.05；该轮递归结束，进入下一轮递归。

再从 Stack 中弹出一个元素，即 F_1，查询零件图中已经存在 F_1 顶点，但因在集合 Set_1 中未查找到相应元素，该轮递归结束，进入下轮递归。

然后从 Stack 中弹出一个元素，即 F_2，查询零件图中未存在 F_2 顶点，则建立顶点 V_{PF2}；在集合 Set_1 中查找出(F_2，位置度ϕ0.10ABC)，获取该位置度公差基准代号 A、B、C，分别在 Set_2 集合中查找到基准 A、基准 B、基准 C 对应的实体 F_1、F_3、F_6，查询零件图中只有 F_6 未存在对应顶点，则建立顶点 V_{PF6}，并将 F_6 入栈

Stack；在顶点 V_{PF2} 逆向邻接表中后继添加元素 V_{PF1}、V_{PF2}、V_{PF6} 顶点的指针；分别在顶点 V_{PF1}、V_{PF2}、V_{PF6} 的正向邻接表中都后继添加元素 V_{PF2} 顶点的指针；在顶点 V_{PF2} 数据域中添加公差类型为位置度，公差值为ϕ0.10；该轮递归结束，进入下一轮递归。

以此类推，直至栈 Stack 中元素为空。然后将装配基准要素集合 A_Mate Entities_Set 中所有元素 F_6、F_7 入栈 Stack，继续进行算法步骤，完成装配体零件之间几何要素误差传递关系图在顶点 V_{AQ} 处的扩充，即 V_Q 的零件内部几何要素误差传递关系图建立。如图 4.21 所示，为建立完成的 V_Q 的零件内部几何要素误差传递关系图，图中并没有把该零件所有的几何要素包括进来，而是仅针对有公差标注信息的几何要素进行了关系的建立，作为装配体中的中间零件，起到作用的零件装配到已有的装配体上，然后定位下一个装配零件，因此该零件图中不会出现装配定位基准要素之外的零入度或零出度顶点，因为一旦出现，该顶点对定位目标零件或者目标要素无作用。

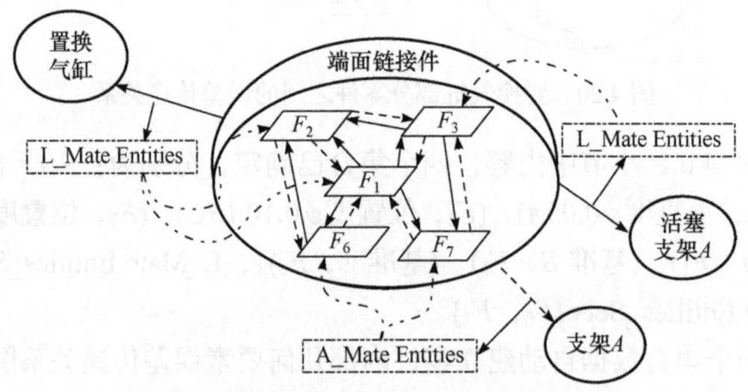

图 4.21 置换气缸连接件几何要素误差传递关系

其他零件图的建立与上述过程类似，在此不再赘述。通过装配体零件之间几何要素误差传递关系图的建立及其每个顶点处零件内部几何要素误差传递关系图的建立，最后得到一张完整准确描述该装配体模型及其各个零件内公差标注的装配体几何要素误差传递关系图。

通过这一递归算法，本节完成了零件内部几何要素误差传递关系图的建立，从零件基础要素逐步确定中间要素，最后确定该零件的定位基准要素或者目标要素，因此该图的每个顶点中的几何要素都关系到目标要素最终在机架中的位置，这将便于后续装配误差自动分析中的敏感度和贡献率的计算。

4.7 本章小结

(1) 装配体几何要素误差传递关系图完整地表示了机器中零件的安装顺序、

装配基准接触顺序以及零件内部几何要素之间的相互定位关系、定位顺序，根据设计的自动建立算法可以实现图的自动建立，为后续自动化计算分析提供几何要素之间相互关系、零件之间相互关系的结构支撑。

(2) 装配体几何要素误差传递关系图自动建立算法分为装配体零件之间几何要素误差传递关系图建立和零件内部几何要素误差传递关系图建立两个步骤，第一步从目标零件开始至机架零件，第二步从目标要素开始至基础基准要素(定位基准要素至装配基准要素)，实现了目标要素在整个装配体中误差传递关系的建立，并且每一个建立的零件顶点和零件内部几何要素顶点都影响目标要素的实际空间位置。

(3) 自动建立算法数据来源于已有装配体三维模型以及关联的所有零件三维模型及其公差标注信息，如果装配配合关系完整，公差标注完整，就可以实现装配体几何要素误差传递关系图的完整建立。对于装配配合关系先后顺序以及公差标注中基准顺序改变的问题，不是本书所讨论的范围，但是本书提出的自动建立算法可以应对该问题，通过改变 Components_Set 装配组件集合中的节点顺序和 Mates_Set 装配配合关系集合中的对应节点顺序，在集合 $Set_1=\{(E, GDT)\}$ 中就能直接反映公差标注中基准顺序的改变。

(4) 装配体几何要素误差传递关系图除了存储装配配合关系和零件、零件内部几何要素误差传递关系图，还可以存储几何要素的位置定义点参数和坐标变换矩阵等数据，这些数据保证了公差分析算法所需的参数。例如，通过建立几何要素坐标系体系确定每个几何要素在其零件中的位置，然后根据这些模拟零件，通过机器内装配坐标系体系确定每个零件在机架中的位置，最后确定单个或多个目标要素在整个机器中的位置，求出它们之间的相互位置关系，为装配公差分析建立基础。这些数据的确定是在关系图建立完成后，由机架零件拓扑搜索至目标零件、每个零件内从基础基准要素拓扑搜索至目标要素(装配基准要素至定位基准要素)的过程计算而得到的。

(5) 装配公差分析的目的是确定机器中目标要素的位置变动范围以及机器中各零件上的关联要素的几何误差对目标要素位置变动影响的敏感度和贡献率。本章提出的算法既可以计算绝对位置，也可以计算相对位置，在装配体几何要素误差传递关系图的基础上，通过几何要素坐标体系可以计算出机器内每个几何要素相对于机架基础基准要素的空间绝对位置，据此也可得到两个目标要素之间的空间相对位置。而决定每个几何要素绝对位置的中间几何要素就是该要素的全部关联要素，因此也可计算每个影响要素的敏感度和贡献率。

参 考 文 献

[1] 石源, 莫蓉, 常智勇, 等. 基于有序路径集的边界表示模型搜索方法. 计算机辅助设计与图

形学学报, 2011, 23(7): 1238-1248.

[2] El-Mehalawi M, Allen Miller R. A database system of mechanical components based on geometric and topological similarity. Part I: Representation. Computer-Aided Design, 2003, 35(1): 83-94.

[3] El-Mehalawi M, Allen Miller R. A database system of mechanical components based on geometric and topological similarity. Part II: Indexing, retrieval, matching, and similarity assessment. Computer-Aided Design, 2003, 35(1): 95-105.

[4] Hwan O, Kunwoo L. Automatic dimensioning from 3D solid model with feature extraction. American Society of Mechanical Engineers, 1990, 23(1): 115-119.

[5] Desrochers A, Clément A. A dimensioning and tolerancing assistance model for CAD/CAM systems. The International Journal of Advanced Manufacturing Technology, 1994, 9(6): 352-361.

[6] Desrochers A, Rivière A. A matrix approach to the representation of tolerance zones and clearances. The International Journal of Advanced Manufacturing Technology, 1997,13(9): 630-636.

[7] Jaballi K, Bellacicco A, Louati J, et al. Rational method for 3D manufacturing tolerancing synthesis based on the TTRS approach “R3DMTSyn”. Computers in Industry, 2011,62(5): 541-554.

[8] 唐杰. 三维尺寸自动标注及尺寸链提取关键技术研究. 南京: 南京航空航天大学, 2014.

[9] 程亚龙, 刘晓军, 刘金锋, 等. 利用刚性体识别的三维尺寸标注完备性检查. 计算机辅助设计与图形学学报, 2015, 27(2): 351-361.

[10] 程亚龙, 刘晓军, 刘金锋, 等. 基于轨迹相交的三维顺序尺寸标注完备性检查. 计算机集成制造系统, 2014, 20(8): 1799-1806.

[11] 刘荣来, 吴玉光. 三维标注信息的管理方法研究. 图学学报, 2014, 35(2): 313-318.

[12] 陈晨, 吴玉光. 三维几何公差标注正确性验证技术及软件实现. 杭州电子科技大学学报(自然科学版), 2018, 38(3): 70-77.

[13] 吴玉光, 刘玉生. 面向公差技术的几何要素自由度表示与操作及其应用. 中国机械工程, 2015, 26(11): 1509-1515.

第5章 装配模型的坐标系体系及其自动建立方法

利用齐次坐标变换矩阵计算几何要素的位置是装配公差分析的常用方法，为了实现齐次坐标变换矩阵的自动确定，首先必须实现机器模型中坐标系的自动定义，这是实现公差分析自动化的关键技术。本章首先描述基于坐标变换矩阵的几何要素位置计算方法，然后根据几何要素误差传递关系和装配误差传递关系分析机器模型的坐标系体系，之后介绍采用控制点变动模型(CPVM)来表示几何要素的实际状态的方法，介绍使用蒙特卡罗模拟来生成几何要素的变动实例的方法，介绍基于CPVM 和基准-目标机制定义零件内部几何要素的坐标系层次体系和机器内零件坐标系的方法，最后介绍坐标系之间的齐次坐标变换矩阵的自动生成方法和几何要素位置的自动计算过程及其实例。

5.1 基于坐标变换矩阵的几何要素位置计算方法

零件从制造、装配、检验到使用维护等产品生命周期中各个环节均涉及几何误差的控制问题，几何误差包括制造误差、装配误差、测量误差以及在设备服役使用过程中产生的零件变形误差和磨损误差。这些误差和变动必然影响机械产品的功能，因此设计阶段对这些几何误差进行分析和处理是非常有必要的。公差分析内容烦琐，手工进行容易出错，因此设计者梦想着实现公差分析的自动化。然而，开发一个能实现自动化的公差分析方法是一项非常具有挑战性的工作，需要建立一个具有结构化特性的求解过程，而基于坐标变换矩阵的几何要素位置计算方法是实现计算过程结构化的必然选择，为此首先需要建立机器模型的坐标系层次体系。

在基于真实零件仿真的公差分析方法中，采用替代几何来表示实际几何要素，即用一个理想几何图形来表示实际几何要素，并用蒙特卡罗模拟方法生成替代几何的参数数值，仿真实际几何要素的尺寸误差、位置误差和形状误差。根据公差规范，目标要素的理想位置是相对于基准坐标系确定的，而基准坐标系是由全体基准要素所组成的基准参考框架(DRF)定义的，DRF 根据实际基准要素的体现原则建立，而基准要素本身也是一个几何要素，它们也必须采用与其他几何要素相同的方法进行模拟。因此，所有实际几何要素的仿真都是通过定义基准坐标系和定义替代几何在基准坐标系上的位置这两个过程来实现的。

从装配关系来看，机器是一个由部件和零件构成的层次结构，装配件之间也必然存在层次位置定义关系，因此机器模型中的坐标层次体系必须包括从机器机架到目标零件上的全部关联要素的坐标系，这个坐标系体系可以分为两个层次：在零件内的几何要素坐标系体系和在机器模型中零件坐标系体系。在零件层面的坐标系体系包括几何要素的 CAD 模型坐标系(CCS)、基准参考框架(DRF)坐标系、几何要素理想位置坐标系(ICS)和几何要素实际位置坐标系(ACS)。在机器层面的坐标系体系包括零件全局坐标系(GCS)和机器全局坐标系(MCS)。零件内部几何要素坐标系之间的关系通过公差指标建立联系，机器模型中零件坐标系之间的关系通过装配关系建立联系，这一系列坐标系上的齐次坐标变换矩阵(HTM)就可以用来描述目标要素的绝对位置和相对位置。

为了实现公差分析的自动化，采用 CPVM 来模拟实际零件，并用蒙特卡罗方法模拟生成几何要素的位置实例，将公差分析和求解过程分解为五个结构化分析步骤：①基于 CPVM 生成几何要素的概率抽样实例；②通过建立几何要素的层次坐标系统，自动获得坐标体系之间的 HTM；③根据零件的采样实例和装配顺序计算零件坐标系之间的 HTM；④通过 HTM 的连续相乘计算几何要素的位置变化；⑤利用概率统计方法得到目标几何要素变化的概率分布。本章将讨论坐标系统层次的自动设置方法和坐标系统的自动生成方法。

5.2 相关研究介绍

与本章内容相关的研究工作包括公差模型、公差表示模型、公差分析方法等，前人已进行了多年的研究，取得了大量的成果，这里只介绍与公差分析坐标系体系相关的研究情况。

几何公差的表示首先是以基准坐标系[1]为基础的，基准坐标系以基准几何所构成的 DRF 来承担，基准坐标系既依赖于基准要素的功能要求，又与零件实际表面的几何类型和数量相关[2]，一个有效的基准要素是点、直线和平面等三个基本几何要素的组合，一个基准体系由 1～3 个基准要素组成。一个 DRF 必须依赖于基准要素的几何类型、相关位置和方向以及基准顺序[3]。Gou 等 [4]提出了一种基于李群和齐次空间变换的基准坐标系的建立方法。Wu 等[5]从坐标系的组成角度提出了建立 DRF 的系统方法，一个正交坐标系可以分解为原点、坐标轴和包含该坐标轴的坐标平面三个特殊几何元素，这三个特殊几何元素称为建立一个完整 DRF 的构造元素。基准要素的组成要素和中心要素也是由点、直线和平面等三个基本几何要素组成的，因此基准要素和 DRF 之间一定存在某种映射关系，使用这种映射关系建立 DRF，建立 DRF 的过程就是从基准要素中确定构造元素的过程。基于这一原理，又可以从实际基准表面的模拟基准要素中确定构造元素，实际基准由替代几何表示，因此模拟基准要素也可以由替代几何建立[6]，即采用 CPVM 和蒙特卡罗模拟方法确定替代几何的位置，根据基准要素替代几何之间的位置关系和基准顺序自动计算模拟的基准要素，然后确定构造元素，得到正确的 DRF，即基准坐标系。研究者采用矩阵理论建立公差带模型[7]，使用位移矩阵表示几何要素的变动，在每一个要素中建立一个局部坐标系和微小位移矩阵，通过基准变换来计算目标要素的变动。但已知条件中每一个要素的变动只有一个公差带区域而没有明确的数值，因此这种变动需要定义一系列不等式，采用这种带不等式的矩阵变换位置求解实际上是约束优化问题，求解的计算开销很大，Desrochers 等[8]是使用这类方法的典型研究者。Salomons 等[9]也介绍了这类基于矩阵公差分析的一些应用。研究采用基于矩阵公差分析表示的其他方法，Whitney 等[10]、Cardew-Hall 等[11]、Laperrière 等[12]和 Ghie 等[13]进行了相关工作。

Franciosa 等[14]应用 TTRS 理论[15]和图论方法进行公差分析，Giordano 等[16]提出了一个超图表示公差指标，Whitney 等[17-19]定义了一个基准链作为有向无环图的表示装配关系，图中节点表示零件，弧表示零件之间的配合关系。Kandikjan 等[3]也使用基于图的表示方法，进行了几何公差的一致性检查。Clement 等[20]建立了一个基于 TTRS 分类的数学模型，用于尺寸和几何公差指标的全局一致性检查。

在近三十年中，工业界也开发了一系列计算机辅助翻译(CAT)商用软件包，如 VisVSA®、eM-Tol Mate®、CETOL 6σ®、3DCS®、Mechanical Advantage®和 Sigmund®等，这些软件包基本上基于相同的理论基础，如小位移旋量理论、参数化方法、变动方法等[21-23]，因此这些软件包都采用基于点的公差分析方法，而没有考虑与三维公差带的一致性问题，也没有做到与公差标准的一致性。现有商业 CAT 软件一个明显的局限性就是缺少自动生成公差分析模型的能力，对零件装配关系的定义、坐标系的设置、装配顺序和装配关系的设置均由手工完成，虽然它们都能够嵌入 CAD 软件，但是正确地使用必须依赖使用者的经验和对软件包理论基础的深刻理解。可想而知，这些软件的使用是困难的，其自动化程度也不高。

5.3　机器装配模型中的坐标系体系结构

根据 5.1 节关于坐标系的描述，目标几何要素在机器模型中位置的决定过程可分为两个步骤：零件在机器中的位置计算和几何要素在零件中的位置计算。本节将讨论这两个步骤。

5.3.1　零件在机器中位置的定义路径

机器由零件或部件相继装配完成，相对于分析目标所在的零件，机器中的零件可分为机架零件、中间零件和目标零件三类。目标零件是测量目标要素所在的零件，机架零件到目标零件之间的零件统称为中间零件。为了确定零件在机器中位置的定义路径，需要分析零件在机器中的定位情况。零件的定位可以用约束自由度原理进行分析，一个零件需要约束的自由度为零件上全部功能目标要素必须约束的自由度的逻辑和。零件的装配接触副数量取决于零件需要约束的自由度数量和装配配合基准的几何类型及其尺寸，装配需要一定的接触面积，因此不考虑点接触装配情况，装配零件在机器中的定位需要1～3对装配接触基准。一般情况下，定位一个零件的全部定位基准，既可能位于同一定位零件上，也可能分别位于不同定位零件上，即装配零件在机器中的定位可能与1～3个定位零件相关。零件在机器中的装配关系示意图如图5.1所示，图中为了清楚表达机器模型的坐标系体系，采用二维轮廓代表零件，并用实心圆表示零件全局坐标系原点，用空心圆表示定位基准实际坐标系原点。

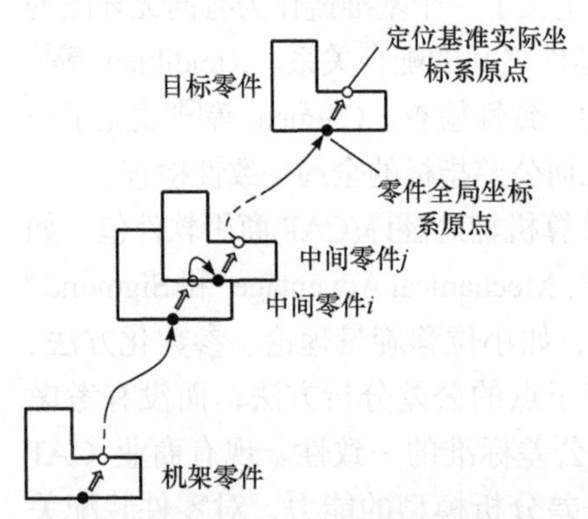

图5.1　零件在机器中的装配关系示意图

根据装配功能分析，机架零件只是一个定位零件，中间零件在由它的下层零件定位之后，再定位它的上层零件，而目标零件只被它的下层零件所定位。所以，目标零件需要建立零件全局坐标系到目标要素之间的坐标变换矩阵，中间零件和机架零件需要建立从零件全局坐标系到定位基准实际坐标系的坐标变换矩阵，而机架零件的全局坐标系就是机器坐标系。根据装配关系，除了机架零件，目标零件和中间零件都需要建立定位零件第一定位基准实际坐标系到当前零件全局坐标系的坐标变换矩阵。图5.1中空心箭头表示零件全局坐标系到定位基准实际坐标系的坐标变换关系，带曲线的箭头则表示定位零件第一定位基准实际坐标系到当前零件全局坐标系的坐标变换关系。

5.3.2　几何要素在零件中位置的定义路径

在零件内部，由几何要素在零件中的定位功能分析可知，可以将零件看成由基础基准要素、中间几何要素和目标几何要素等三类几何要素所组成的几何要素集合。零件中几何要素之间采用基准-目标机制进行定位，或者采用尺寸与公差建立位置联系。虽然尺寸公差所涉及的两个几何要素没有基准和目标之分，但由于制造和功能的需要，通过尺寸标注的两个几何要素还是存在基准和目标关系的。当规定误差作用方向为由基础基准指向目标要素之后，根据几何要素位置定义路径还是可以分辨出两个几何要素的基准和目标功能的。因此，几何要素在零件中的位置变动传递关系整体上可以这样描述，即实际几何要素相对于其理想位置由尺寸和几何公差控制，理想位置由基准参考框架确定，基准参考框架则由实际基准要素确定。实际基准要素也需要其自身的基准要素进行定位，以此类推，直到最底层的基础基准要素。在一个零件内，从基础基准要素到最终的被测目标要素构成了一个位置的定义路径，定义路径上的每一个几何要素的位置变动对目标要素的位置都起到了误差的积累、传递和变换等作用。零件内部几何要素位置定义路径上的几何要素之间的误差作用关系如图 5.2 所示。

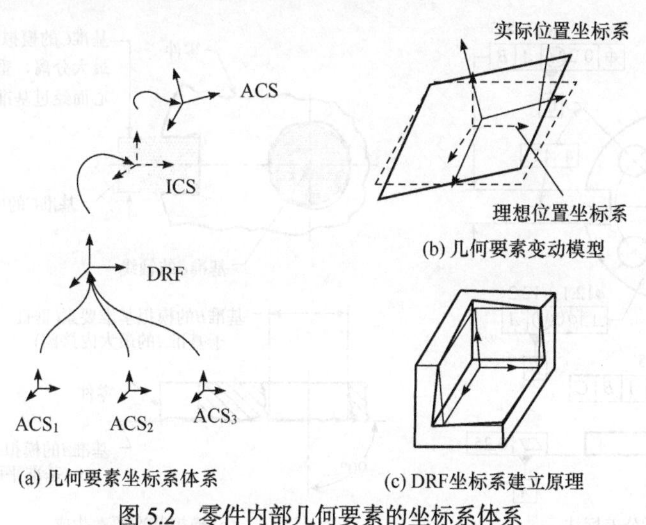

图 5.2　零件内部几何要素的坐标系体系

几何要素的实际位置坐标系、理想位置坐标系、基准参考框架坐标系等三个坐标系构成了定义几何要素位置的一个基本单元。零件的目标要素到基础基准要素就由一个或多个这样的基本单元组成，如此构成了零件内部几何要素的坐标系层次体系，根据这一体系结构确定了从零件全局坐标系到目标要素的实际坐标系的一系列坐标变换矩阵。基础基准要素是建立零件全局坐标系的几何要素，基础基准要素不存在位置和方向误差，因此基础基准要素的实际位置坐标系、理想位置坐标系和零件全局坐标系三者重合。

5.4　机器模型中坐标系建立规则

几何要素的实际位置坐标系和理想位置坐标系建立规则和齐次坐标变换矩阵(HTM)的计算已在第 2 章和 5.1 节介绍，本节根据点、直线、平面的控制点变动模型分别介绍其他坐标系的建立方法。

5.4.1　基准参考框架坐标系相对于第一基准要素实际坐标系的坐标变换矩阵

DRF 坐标系是根据实际基准要素确定的坐标系，由于存在几何误差，实际基准要素之间不再保持公称的相对位置关系，需要在遵循基准组成原理以及基准体现原则的前提下根据实际基准要素计算模拟基准要素(DFS)，再根据 DFS 的导出几何来确定 DRF，从而确定了 DRF 相对于第一基准要素实际表面的齐次坐标变换矩阵 $M_{r1\to D}$。因此，根据实际零件或者模拟零件确定 DRF 是一个十分复杂的工作，具体参见第 3 章介绍。下面以图 5.3 所示的零件为例，说明 DRF 相对于第一基准要素实际坐标系的齐次坐标变换矩阵 $M_{r1\to D}$ 的计算方法。

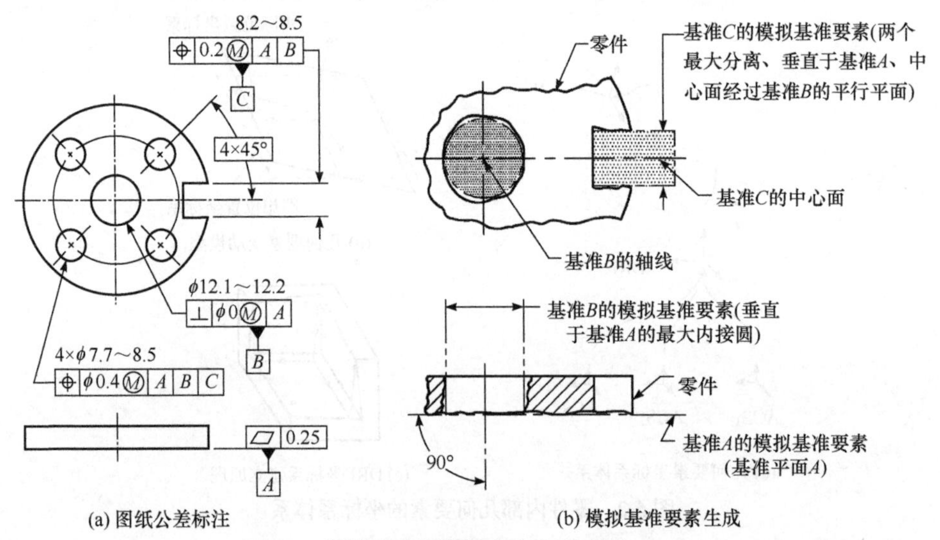

图 5.3 模拟基准要素的确定方法(单位：mm)

图 5.3 所示的实例零件中成组要素 4 ×ϕ7.7～8.5mm 的三个基准要素分别为零件底面 *A*、中心孔 *B* 和槽 *C*，中心孔 *B* 以底面 *A* 作为它的垂直度公差的基准，槽 *C* 的位置度公差分别以底面 *A* 和实际中心孔 *B* 作为它的基准，即三个基准要素中，其高序基准同时又是低序基准的基准，它们构成了一个目标和基准的定位体系。为了计算 $M_{r1\to D}$，首先建立底面 *A*、中心孔 *B* 和槽 *C* 对应的三个模拟基准要素 DFS_1、DFS_2、DFS_3。

底面 *A* 是整个零件的基础基准，故 *A* 的公称平面就是替代平面，也是模拟基准要素平面 DFS_1，固连在底面 *A* 上的坐标系 $O_1x_1y_1z_1$ 也是零件的全局坐标系。

中心孔 *B* 轴线的理想位置与 z_1 重合，即中心孔 *B* 轴线的理想坐标系 $O_ix_iy_iz_i$ 的 z_i 轴与 z_1 重合，x_i、y_i 轴与 x_1、y_1 分别同向平行。由图 5.3 的公差标注可知，中心孔 *B* 的半径 R_1、R_2 变动范围为 12.1/2～12.2/2mm，又根据公差的最大实体要求(MMR)规定，中心孔 *B* 的轴线垂直度公差值 *r* 取决于实际孔的直径，即 $r = \min(R_1,R_2)-12.1/2$(mm)，对于中心孔 *B* 半径 R_1、R_2 的一组概率抽样值，中心孔 *B* 的实际轴线在半径等于轴线垂直度公差值 *r* 的圆柱内变动，具体位置由四个控制点参数ρ_1、ρ_2、θ_1和θ_2确定。根据模拟基准要素的定义和圆柱的 CPVM 规定，DFS_2轴线垂直于 DFS_1，且轴线在 $O_1x_1y_1$ 平面上的通过点坐标为$((\rho_1\cos\theta_1+\rho_2\cos\theta_2)/2, (\rho_1\sin\theta_1+\rho_2\sin\theta_2)/2, 0)$。

槽 C 位置度公差的基准为 A 和 B，槽 C 中心平面的理想位置垂直于底面 A 并且通过 DFS_2 的轴线。根据图 5.3 的公差设置，槽 C 中心平面的位置公差带为 v_1～v_8 共八个顶点围成的立方体，公差带宽度 $k=0.2+w-8.2$(mm)，w 为槽宽参数，w 的变动范围为 8.2～8.5mm，如图 5.4(a)所示。实际中心平面的四个顶点 P_1～P_4 在图 5.4(a)中未标出，图 5.4(b)中标出了四个顶点在底面 A 上的投影P_1'～P_4'。根据模拟基准要素定义，DFS_3 的中心平面在底面 A 上的投影为通过 DFS_2 的轴线投影点和P_1'～P_4'矩形中点的直线，根据这一直线可以确定 DFS_3，即图 5.4(a)中的虚线矩形。

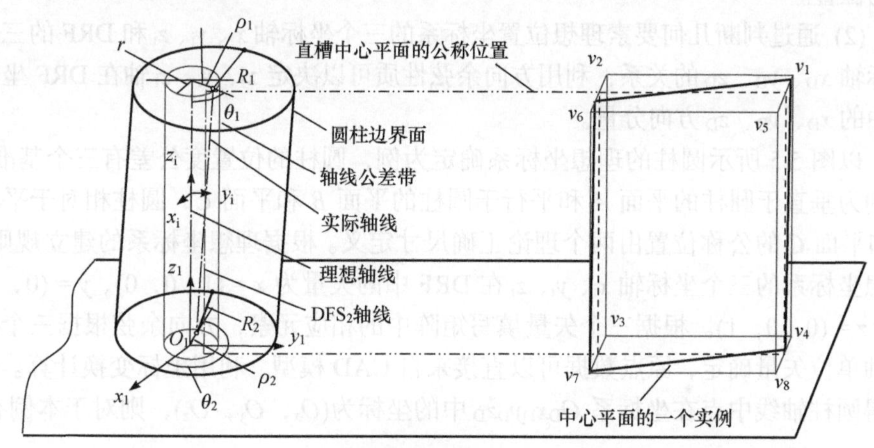

(a) 圆孔和直槽的CPVM

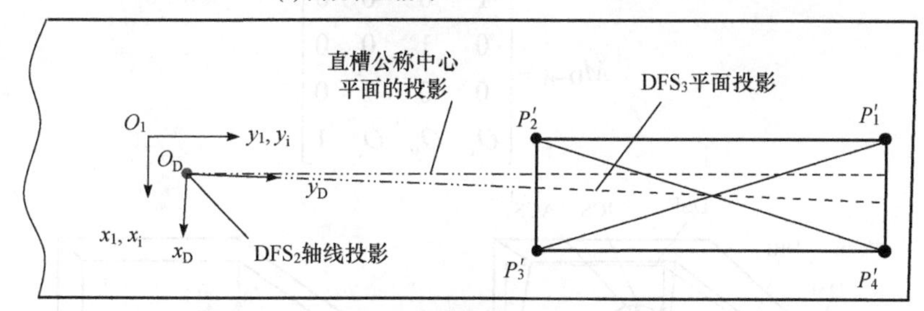

(b) 直槽要素的DFS_3

图 5.4　基于 CPVM 的 DFS_2 和 DFS_3 确定方法

成组要素 4×ϕ7.7～8.5mm 位置度公差 DRF 的 $O_Dx_Dy_D$ 坐标平面与底面 A 重合，O_D 为 DFS_2 轴线在底面 A 上的投影点，y_D 与 DFS_3 在底面 A 上的投影线重合，z_D 与 z_1 平行。根据以上几何关系，可以确定坐标系 $O_Dx_Dy_Dz_D$ 相对于 $O_1x_1y_1z_1$ 的齐次坐标变换矩阵 $M_{r1\to D}$。

5.4.2　几何要素理想位置坐标系相对于 DRF 的坐标变换矩阵

DRF 由模拟基准要素建立，而模拟基准要素保持了基准要素公称几何的类型和相对位置，理想位置坐标系 $O_ix_iy_iz_i$ 相对于 DRF 的位置关系和目标要素的公称几何相对于基准要素的公称几何之间的关系相同。因此，$O_ix_iy_iz_i$ 相对于 DRF 的齐次坐标变换矩阵 $M_{D\to i}$ 可以采用零件 CAD 模型中目标要素与基准要素相对位置数据进行计算，具体算法如下：

(1) O_i 在 DRF 中的位置根据 CAD 模型中的公称位置确定。首先根据基准要素的公称位置建立 DRF，确定 DRF 在 CAD 模型坐标系中的位置，然后从 CAD 模型中提取目标要素的几何中心坐标，再通过坐标变换计算出几何中心在 DRF 中的位置。

(2) 通过判断几何要素理想位置坐标系的三个坐标轴 x_i、y_i、z_i 和 DRF 的三个坐标轴 x_D、y_D、z_D 的关系，利用方向余弦性质可以决定 x_i、y_i、z_i 轴在 DRF 坐标系中的 x_D、y_D、z_D 方向分量。

以图 5.5 所示圆柱的理想坐标系确定为例，圆柱的位置度公差有三个基准，分别为垂直于圆柱的平面 A 和平行于圆柱的平面 B 和平面 C，圆柱相对于平面 B 和平面 C 的公称位置由两个理论正确尺寸定义。根据理想坐标系的建立规则，理想坐标系的三个坐标轴 x_i、y_i、z_i 在 DRF 中的矢量为 $x=(1,0,0)$、$y=(0,1,0)$、$z=(0,0,1)$。根据三个矢量填写矩阵中的相应元素，方向余弦根据三个坐标轴单位矢量确定，原点数据可以直接来自 CAD 模型，利用坐标变换计算。设求得圆柱轴线中点在坐标系 $O_Dx_Dy_Dz_D$ 中的坐标为(O_x, O_y, O_z)，则对于本例有

$$M_{D\to i}=\begin{bmatrix}1 & 0 & 0 & 0\\ 0 & 1 & 0 & 0\\ 0 & 0 & 1 & 0\\ O_x & O_y & O_z & 1\end{bmatrix}$$

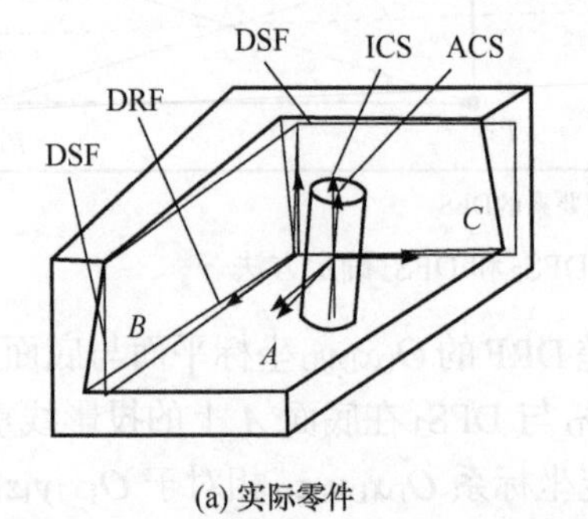

(a) 实际零件

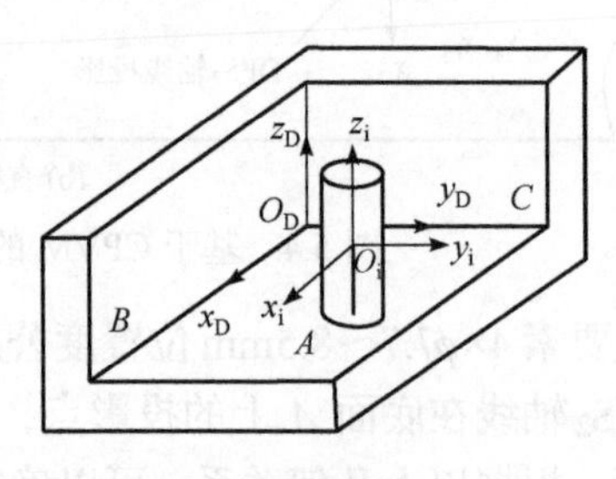

(b) 理想模型

图 5.5　理想坐标系到 DRF 坐标系的 HTM 计算

5.4.3　零件全局坐标系设置及其相对于 CAD 模型坐标系的坐标变换矩阵

公差分析模型中几何要素的位置为零件全局坐标系上的位置，而几何要素在几何模型中的坐标数据来自 CAD 模型坐标系，为了计算机器模型中几何要素的位置及其变动范围，需要将 CAD 模型坐标系中的坐标值变换到零件全局坐标系中，即需要计算 CAD 模型坐标系和零件全局坐标系的坐标变换矩阵 $M_{g\to b}$。两个坐标系的关系示意图如图 5.6 所示，图中的圆球、圆柱和扁立方体表示三个零件，零件的全局坐标系 $O_g x_g y_g z_g$ 定义在零件的第一基础基准要素上，第一基础基准只存在形状误差而不存在方向和位置误差。假设零件的基础基准已经确定，并且假设零件的基础基准要素就是零件的第一装配基准要素，则根据零件的基础基准要素的几何类型，零件全局坐标系 $O_g x_g y_g z_g$ 的建立过程规定如下：

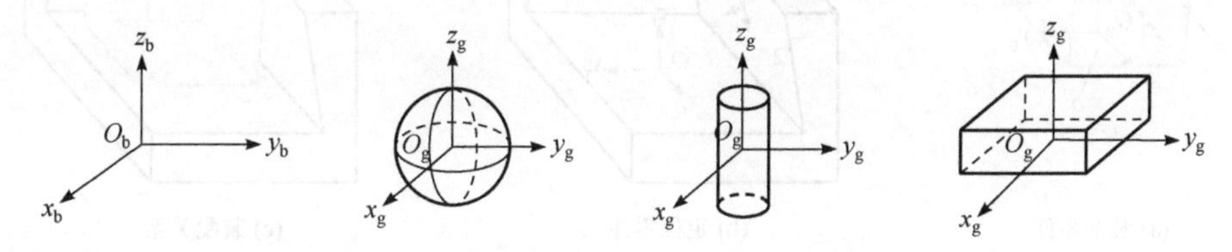

图 5.6　零件全局坐标系和 CAD 模型坐标系

(1) 当基础基准要素为平面时，O_g 为平面边界包围盒的中心，包围盒根据 CAD 模型坐标系确定；当平面为零件的轮廓表面时，z_g 为平面的内法线方向，当平面为零件的中心对称面时，z_g 可选取中心平面法线的任一方向；x_g 为 CAD 模型坐标系的 z_b 轴正向与 z_g 的矢积方向 $x_g=z_b\times z_g$，若 $z_b\times z_g$ 为零，则规定 $x_g=x_b$。

(2) 当基础要素为一般圆柱面时，O_g 为公称圆柱轴线的中点；z_g 为轴线的起点指向终点方向；x_g 为 CAD 模型坐标系的 z_b 轴正向与 z_g 的矢积方向 $x_g=z_b\times z_g$，若 $z_b\times z_g$ 为零，则规定 $x_g=x_b$。

(3)当基础要素为圆球面时，O_g 为公称圆球的中心点；全局坐标系的坐标轴方向与 CAD 模型坐标系相同，即 $x_g=z_b$、$y_g=y_b$、$z_g=z_b$。

CAD 模型坐标系是造型软件给定的坐标系，一旦造型完成，几何模型在 CAD 模型坐标系中的位置是确定的。因此，根据全局坐标系的建立方法，可以建立 CAD 模型坐标系到全局坐标系的坐标变换矩阵 $M_{g\to b}$，从而将零件几何要素的位置表示在零件全局坐标系上。

5.4.4　零件全局坐标系相对于定位基准实际坐标系的坐标变换矩阵

装配零件相对于定位零件的位置用装配零件全局坐标系相对于第一定位基准要素实际坐标系的齐次坐标变换矩阵 $A_{r\to g}^{j}$ 表示，装配位置由参与装配定位的全部装配接触副共同确定，因此参与对当前零件进行定位的全部定位基准都影

响 $A_{r\to g}^{j}$。

装配接触副中接触面的几何类型、装配次序共同决定了零件在机器中的位置。装配接触副的不同几何类型约束零件不同的自由度，装配接触副的不同装配次序也约束不同的自由度，因此 $A_{r\to g}^{j}$ 的计算取决于接触副的数量、几何类型、装配次序等多个因素。确定该变换矩阵的算法十分复杂，但装配零件的位置是确定的，可以根据几何关系计算坐标变换矩阵，下面以图 5.7 所示的三个装配接触副均为平面的情况为例，说明 $A_{r\to g}^{j}$ 的建立方法。

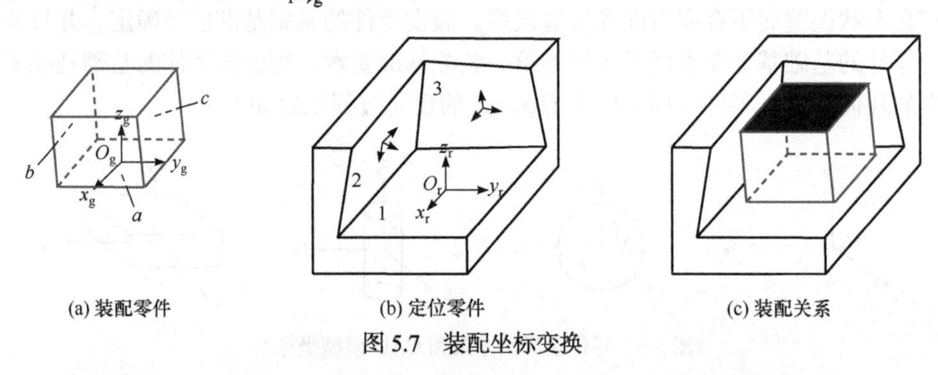

(a) 装配零件　(b) 定位零件　(c) 装配关系

图 5.7　装配坐标变换

根据装配顺序，装配零件与定位零件的三对接触表面分别为 1-a、2-b、3-c，三对接触表面的接触形式分别为面面贴合、面面对齐、面面接触。三种接触形式分别约束了装配零件的三个、两个和一个自由度，因此该装配零件完全定位。在平面要素的控制点变动模型中，定位零件的三个实际定位表面用替代平面表示，它们的位置相对于定位零件全局坐标系确定，即每个替代平面上的实际位置坐标系的位置是确定的，装配零件的两个实际侧面的替代平面 b 和 c 相对于装配零件全局坐标系的位置也是确定的。根据装配接触条件，可以确定装配零件和定位零件的三对接触替代平面之间的相对位置，因此装配零件的全局坐标系 $O_gx_gy_gz_g$ 相对于定位零件的第一定位基准实际坐标系 $O_rx_ry_rz_r$ 的坐标变换矩阵是可以根据以上几何关系确定的。具体计算方法，将在第 6 章详细介绍。

确定装配零件全局坐标系相对于定位零件第一定位基准实际坐标系的坐标变换矩阵的完整算法，还需要考虑三个定位基准要素可能属于不同定位零件、装配基准与定位基准存在各种几何类型以及欠定位装配等情况。

5.5　目标要素在机器坐标系中位置的确定原理

在已知机器模型中全部关联要素的坐标系和坐标系之间的齐次坐标变换矩阵的情况下，计算实际目标要素在机器模型中的位置就是计算从机器坐标系到目标要素实际坐标系的一系列齐次坐标变换矩阵的乘积。由前面分析可知，这些矩阵可分为两部分，第一部分为零件内部几何要素之间的齐次坐标变换矩阵，第二部分为机器上零件之间的齐次坐标变换矩阵。

第一部分齐次坐标变换矩阵可以表示为

$$M_{\mathrm{g}\to k}^{Q}=\prod_{j=1}^{k}(M_{\mathrm{i}\to\mathrm{r}}^{j}M_{\mathrm{D}\to\mathrm{i}}^{j}M_{\mathrm{r1}\to\mathrm{D}}^{j}) \tag{5.1}$$

式中，Q 表示目标零件在机器内零件装配关系图中的索引号；k 代表目标要素在零件内部几何要素误差传递关系图中的索引号；g 代表零件全局坐标系。三个齐次坐标变换矩阵 $M_{\mathrm{r1}\to\mathrm{D}}^{j}$、$M_{\mathrm{D}\to\mathrm{i}}^{j}$、$M_{\mathrm{i}\to\mathrm{r}}^{j}$ 分别为几何要素误差传递关系图上第 j 个几何要素的 DRF 坐标系到第一基准要素实际坐标系、第 j 个几何要素理想位置坐标系到其 DRF 坐标系、第 j 个几何要素实际坐标系到其理想坐标系的齐次坐标变换矩阵。j 为零件内部几何要素误差传递关系图中几何要素的索引号，j=1～k。

第二部分齐次坐标变换矩阵可以表示为

$$M_{M}^{Q}=\prod_{i=1}^{Q}(M_{\mathrm{g}\to\mathrm{r}}^{i}A_{\mathrm{r}\to\mathrm{g}}^{i}) \tag{5.2}$$

式中，两个矩阵 $M_{\mathrm{g}\to\mathrm{r}}^{i}$、$A_{\mathrm{r}\to\mathrm{g}}^{i}$ 分别为定位零件的两个齐次坐标变换矩阵。其中，$M_{\mathrm{g}\to\mathrm{r}}^{i}$ 为第一定位基准要素的实际坐标系到定位零件的全局坐标系的齐次坐标变换矩阵，下标 $\mathrm{g}\to\mathrm{r}$ 表示从实际坐标系到全局坐标系，上标 i 表示定位零件在装配关系图中的序号，i 的变化范围为 1～Q，第 Q 个零件为目标零件。$A_{\mathrm{r}\to\mathrm{g}}^{i}$ 为当前定位零件的全局坐标系相对于其定位基准要素实际坐标系的齐次坐标变换矩阵，这是一个装配位置计算矩阵，从定位基准要素(位于第 i–1 个零件上)实际坐标系到装配零件(即第 i 个零件)全局坐标系。对于装配关系图中的中间零件，式(5.1)中的 k 对应中间零件的定位基准要素，式(5.2)中的 $M_{\mathrm{g}\to\mathrm{r}}^{i}$ 就是用式(5.1)来计算的，而对于装配关系图中的机架零件，式(5.2)中的矩阵 $A_{\mathrm{r}\to\mathrm{g}}^{i}$ 可设为单位矩阵。

假设矢量 u 为目标要素 k 的测量点在其实际坐标系中的位置矢量，则该测量点在机器坐标系中的位置计算公式为

$$U=uM_{\mathrm{g}\to k}^{Q}M_{M}^{Q} \tag{5.3}$$

矢量 u 可以用来表示目标要素的测量目标点在实际坐标系中的位置，例如，对于圆柱要素，根据坐标系设置规则，当 u=(0,0,0)时表示圆柱要素的中点位置，u=(0,0,–1/2)和 u=(0,0,1/2)分别表示圆柱要素的两端点位置，坐标系的具体设置规则见 5.4 节的介绍。图 5.8 用一个二维几何图形进行装配，表示式(5.1)和式(5.2)的坐标系及其齐次坐标变换矩阵的几何意义。

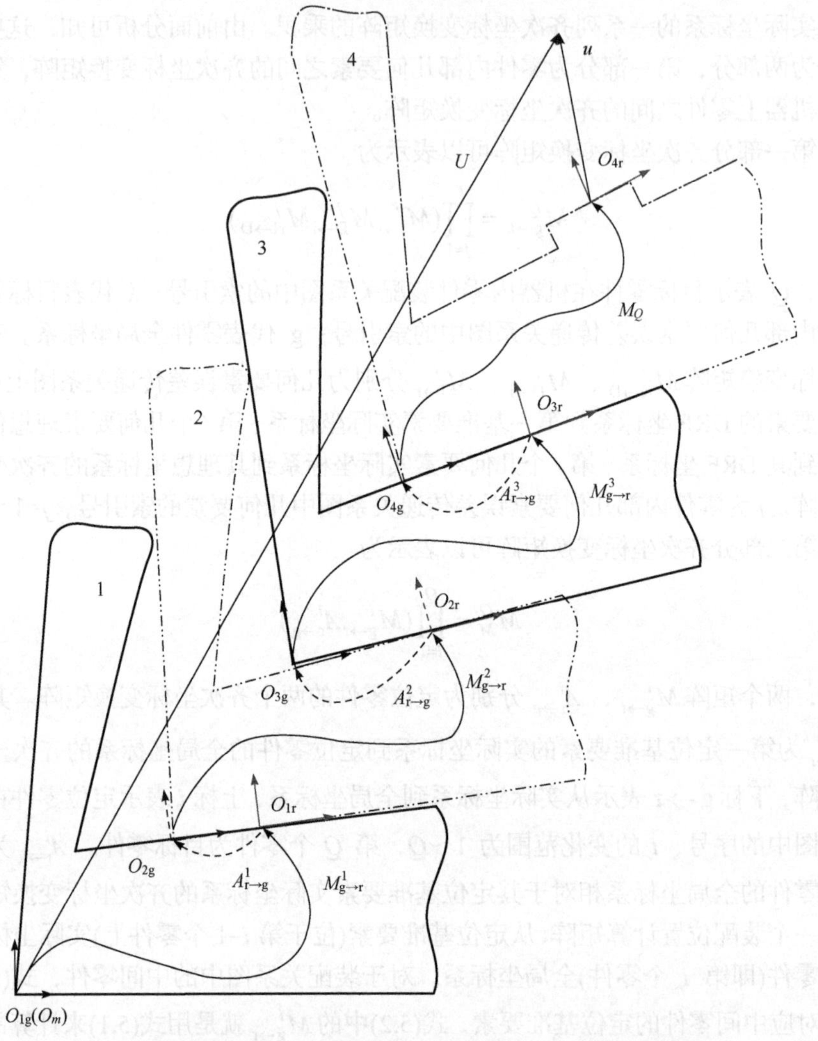

图 5.8　几何要素在机器中位置计算的坐标系层次体系示意图

5.6　机床主轴系统误差分析实例

本节用图 5.9 所示的一个简化的数控车床的床头箱实例来解释本章提出的概念，车床床头箱主轴的精度要求主要是径向跳动、端面跳动和轴向窜动，车床性能与这些误差指标直接相关。为了便于描述，本节对床头箱的装配做了简化，主轴在两端用两个角接触的轴承与箱体进行装配，本案例的目标是模拟计算主轴端部锥孔在制造误差和装配误差的作用下锥孔轴线相对位置的变动情况。

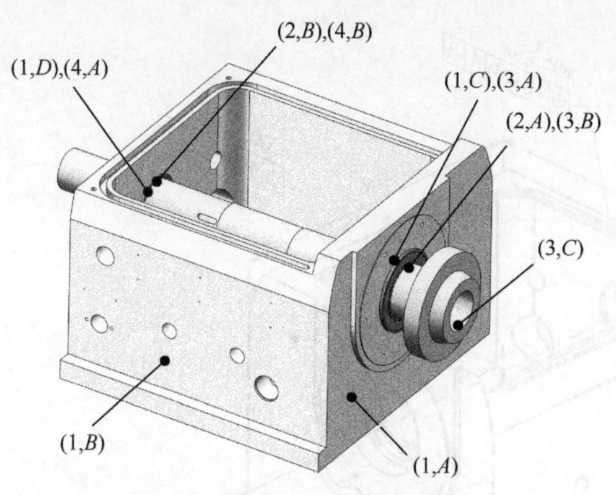

图 5.9　零件以及几何要素实例

5.6.1　主轴系统误差传递关系分析

这个实例的研究目标是主轴前端锥孔的径向跳动，主轴通过前轴承、后轴承安装在主轴箱上，主轴系统经过预紧之后，使轴承的外圈外圆柱与箱体孔的表面紧配合，轴承内圈的内圆孔与主轴轴颈表面紧配合，即外圈外圆柱与箱体孔同心、内圈的内圆孔与主轴轴颈同心。因此，在箱体与主轴系统中，影响主轴径向跳动的几何要素主要包括箱体轴承安装孔的圆度和位置度误差、前后轴承的成套轴承内圈径向跳动误差以及锥孔轴线相对于主轴轴线的同轴度误差。

箱体上前后两个轴承安装孔的位置由箱体底面和侧面作为基准进行定位，而箱体侧面又相对于箱体底面存在垂直度公差。各误差传递要素的精度指标如图 5.10 所示。

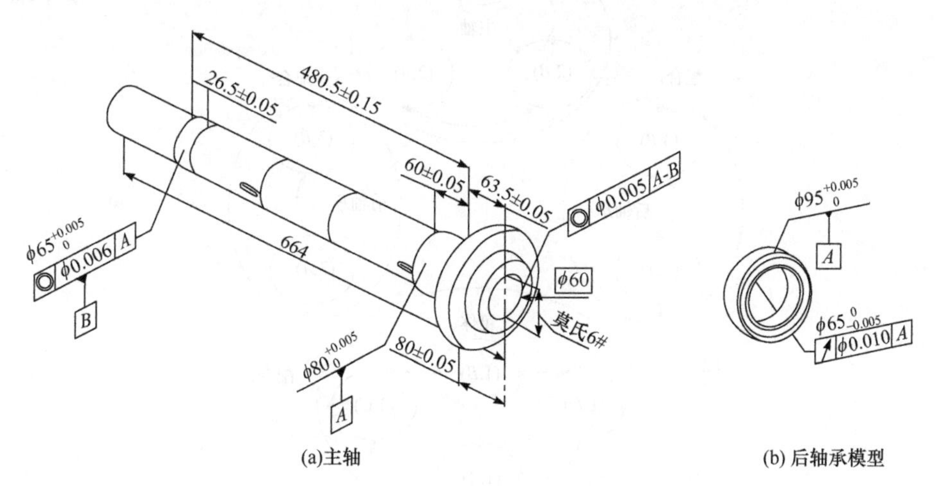

(a)主轴　　(b) 后轴承模型

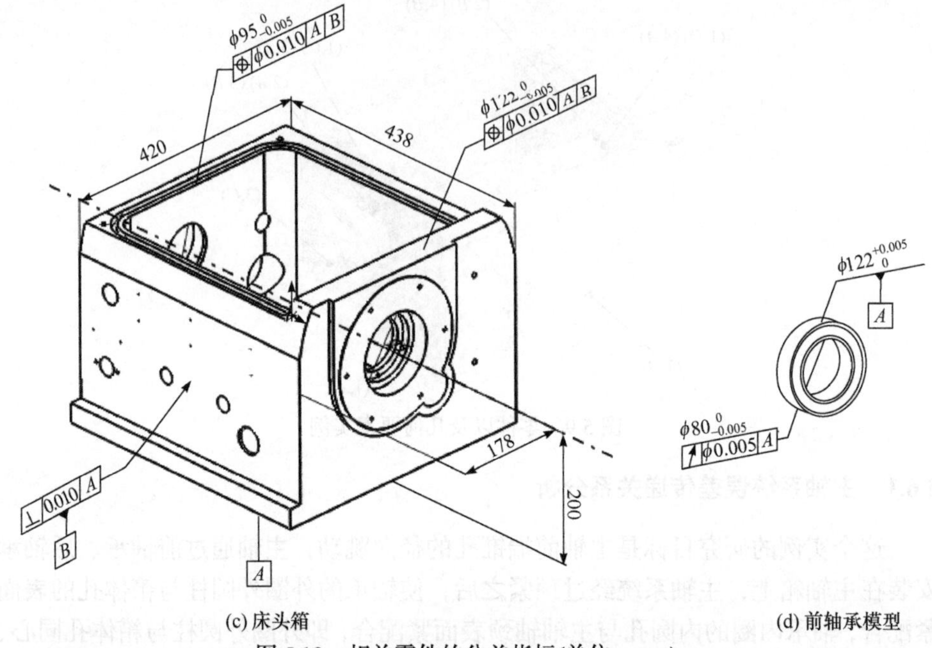

(c) 床头箱　　(d) 前轴承模型

图 5.10　相关零件的公差指标(单位：mm)

根据主轴装配关系建立主轴系统的几何误差传递关系图，如图 5.11 所示。四个大椭圆分别表示箱体、前轴承、后轴承和主轴，其内部的小椭圆表示该零件内的相关几何要素，其中括号内数字代表零件序号，字母代表零件几何表面，实线

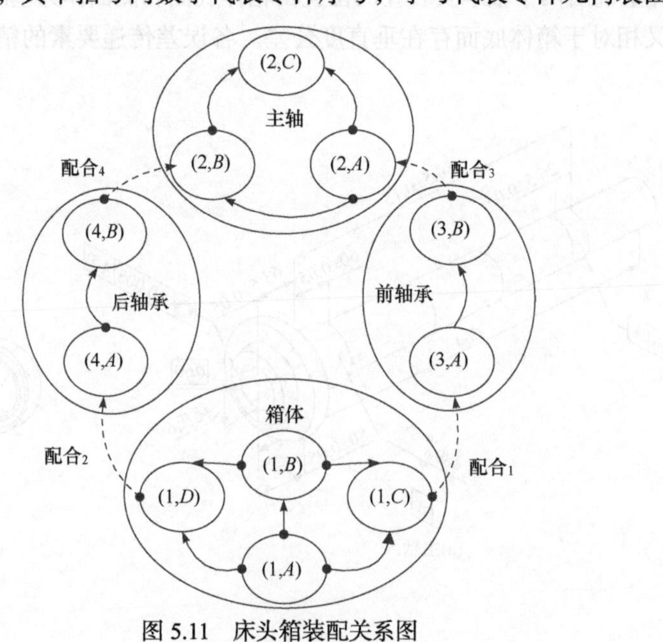

图 5.11　床头箱装配关系图

箭头表示零件内部几何要素之间的基准定位关系(基准指向目标)，虚线箭头表示零件之间的装配配合关系(定位零件指向装配零件)。

主轴前后轴颈间的距离远大于轴承宽度，因此前后轴承与主轴的装配关系可以简化为两个圆的配合，从而不需要考虑主轴轴颈与轴承的接触宽度，也不需考虑主轴前后轴颈之间的同轴度误差，并且认为主轴轴线通过前后轴颈的中心。图5.12为简化后的主轴箱几何要素误差传递关系图，影响目标要素实际误差的全部因子一共有六个，分别为t_1(箱体侧面相对于底面的垂直度)、t_2(箱体前轴承孔相对于侧面和底面的位置度)、t_3(箱体后轴承孔相对于侧面和底面的位置度)、t_4(前轴承成套使用时的内圈径向跳动)、t_5(后轴承成套使用时的内圈径向跳动)、t_6(锥孔轴线相对于主轴轴线A-B的同轴度)。

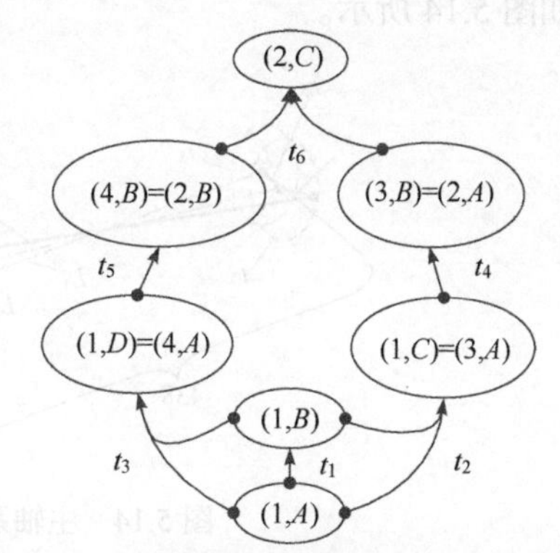

图5.12 简化后的主轴箱几何要素误差传递关系图

5.6.2 主轴系统误差传递关系模型

根据主轴箱体零件图中的公差指标，轴承安装孔的位置度公差的基准为箱体的底面和前侧面，前侧面相对于底面也存在垂直度公差，因此轴承孔的DRF需要根据两个实际基准要素的替代平面确定。前侧面的实际位置同样也采用平面控制点变动模型表示，其变动实例采用蒙特卡罗方法生成。对于一个前侧面实例，就可以确定一个DRF，根据DRF和轴承孔的理论正确尺寸，可以确定前后轴承孔中心连线的理想位置L_1。主轴箱底面与床身通过面面贴合安装，主轴箱侧面与床身的边对齐，因此L_1与DRF的x轴平行，同时也平行于底面。轴承安装孔的位置误差计算模型如图5.13所示。

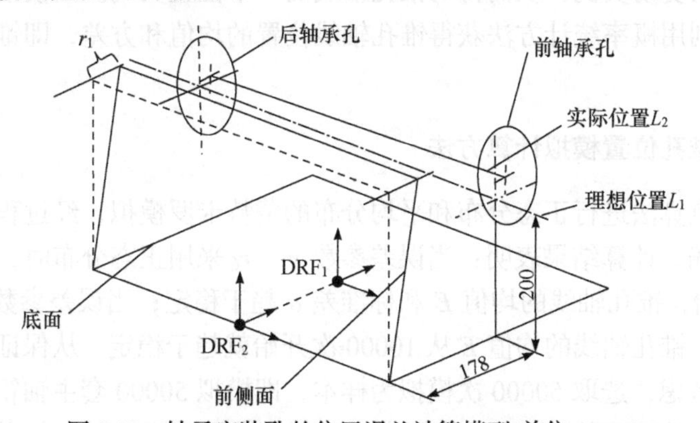

图5.13 轴承安装孔的位置误差计算模型(单位：mm)

根据圆柱要素的控制点变动模型，主轴位置可以用A、B两个轴颈的各自对称截面圆中心位置和轴颈圆的半径为参数表示；主轴锥孔实际为一个圆台，锥孔也可以用圆台两端面的中心和端面圆的半径为参数表示。锥孔实际位置计算模型如图5.14所示。

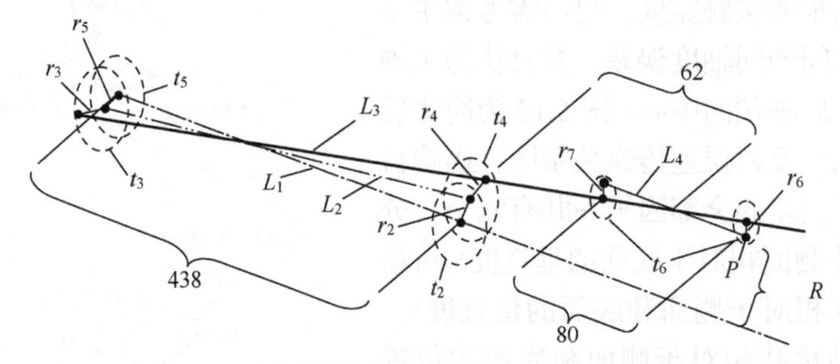

图5.14　主轴系统的三个CPVM(单位：mm)

图5.14中，L_1为箱体轴承孔的理想位置连线，L_2为前后轴承孔实际位置连线，L_3为主轴A、主轴B的轴颈中心连线，L_4为锥孔实际中心连线。L_2的位置取决于前后轴承孔的位置误差，由参数r_2、r_3表示，它们的公差值分别为t_2、t_3；L_3的位置取决于前后轴承成套安装时内圈的径向跳动，由参数r_4、r_5表示，它们的公差值分别为t_4、t_5；L_4的位置由锥孔轴线相对于主轴轴线的同轴度参数r_6表示，它的公差值为t_6。用锥面大直径中心点P的位置变动作为圆锥的径向跳动，P点到L_1的距离为跳动误差的一半。

L_2位置的计算需要用一个圆柱控制点变动模型，L_3、L_4的位置同样需要用圆柱控制点变动模型，因此锥孔相对于床身径向跳动的计算是一个平面控制点变动模型和三个圆柱控制点变动模型的叠加。基于控制点位置变动模型的误差计算采用蒙特卡罗模拟方法，对于一个合格的模拟，可以得到一个箱体侧面以及r_2、r_3、r_4、r_5和r_6的变动实例，从而得到锥孔轴线的一个位置实例。当模拟次数足够多时，就可以利用概率统计方法获得锥孔轴线位置的均值和方差，即锥孔轴线的误差分布规律。

5.6.3　主轴锥孔位置模拟计算方法

利用投点算法进行正态分布和平均分布的蒙特卡罗模拟，经过程序测试算法收敛并且无偏，计算结果表明：当误差参数r_1～r_6采用正态分布时，模拟次数从20000次开始，锥孔轴线的均值E和标准差σ趋于稳定；当误差参数r_1～r_6采用平均分布时，锥孔轴线的均值E从10000次开始就趋于稳定。从保证精度又节约时间的角度考虑，选取50000次模拟为样本，即模拟50000套主轴箱真实零件及其装配，其中平面要素位置和直线要素位置距离模拟采用正态分布(均值为0)，直线要素位置相位角模拟采用平均分布，其中控制点模拟取值精度为 0.000001mm。对于每一次模拟，记录主轴锥孔端面的控制点 P 相对于理论轴线 L_1 的 x、y 坐标值。

根据上述模拟方法得到的一组样本，利用统计公式(5.4)～(5.7)分别计算该样本中检测点 P 的 x、y 坐标值的均值和标准差，求得均值为 $\overline{X}$、$\overline{Y}$，标准差为 σ_x、σ_y；而跳动误差实际上体现的是模拟检测点相对于理论中心点的偏差，即由 x、y 共同决定，因此检测点 P 的位置度误差样本的标准差 σ_R 可由式(5.8)计算而得，将 $6\sigma_R$ 作为实际测量的主轴近端点径向跳动误差。

$$\overline{X}=\frac{\sum_{i=1}^{50000} x_i}{50000} \tag{5.4}$$

$$\overline{Y}=\frac{\sum_{i=1}^{50000} y_i}{50000} \tag{5.5}$$

$$\sigma_x=\sqrt{\frac{1}{50000}\sum_{i=1}^{50000}(x_i-\overline{X})^2} \tag{5.6}$$

$$\sigma_y=\sqrt{\frac{1}{50000}\sum_{i=1}^{50000}(y_i-\overline{Y})^2} \tag{5.7}$$

$$\sigma_R=\sqrt{\sigma_x^2+\sigma_y^2} \tag{5.8}$$

主轴系统中各个零件的公差值取自生产实际车床图纸数值，本书用到的公差数值有：主轴锥孔相对于主轴轴线的同轴度公差为 0.005mm、前轴承精度等级为 P4 级、后轴承精度等级为 P5 级、前后轴承孔位置度公差均为 0.010mm、箱体侧面垂直度公差为 0.010mm。经过 50000 次模拟计算，获得检测点坐标值数据统计结果为 $\overline{X}$=0.000003mm、$\overline{Y}$=0.000003mm、$\sigma_x=0.001590$mm 、$\sigma_y=0.001590$mm，计算出检测点 P 的径向跳动误差为 0.0135mm。

5.7　本 章 小 结

本章介绍了机器模型的坐标系体系及其自动建立方法，用于进行自动化装配公差分析。其核心内容就是基于齐次坐标变换矩阵标识和运算的几何要素位置计算，该方法直接明了、便于实施，而且与公差标准一致。本章的主要工作内容如下：

(1) 定义机器模型中几何要素位置误差传播路径，包括零件内部几何要素的位置定义误差传播和零件之间装配误差传播，这是自动计算位置变动的基础。

(2) 提出面向几何要素误差传播计算单元，保证与公差标准的定义一致。在这个计算单元中，几何要素的实际位置相对于公称几何定义，公称几何由基准坐标系定义，而基准坐标系根据基准要素的实际位置和基准体现原则来定义。这个计算单元构成了零件内从基础基准到目标要素的位置定义路径。

(3) 装配误差计算是基于实际零件的仿真模型进行的，零件的实际位置是根据零件或部件的装配接触关系、接触条件进行计算的。

将分析过程进行结构化处理对实现计算过程自动化是十分有必要的。零件和机器采用实体模型表示，公差信息也标注在实体模型上，三维实体模型就给自动生成误差传播图和自动生成装配关系图提供了一个推理机制。利用误差传播图就可以自动计算每个要素的关联坐标系和齐次坐标变换矩阵。为了使分析方法更加通用，还需要基准要素设置的正确性验证、装配顺序的正确性验证等措施同步进行。

参 考 文 献

[1] ASME. Dimensioning and tolerancing-engineering drawing and related documentation practices. ASME Y14.5M-2009. New York: American Society of Mechanical Engineers, 2009.

[2] Chiabert P, Lombardi F, Orlando M. Benefits of geometric dimensioning and tolerancing. Journal of Materials Processing Technology, 1998, 78(1): 29-35.

[3] Kandikjan T, Shah J J, Davidson J K. A mechanism for validating dimensioning and tolerancing schemes in cad systems. Computer-Aided Design, 2001, 33(10): 721-737.

[4] Gou J B, Chu Y X, Xiong Z H, et al. A geometric method for computation of datum reference frames. IEEE Transactions on Robotics and Automation, 2000, 16(6): 797-806.

[5] Wu Y, Gu Q. The composition principle of the datum reference frame. Procedia CIRP, 2016, 43: 226-231.

[6] Wu Y, Gu Q. An establishing method of the datum feature simulator based on CPVM model. Proceedings of ASME IDETC/CIE, Charlotte, 2016.

[7] Hong Y S, Chang T C. A comprehensive review of tolerancing research. International Journal of Production Research, 2002, 40(11): 2425-2459.

[8] Desrochers A, Rivière A. A matrix approach to the representation of tolerance zones and clearances. The International Journal of Advanced Manufacturing Technology, 1997, 13(9): 630-636.

[9] Salomons O W, Haalboom F J, Poerink H J J, et al. A computer aided tolerancing tool II: Tolerance analysis. Computers in Industry, 1996, 31(2): 175-186.

[10] Whitney D E, Gilbert O L, Jastrzebski M. Representation of geometric variations using matrix transforms for statistical tolerance analysis in assemblies. Research in Engineering Design, 1994, 6(4): 191-210.

[11] Cardew-Hall M J, Labans T, West G , et al. A method of representing dimensions and tolerances on solid based freeform surfaces. Robotics and Computer-Integrated Manufacturing, 1993,

10(3): 223-234.

[12] Laperrière L, ElMaraghy H A. Tolerance analysis and synthesis using Jacobian transforms. CIRP Annals, 2000, 49(1): 359-362.

[13] Ghie W, Laperrière L, Desrochers A. A unified Jacobian-Torsor model for analysis in computer aided tolerancing. Recent Advances in Integrated Design and Manufacturing in Mechanical Engineering, Quebec, 2003.

[14] Franciosa P, Patalano S, Riviere A. 3D tolerance specification: An approach for the analysis of the global consistency based on graphs. International Journal on Interactive Design and Manufacturing (IJIDeM), 2010, 4(1): 1-10.

[15] Clément A, Rivière A, Serré P, et al. The TTRSs: 13 Constraints for Dimensioning and Tolerancing. Geometric Design Tolerancing: Theories, Standards and Applications. New York: Springer, 1998.

[16] Giordano M, Pairel E, Hernandez P. Complex mechanical structure tolerancing by means of hyper-graphs. Models for Computer Aided Tolerancing in Design and Manufacturing. Berlin: Springer, 2007.

[17] Mantripragada R, Whitney D E. The datum flow chain: A systematic approach to assembly design and modeling. Research in Engineering Design, 1998, 10(3): 150-165.

[18] Whitney D E. Mechanical Assemblies: Their Design, Manufacture, and Role in Product Development. New York: Oxford University Press, 2004.

[19] Whitney D E, Mantripragada R, Adams J D, et al. Designing assemblies. Research in Engineering Design, 1999, 11(4): 229-253.

[20] Clement A, Riviere A, Serre P. Global consistency of dimensioning and tolerancing. Global Consistency of Tolerances. Berlin: Springe, 1999.

[21] Prisco U, Giorleo G. Overview of current CAT systems. Integrated Computer Aided Engineering, 2003, 9(4): 373-387.

[22] Shen Z. Tolerance analysis with eds/visvsa. Journal of Computing & Information Science in Engineering, 2003, 3(1): 95-99.

[23] Schleich B, Wartzack S. A quantitative comparison of tolerance analysis approaches for rigid mechanical assemblies. Procedia CIRP, 2016, 43: 172-177.

第 6 章　基于真实机器模型的装配位置计算方法

在真实机器装配接触模型中，采用替代几何表示实际装配接触表面，根据误差分布规律通过蒙特卡罗模拟方法采样得到替代几何位置参数数值，根据替代几何的几何类型、位置和装配顺序计算装配零件的位置。本章介绍基于替代几何的装配位置计算方法[1,2]。

6.1　装配接触面对的配合形式

机器由零件装配而成，零件在机器中的位置通过接触装配来保证。一般而言，对于机器中相对位置固定的两个零件，它们之间的装配接触必须保证面面贴合接触，即两个几何类型相同的表面通过面接触来保证两者的相对位置关系，但根据功能要求也存在两个装配接触基准为线接触和点接触的情况，可见装配接触形式和装配表面几何类型多种多样。

为了简化问题的叙述，本章有以下限定：①仅讨论装配接触表面几何类型为球面、圆柱面、圆锥面和平面等四种常见情况；②装配接触形式除了表面贴合接触装配，还包括点接触装配和线接触装配；③两个装配接触表面可以是相同的几何类型，也可以是不同的几何类型。对以上限定的装配接触情况进行组合，可能的组合情况有平面-平面贴合、平面-平面共面、内外圆柱同轴、两外圆柱母线平行、内外圆锥同轴、两圆锥母线接触、平面-外圆柱面线接触、平面-外锥面线接触、内柱面-外锥面、外柱面-外锥面、平面-外球面、内柱面-外球面、内外球面等。

为了保证零件在机器中的正确定位，需要对零件的定位情况进行分析，通常采用自由度分析方法分析零件的定位情况。根据刚体的假设，零件在空间中具有六个自由度，通过装配接触可以限制两个零件在某些方向的相对运动，即装配接触约束了零件在某一方向的自由度，零件的六个自由度被完全约束就实现了零件的完全定位，在仅考虑以上装配接触面对几何类型的前提下，根据刚体约束自由度理论，两个零件的装配接触面对数量最多只需要三对，就能全部约束零件的六个自由度。在自由度分析中，关于装配接触表面的约束自由度能力还有一个约定，即根据接触面积将平面分为一般平面、窄长平面和小平面三种，它们分别具有约束三个、两个和一个自由度的能力。同样，圆柱面也具有短圆柱面和长圆柱面之分，圆锥面也可以分为短圆锥面和长圆锥面两种，它们都分别约束不同的自由度。

如何界定一般平面、小平面、窄长平面以及长短圆柱，并没有一个严格的阈值规定，需要根据零件尺寸与接触表面尺寸的关系进行比较，通过建立零件的包围盒、装配基准的包围盒，然后根据不同坐标方向的零件和基准的尺度进行比较，给定一个阈值。

根据机器的功能要求，实际零件在机器中的装配定位并不一定需要约束全部六个自由度，即零件装配位置并不一定要求全部都是正定位，也可以是欠定位，还可能允许存在相对运动。尽管零件在某些方向的自由度约束与否并不影响机器的功能，但对于相对位置固定的零件，生产实际中这些零件在不做限制的自由度方向的相对位置还是确定的。例如，通过美观整齐要求或者工艺要求来附加一些位置约束，说明还是存在一些准则来确定零件在这些非功能要求方向的自由度的约束情况，而且事实上实际零件之间的相对位置也必须通过紧固件加以固定。同样，在设计者建立装配模型的过程中也需要对非必要约束的自由度进行约束，即在 CAD 装配模型中所有零件在装配体中的位置也都是完全定位的。因此，本章中对全部相对位置固定的零件的装配均以正定位处理，装配关系文档中欠缺的定位基准通过缺省规则进行补齐。例如，通过 CAD 装配模型装配关系的启发来补齐全部装配定位基准，如找出与第一基准垂直的对齐平面与圆柱，设定缺省定位关系，对于这些没有公差要求的装配表面按自由公差处理。这样，将装配定位类型变成表面接触装配和表面对齐装配两大类，利用表面对齐装配来补齐装配基准定位的不足。

根据以上分析，规定对两个零件的接触装配统一采用三个基准，三对基准定位形式可以是表面接触装配和表面对齐装配的不同组合，即两个零件的接触情况在理想的情况下分为三种形式：①只有一对表面贴合接触，另两对表面共面对齐；②具有两对贴合接触的表面，第三对表面共面对齐；③三对表面全贴合接触。

6.2　贴合接触情况下的接触面几何类型分析

为了自动计算零件的装配位置，首先需要对装配接触表面的几何类型、接触面对数量和接触面对组合情况进行归纳，然后针对各种装配接触情况建立装配位置计算算法，从而实现装配位置计算的自动化。

零件的三个装配接触面面贴合，只有在理想状态下，零件的接触面不存在任何尺寸和几何误差，此时三对接触面才能保持贴合接触。在用替代几何来代替实际表面的情况下，由于替代几何还存在位置误差，三对表面也不可能同时保持贴合接触。通常情况下，根据约束自由度的情况分析，三对接触面根据接触顺序，其接触情况是有差别的。

两个零件在装配时，第一基准表面接触装配是一种自由装配，而确定第二基准表面的接触情况必须以保证第一基准表面接触情况为前提，同理，确定第三基准表面的接触情况也必须以保证第一、第二基准表面接触情况为前提。第一基准的替代几何不存在位置参数和几何类型变化，两个几何类型相同的接触表面可以做到贴合接触。例如，两个第一基准装配接触表面为平面时，它们之间属于面面贴合装配；当两个第一基准装配接触表面分别为平面和外圆柱面时，它们之间的装配必然是平面和圆柱直母线的线接触装配。由此可见，在自由装配条件下，两个替代几何表示的装配接触表面可以实现理想接触装配，而不管两个接触表面的几何类型是否相同。但第二基准表面接触装配就不一定能实现理想的接触装配，因为第二基准表面接触装配是在第一基准表面已经接触的前提下的装配，这个装配情况受第一基准装配情况的约束。例如，假设第一基准为两个平面贴合接触，则第二基准装配必须是在保证第一基准贴合前提下的装配，两个第二基准接触表面要实现规定的接触形式，它们的几何类型就会受到限制，即两个零件的第二基准装配接触表面的几何类型就不能随意确定，如此时不能用两个内外圆柱面作为第二基准装配接触表面，因此理想状态下两个内外圆柱面可以实现线接触，但因为两个圆柱面具有位置和尺寸误差，而且它们之间的相对位置受第一基准接触约束，它们之间就无法保证具有线接触装配。同理，第二基准采用两个平面也不能保证面面贴合。第三基准表面接触装配由于受第一、第二装配基准接触情况的约束，它们的几何类型、相互位置会受到更多的约束，能够作为第三装配基准的几何类型和配置就更少了。在第一、第二基准实现了规定的接触形式之后，第三基准约束最少的自由度，若第一、第二基准已经实现面面接触、线线接触装配，则第三基准只能实现点点接触装配。由此可见，三个基准表面的接触装配是与装配顺序有关的约束装配。

由以上分析可知，三对装配接触面中，装配次序低的装配接触面几何类型受制于装配次序高的装配基准几何类型，即第二装配基准许可的几何类型、相对于第一基准的位置与第一装配基准相关；同理，第三装配基准许可的几何类型、相对于第一和第二装配基准的位置也与第一和第二装配基准相关。假设装配接触面的几何类型限定为平面、内外圆柱面、内外圆锥面、内外球面等七种，再进一步规定第一基准约束零件的自由度必须大于等于第二基准约束零件自由度，第二基准约束零件的自由度必须大于等于第三基准约束零件自由度，则根据以上规定和假设就可以枚举出零件三个基准的全部组合情况。为了简化说明，将七种几何类型用符号表示，规定平面为 P，外圆柱面为 OC，内圆柱面为 IC，外圆锥面为 OT，内圆锥面为 IT，外球面为 OS，内球面为 IS，则在三个基准、七种接触几何情况下，各种可能的组合形式以及零件的装配接触运动形式可分为如下四大类。

(1) 第一基准接触形式为面面贴合 P-P，装配运动为空间自由装配。第二基准的装配接触形式为线接触，第二基准的装配运动为保持第一基准平面贴合情况下的平面运动，即允许零件在第一装配接触平面内平移和转动，直到第二基准表面实现线接触。第二基准满足以上条件的接触面对几何类型有 P-P、P-OC、OC-P、P-OT、OT-P、OC-OC、OT-OT。第三基准的接触类型为点接触，第三基准装配运动为直线运动，即在保持第一基准平面贴合的条件下沿着第二基准接触线方向的平移运动。满足沿给定直线移动的情况下具有点接触可能的第三基准接触面对几何类型有 P-P、P-OC、OC-P、P-OT、OT-P、OC-OC、OT-OT、P-OS、OS-P、OC-OT、OT-OC、OC-OS、OS-OC、OT-OS、OS-OT、OS-OS。

(2) 第一基准接触形式为面面贴合 P-P，第一基准接触运动为空间自由运动，第二基准装配表面为垂直于第一基准平面的孔轴配合，配合面对的几何类型为短圆柱或者短圆锥，即 OC-IC、IC-OC、OT-IT、IT-OT，第二基准的装配运动为保持第一基准平面贴合情况下的平面运动。第三基准的接触类型为点接触，第三基准装配运动为绕第二基准轴线的回转运动。这种情况通常就是夹具定位的一面两孔定位方式，一般情况下第三基准接触面对的几何类型为平面、外球面、外圆柱面、外圆锥面的各种组合，即有 P-P、P-OC、OC-P、P-OT、OT-P、OC-OC、OT-OT、P-OS、OS-P、OC-OT、OT-OC、OC-OS、OS-OC、OT-OS、OS-OT、OS-OS 共 16 种。

(3) 第一基准接触面对为 IC-OC 或者 OC-IC，即第一基准为长轴和长孔的同轴配合，此时第二基准装配运动为绕第一基准轴线的回转，第二基准接触类型为点接触，第二基准接触面对的几何类型有 P-P、P-OC、OC-P、P-OT、OT-P、OC-OC、OT-OT。第三基准装配运动为沿第一基准轴线移动，第三基准接触类型为点接触，第三基准接触面对的几何类型有 P-P、P-OC、OC-P、P-OT、OT-P、OC-OC、OT-OT、P-OS、OS-P、OC-OT、OT-OC、OC-OS、OS-OC、OT-OS、OS-OT、OS-OS 共 16 种。第二基准和第三基准均只约束一个自由度，因此这种情况下的基准顺序并不严格，即两者可以调换。

(4) 第一基准为两个外圆柱面定位一个外圆柱面 OC-2OC，第二基准装配运动为绕第一基准轴线的回转，第三基准装配运动为沿轴线方向的运动，第二基准和第三基准的装配接触分别约束一个转动自由度和一个平移自由度，由于两者均只约束一个自由度，两者的装配顺序可以互换。第一基准接触表面为两个外圆柱面定位另一个外圆柱面，此时这个被定位的零件一般情况下为一个外圆柱，该零件只有一个沿自身轴线的面平移自由度和一个绕自身轴线的面转动自由度，这两个本征自由度均被第一装配基准约束了，因此从功能方面考虑就有可能不需要第二和第三装配基准。

虽然从几何类型的排列组合情况来看，基准接触表面的组合形式还有很多可能，例如，第一基准的装配接触几何组合中，还存在着球面接触装配，平面与外圆柱面、平面与外圆锥面、平面与外球面等接触几何组合，但这些组合在生产实际中均没有采用，因此本章不再讨论。此外，第四类装配是一个非常特殊的情况，第一定位基准由两个表面组成，两个外圆柱定位的实际效果相当于一个圆柱孔对外圆柱的定位，因此对两个外圆柱的位置误差的处理进行特殊规定，必须保证两个定位外圆柱与装配外圆柱均有线接触，规定两个外圆柱轴线平行，并且圆柱形状也为理想圆柱。

本章不再列举全部装配接触组合的位置计算算法原理，只对其中一种三平面装配接触情况加以介绍，相信读者能够举一反三。

6.3 基于替代几何的装配接触位置分步求解算法原理

确定零件的装配位置需要两个齐次坐标变换矩阵，第一个矩阵表示装配零件全局坐标系相对于定位零件上第一定位基准实际坐标系的位置；第二个矩阵为第一定位基准实际坐标系相对于定位零件全局坐标系的坐标变换矩阵。当前的定位零件有本身的定位零件，如此循环直到机器的机架零件全局坐标系(机器坐标系)，这些坐标变换矩阵的乘积就可以表示最终零件在机器坐标系中的位置。采用相对于定位零件的第一定位基准的实际位置坐标系进行表示，是为了方便从机架到最终目标要素位置变动路径的搜索，该路径上的零件通过第一定位基准获得齐次坐标变换矩阵，可以计算最终目标要素的位置。当然，这种表示方法的目的在于实现计算过程的自动化，在确定装配零件全局坐标系相对于第一定位基准实际坐标系的坐标变换矩阵时，还是需要考虑第二、第三定位基准的实际几何表面，才能计算装配零件的全局坐标系在第一定位基准实际坐标系上的位置，建立相对于第一定位基准实际坐标系的坐标变换矩阵。

为了便于介绍齐次坐标变换矩阵的确定过程，将零件的装配动作分解为一系列平移和旋转的装配子运动，每一个子运动对应一个齐次坐标变换矩阵，全部齐次坐标变换矩阵的顺序连乘就是装配零件全局坐标系相对于定位零件第一定位基准实际坐标系的齐次坐标变换矩阵。分步运动的优点就是计算简单，非常适用于替代几何表示实际表面的场合。

两个零件的第一基准面面贴合，然后通过移动装配零件使得装配零件的第二、第三装配基准表面分别与定位零件的定位基准表面对齐、接触，从而唯一确定装配零件的位置。对于第一基准要素为平面的情况，零件装配操作的运动就是平移和转动，即需要确定装配零件全局坐标系相对于第一定位基准实际坐标系的 x、y 坐标分量和绕 z 轴的转角大小；对于轴线-轴线重合装配，需要确定装配零件全局坐标系相对于第一定位基准实际坐标系的 z 坐标分量和绕 z 轴的转角大小；对于轴线-轴线平行装配，需要确定装配零件全局坐标系相对于第一定位基准实际坐标

系的 x、y、z 坐标分量和绕 z 轴的转角大小。

6.4　三平面装配接触位置分步求解算法

6.4.1　基于替代几何的装配位置计算原理

本节以三个装配接触表面均为平面的情况为例，说明基于替代几何的装配接触位置分步求解算法。根据装配定位的自由度分析原理，基于替代平面的三平面基准要素装配接触条件为面面贴合、面面对齐和面面接触，面面贴合是指装配零件和定位零件的两个第一基准平面两面重合接触，面面对齐是指保证一个平面的边界在另一个平面上，面面接触则是指保证至少一个平面的顶点位于另一个平面上，或者两个平面在边界上接触。

图 6.1 为两个零件在第一基准平面贴合而第二基准没有接触之前的情况，图中双点划线边界代表定位零件和装配零件的第二装配基准的公称位置，细实线为定位零件和装配零件第二基准要素的替代平面 F_{2u} 和 F_{2s}，F_{1b} 和 F_{1p} 分别为定位零件和装配零件的第一装配基准替代平面。实际表面由替代平面表示，在第一基准平面面面贴合的条件下，根据约束自由度原理，两个第二基准装配接触约束一个平移自由度和一个转动自由度，故两替代平面的接触情况为线接触。要保证算法的通用性，需要考虑更为一般的情况：①两个零件的第二基准平面和第一基准平面不一定是相邻表面；②第二基准平面也不一定位于第一基准平面的上方；③理想情况下，第二基准平面的直线边界也不一定平行或垂直于第一基准平面。因此，第二基准的替代平面即使在理想状态下其边界也不一定平行或者垂直于第一基准。

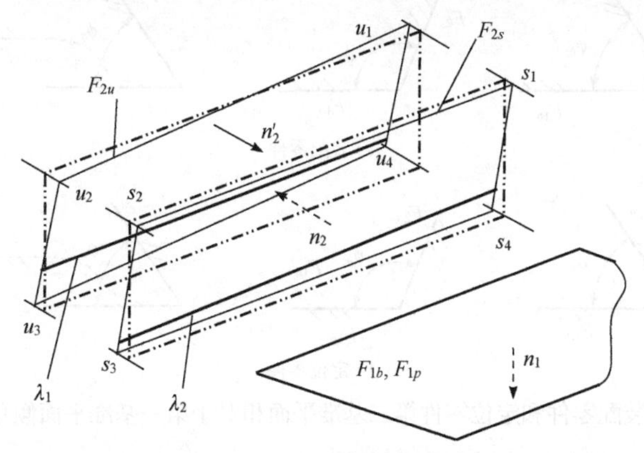

图 6.1　第二装配基准位置关系

两个零件第二基准平面的线接触以第一基准平面保持面面贴合为条件。两个第二基准平面会具有线接触的情况，是因为两个替代平面相对于第一基准平面的倾斜角度不同。若倾斜角度相同，则两个第二基准替代平面一定可以面面贴合接触，不过面面贴合接触是线接触的特例，面面贴合情况下线接触依然成立，所以下面只需要根据线接触计算装配位置。根据替代几何的几何特性，两个替代平面发生线接触的情况一定在平面的边界上。显然，要保证两平面在第一基准贴合的情况下发生线接触，一定是 F_{2s} 与 F_{2u} 边界的四条边中最接近平行于第一基准平面的边与 F_{2s} 或 F_{2u} 的面实现线接触。由于理想平面的边界为矩形包围盒边界，每个理想平面都有两条边与第一基准平面平行，替代平面虽然偏离理想状态，但依然有两个边与第一基准平面接近平行，其中最接近平行的边为第二基准线面接触的接触线所在边。这条边到底是 F_{2s} 还是 F_{2u} 上的边，需要根据 F_{2s}、F_{2u} 分别与它们的第一基准平面的实际倾角大小来决定。

以下讨论接触线所在边的确定方法。首先分别计算 F_{2s}、F_{2u} 与各自的第一基准平面的实际倾角 ϕ_s、ϕ_u，注意这里定义的是倾角而非夹角(夹角是指一个平面外法线逆时针转动至与另一个平面外法线重合时的转角)，倾角范围在 0°～180°，具体定义见图 6.2。两个第二基准平面的顶点标识如图 6.1 所示，则 F_{2s} 平面上的两条边 s_1s_2、s_3s_4 和 F_{2u} 平面上的两条边 u_1u_2、u_3u_4 均有可能为最接近平行于各自第一基准平面的边，若需要确定最接近平行于各自第一基准平面的边，则需要根据倾角的大小分别进行讨论。图 6.2 为装配零件和定位零件第二基准平面相对于第一基准平面倾角的可能情况，图中两个基准的投影集聚成直线，图中还假设装配零件两个基准的交线为凸边，即从零件体内测量 ϕ_s 在 0°～180°，定位零件两个基准平面的交线为凹边，即从零件体外测量 ϕ_u 在 0°～180°，体内体外的定义如图中的角度尺寸线所示。

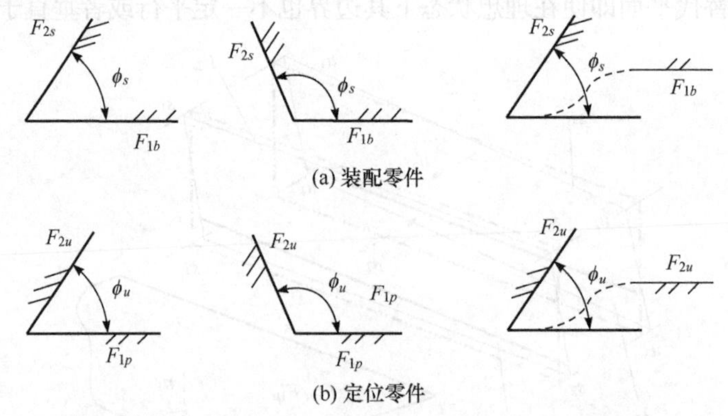

图 6.2　装配零件和定位零件第二基准平面相对于第一基准平面倾角的定义

(1) 若 $\phi_s>\phi_u$，则 F_{2s}、F_{2u} 在上边界接触，即若 s_1s_2 在第一基准平面上的高度大于 u_1u_2，则 u_1u_2 边接触 F_{2s}，否则 s_1s_2 边接触 F_{2u}。若考虑最一般的情况，则 s_1s_2 与 u_1u_2 还有两端点各有高低这种可能，这种情况下需要同时计算以上两种情况，然后进一步判断，由于情况复杂，而且生产实际中 s_1s_2 与 u_1u_2 基本平行，且 F_{2s} 和 F_{2u} 两个面的大小并不一样，出现各有高低的可能性很小，此处忽略这种情况。

(2) 若 $\phi_s<\phi_u$，则 F_{2s}、F_{2u} 在下边界接触，若 s_3s_4 在第一基准平面上的高度小于 u_3u_4，则 u_3u_4 边接触 F_{2s}，否则 s_3s_4 边接触 F_{2u}。

在确定了接触线所在边之后，接下来才可以计算两个零件第二装配基准面面对齐时的齐次坐标变换矩阵，以下介绍该矩阵元素的计算方法。首先，计算在第一基准平面贴合条件下，转动和平移装配零件，使得接触线所在的第二基准替代平面边界与另一个第二基准替代平面重合，根据这一条件计算出装配零件的转动和平移参数数值。然后，计算定位零件第二基准与第一基准的交线λ，根据第三基准计算装配零件沿交线λ的平移量。

6.4.2　面面对齐时第二基准替代平面接触位置的计算原理

假定装配零件的全局坐标系设在第一基准平面上，其 z 轴正向与第一基准的外法线方向相反，并且已知第二基准平面的四个顶点位置，根据第二基准替代平面的倾角大小及接触位置，本节分四种情况计算接触线的位置。

情况 1：s_3s_4 边接触平面 F_{2u}，此时$\phi_u>\phi_s$，并且 s_3s_4 高于 u_3u_4。接触前的位置如图 6.3 所示，两个零件第二基准平面投影成一条直线。

第二基准替代平面“面面对齐”就是装配基准替代平面的边界 s_3s_4 与定位基准替代平面 F_{2u} 接触，即边界线 s_3s_4 位于平面 F_{2u} 上。转动和平移装配零件，使得 s_3s_4 贴合到 F_{2u} 上。显然，第二定位基准替代平面上能与 s_3s_4 接触的位置有无限个，此时只需要找出其中的一个，设这个位置恰好与平面 F_{2u} 的 u_2u_3 边接触，如图 6.4 中平面 F_{2u} 上的直线 $s_{3u}s_{4u}$。只要求出直线 $s_{3u}s_{4u}$

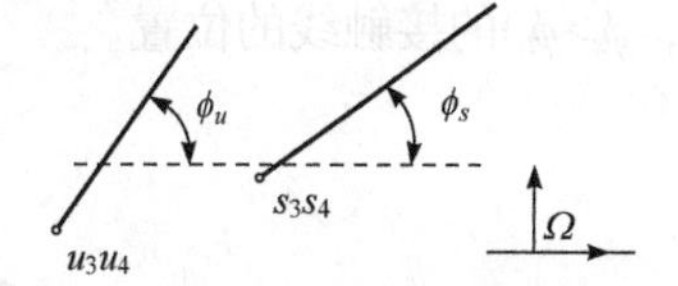

图 6.3　第二基准接触的第一种可能情况

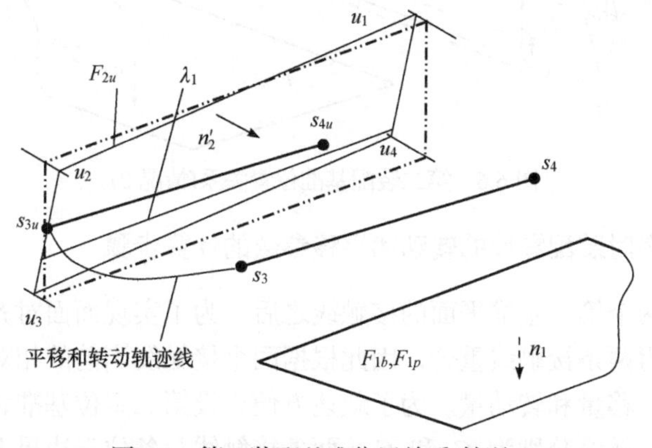

图 6.4　第二装配基准位置关系(情况 1)

的位置，则根据 s_3s_4 与 $s_{3u}s_{4u}$ 位置的关系，就可以求出装配零件的平移量和转动量。根据点 s_3 位于 u_2u_3 边上的假设，在 u_2u_3 边上 z 坐标值等于 s_3 的 z 坐标值的点就是点 s_{3u}，点 s_{4u} 也可以根据以下三个条件求出：①点 s_{4u} 的 z 坐标值等于点 s_4 的 z 坐标值；②点 s_{4u} 位于平面 F_{2u} 上；③点 s_{3u} 到点 s_{4u} 的距离等于点 s_3 到点 s_4 的距离。

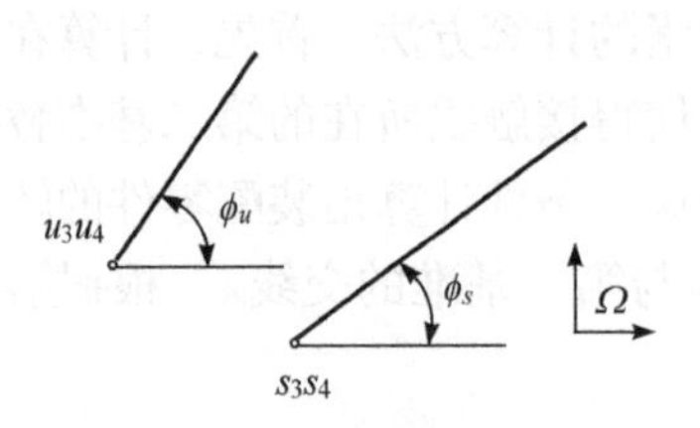

图 6.5　第二基准接触的第二种可能情况

情况 2：u_3u_4 边接触平面 F_{2s} 的情况，此时$\phi_u>\phi_s$，并且 s_3s_4 低于 u_3u_4。两者装配接触前的位置关系如图 6.5 所示。第二基准替代平面“面面对齐”就是定位基准替代平面的边界 u_3u_4 与装配基准替代平面 F_{2s} 接触，即边界线 u_3u_4 位于平面 F_{2s} 上。转动和平移装配零件，使得平面 F_{2u} 与边界线 u_3u_4 接触，再沿交线λ_1平移装配零件，使得装配零件和定位零件的第三基准面面接触。

定位基准替代平面上的边 u_3u_4 与平面 F_{2s} 接触的情况下两者的相互位置关系如图 6.6 所示。设 F_{2s} 上的接触线为 $u_{3s}u_{4s}$，其中 u_{3s} 为 s_2s_3 上的点，u_{4s} 为平面 F_{2s} 上的点，采用与情况 1 相同的思路，求出 F_{2s} 上的接触线为 $u_{3s}u_{4s}$ 的位置。基于同样的思路，可以求出情况 3(s_1s_2 边接触平面 F_{2u}，$\phi_s>\phi_u$)和情况 4(u_1u_2 边接触平面 F_{2s}，$\phi_s>\phi_u$)的接触线的位置。

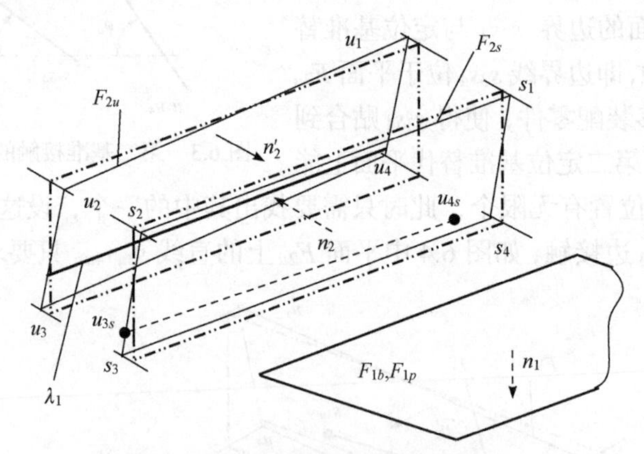

图 6.6　第二装配基准位置关系(情况 2)

6.4.3　面面对齐时装配零件的转动和平移参数的计算步骤

在计算出两个第二基准平面的接触线之后，为了实现面面对齐装配，必须移动装配零件使得两条接触线重合，因此根据两个接触线当前的相对位置可以计算出装配零件的平移量和转动量。为了叙述方便，设第二定位基准和第二装配基准替代平面上的接触线分别为 C_u 和 C_s，两条接触线一条位于边界上，另一条位于面上，以下根据 C_u 和 C_s 的相对位置来计算装配零件的转动和平移参数。第二基准面面对齐装配的运动必须是保证第一基准面面贴合情况下的平面运动，C_u 和 C_s 在面面对齐后重合，它们在第一基准平面上的投影也必然重合，故可以将 C_u 和 C_s 分别向第一基准进行投影，用两者投影线之间的位置关系来计算装配运动的转动量和平移量就十分方便了。设 C_u 投影线的正向规定为 u_3 指向 u_4 的方向，该投影线与 x 轴正向的夹角为 α_1，又设 C_s 投影线的正向为 s_3 指向 s_4 的方向，该投影线与 x 轴正向的夹角为 α_2，如图 6.7 所示。

由图 6.7 可知，装配零件转动的角度为 $\alpha=\alpha_1-\alpha_2$。为了使 C_u 和 C_s 的投影线重合，首先将装配零件绕 z 轴转动角度 α，使得 C_u 和 C_s 的投影线平行，然后重新计算 C_s 上两端点的位置，计算出装配零件的平移量。转动装配零件的变换矩阵 HTM_1 如下：

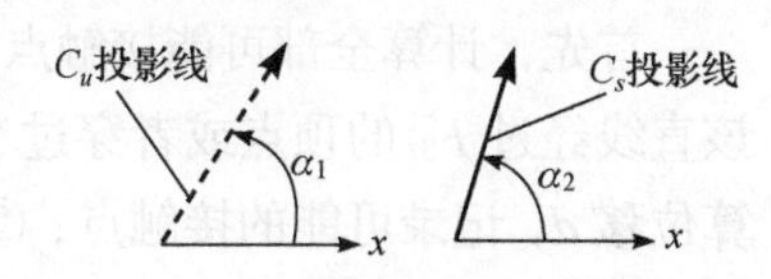

图 6.7　两接触线投影线的位置关系

$$\mathrm{HTM}_1=\begin{bmatrix}\cos\alpha & \sin\alpha & 0 & 0\\ -\sin\alpha & \cos\alpha & 0 & 0\\ 0 & 0 & 1 & 0\\ 0 & 0 & 0 & 1\end{bmatrix} \tag{6.1}$$

转动装配零件之后，根据式(6.2)计算 C_s 的起点位置：

$$P_{转动后}=P_{转动前}\times\mathrm{HTM}_1 \tag{6.2}$$

式中，$P_{转动前}=[x,y,z,1]$；$P_{转动后}=[x',y',z',1]$。然后计算定位零件上 C_u 的起点与转动之后的 C_s 起点之间的坐标差，设为 Δx 和 Δy，则平移装配零件使之面面对齐，其齐次坐标变换矩阵 HTM_2 如下：

$$\mathrm{HTM}_2=\begin{bmatrix}1 & 0 & 0 & 0\\ 0 & 1 & 0 & 0\\ 0 & 0 & 1 & 0\\ \Delta x & \Delta y & 0 & 1\end{bmatrix} \tag{6.3}$$

6.4.4　第三基准替代平面接触位置的确定

在移动装配零件使得其第一基准替代平面“面面贴合”、第二基准替代平面“面面对齐”之后，在不施加第三基准替代平面“面面接触”条件之前，装配零件可以沿交线 λ_1 自由平移而不破坏两装配基准接触条件。“面面接触”条件就是确定装配零件第三基准替代平面在 λ_1 上的交点位置 O_t。确定装配零件第三基准替代平面位置的算法原理如图 6.8 所示，图中平面 F_{3t} 和平面 F_{3v} 分别为装配零件和定位零件的第三基准替代平面，λ_1 为定位零件第二基准平面与第一基准平面的交线，λ_1 的方向为定位零件的第二基准替代平面的外法线与第一基准替代平面外法线的矢量积方向。平面 F_{3t} 和平面 F_{3v} 的接触位置有四种情况：①两个平面在顶点处接触；②平面 F_{3t} 的一个顶点与平面 F_{3v} 的内部接触；③平面 F_{3t} 的内部与平面 F_{3v} 的一个顶点接触；④两个平面在边界上接触。由于存在多种接触可能，需要从全部可能的接触点中找出真正的接触点，然后据此确定 O_t 点的位置。算法细节如下。

首先，计算全部可能接触点。①过 F_{3v} 的每一个顶点作平行于 λ_1 的直线，若该直线经过 F_{3t} 的顶点或者穿过 F_{3t} 的内部，则 F_{3v} 的顶点就是可能的接触点，计算位移 d，记录可能的接触点；②过 F_{3t} 的每一个顶点作平行于 λ_1 的直线，若该直线穿过 F_{3v} 的内部，则直线与 F_{3v} 的交点就是可能的接触点，计算位移 d；③以 F_{3t} 的每一条边界为扫掠线，沿平行于 λ_1 的方向扫掠出一个平面，计算 F_{3v} 的每一条边界与扫掠平面的交点，若交点位于边界内部，同时位于扫掠平面内部，则该交点为可能的接触点，计算位移 d。

位移 d 的正负确定方法如下：规定交线正向 q 为定位零件坐标系 z 轴 x 垂线方向，若交线与装配面的交点指向交线与定位面上的交点方向与 q 的方向相同，则 d 为正，否则 d 为负。位移的正负确定原理如图 6.9 所示。

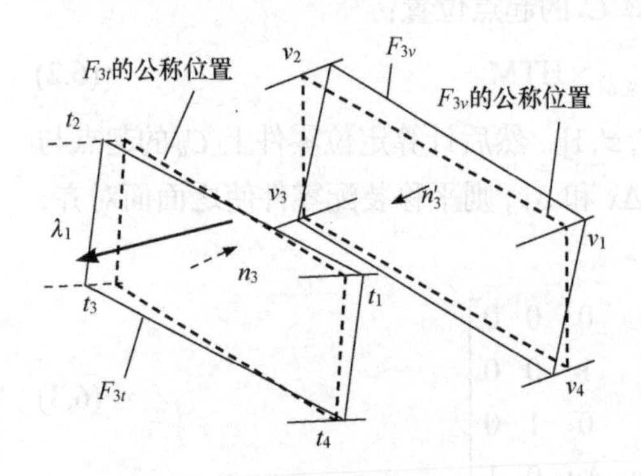

图 6.8　第三装配基准位置关系

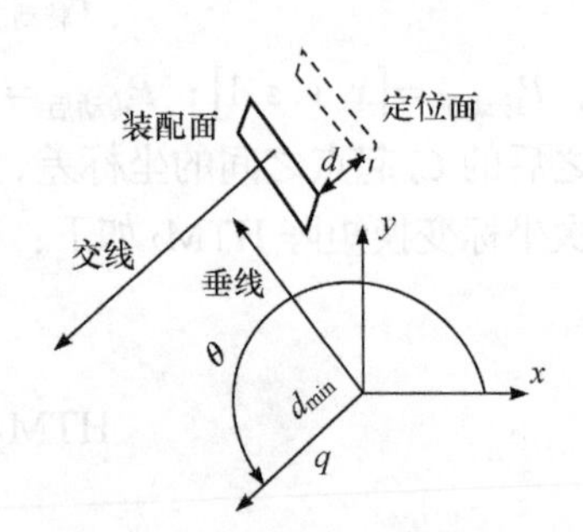

图 6.9　位移的正负确定原理

然后，计算出最小的位移 $d_{\min}$ 和交线与 x 轴的夹角 θ，得到第三个平移矩阵 HTM_3：

$$\mathrm{HTM}_3=\begin{bmatrix} 1 & 0 & 0 & 0 \\ 0 & 1 & 0 & 0 \\ 0 & 0 & 1 & 0 \\ d_{\min}\cos\theta & d_{\min}\sin\theta & 0 & 1 \end{bmatrix} \tag{6.4}$$

至此，基于控制点变动模型和替代几何的三平面装配齐次坐标变换矩阵HTM为

$$HTM=HTM_1 \times HTM_2 \times HTM_3 \tag{6.5}$$

6.5　本章小结

产品的装配精度取决于零件几何误差和装配接触两个方面因素的影响，通过模拟真实机器装配过程，可以使得装配误差的计算更为精确。零部件的装配基准和装配顺序决定了误差的积累和传播，零件的误差通过装配接触面进行传递，而装配次序影响接触情况，因此不同次序的装配基准对误差的传递具有不同的影响，零部件的几何误差通过装配模式进行变换，从而影响机器的装配位置。本章主要内容包括：①分析了装配接触面对的配合形式，给出了贴合接触情况下的接触面几何类型；②给出了基于替代几何的装配接触位置分步求解算法原理，该方法模拟真实机器具有规范性和通用性的特点，为实现分析过程的自动化提供了可能。

参考文献

[1] 吴玉光. 基于真实机器的装配公差分析方法. 中国科学: 技术科学, 2014, 44(9): 991-1003.

[2] Wu Y G. Assembly tolerance analysis method based on the real machine model with three datum planes location. Procedia CIRP, 2015, 27: 47-52.

第7章　公差因子敏感度的自动计算方法

公差因子的敏感度是指公差数值变化对目标精度影响的敏感程度，反映了误差传递路径上各种几何要素的几何误差对目标要素几何误差影响的重要程度。若一个公差分析工具能提供公差因子的敏感度队列，则设计者就可以以此为依据对几何要素公差数值及公差方案进行优化。本章介绍公差因子的敏感度自动计算方法。

7.1　研究现状

公差分析的一个重要任务是计算公差因子的敏感度，公差因子的敏感度衡量每一个组成公差对目标公差的影响，若能将全部公差因子根据敏感度进行排队，则设计者对产品和零件的公差方案的优化就有了量化依据，因此敏感度计算对改进公差设计十分关键。

对敏感度分析方法的研究已有很多年的历史，许多公差分析软件也具有计算敏感度的工具。Zhang[1]讨论了在一维尺寸链分析中求解一些几何公差(如位置度公差)敏感度因子的困难问题，并提出了基于数值方法的解决方案。周恺等[2]将稳健设计理论应用于灵敏度公差分析中，并开发了相应的软件，定量分析了组成环公差对封闭环公差的影响程度。张开富等[3]应用多准则群决策协调权方法分析尺寸链的组成环对封闭环的影响程度，提出了基于多准则群决策协调权方法的组成环灵敏度排序算法，由此获得组成环的灵敏度排序。于鹏等[4]针对一个特定的装配系统利用一个公差分析软件讨论了敏感度数值对装配精度的影响关系，认识到通过敏感度数值分析，可了解三维尺寸链中影响装配要求的关键尺寸和非关键尺寸，从而为零部件的精度设计优化提供依据。针对公差分析软件缺少判断公差因子对目标精度影响的指标这一问题，Philipp 等[5,6]将敏感度分析方法应用到公差分析领域，将几何要素的公差带用凸包进行表示，对凸包采取基于方差的全局敏感度分析，通过敏感度分析算法分析销孔装配的相对间隙和公差值的关系。销孔连接的实验证明了基于凸包技术全局敏感度分析的必要性，证明基于凸包的敏感度分析方法可用于分析单个零件公差对装配间隙的影响。Benjamin 等[7]提出一个通用的方法进行敏感度分析，是指可用于产品设计的任意阶段，在产品和工艺设计中支持对几何变动管理的决策。考虑到敏感度对统计公差的依赖关系，进一步提出一个基于肤面模型的考虑形状误差的敏感度计算方法[8]。虽然现在许多公差分析软件已具有敏感度分析的工具[9]，但它们的结果与预测的差别很大，而且是不可靠的。原因是这些软件工具只针对已有公差项目的公差因子进行简单的计算，而没有考虑公差项目本身的设置是否正确。

现有的敏感度分析方法是局部敏感度方法，即只针对两个要素的装配场合下的公差因子进行计算，因此不适合复杂装配情况，有一些全局敏感度分析方法是基于变动仿真的，而且集中在输出分布的二阶矩分析上，并没有落实到公差因子上。敏感度分析方法的另一个挑战是现有的分析方法只能针对特定已知的误差传动链建立数学公式求解敏感度指标，方法本身没有通用性，更不能实现自动分析，这也是现有公差分析工具的敏感度分析结果存在问题的原因。

本章介绍一个基于齐次坐标变换矩阵的敏感度自动计算的方法，齐次坐标变换矩阵中的元素是反映几何要素变动的旋量参数，用以表示几何要素位置，从机器机架到目标要素的误差传动路径上几何要素之间的相对位置均用齐次坐标变换矩阵表示，目标要素在机器坐标系中的位置可以表示为一系列齐次坐标变换矩阵的相乘，目标要素的位置、方向等目标函数可以通过这一系列齐次坐标变换矩阵得到，利用这一目标函数就可以计算旋量参数的敏感度。再将旋量参数与公差项目建立对应关系，从而确定公差因子敏感度指标。利用这一方法就可以实现公差因子敏感度的自动计算，本章介绍该方法。

7.2　敏感度的基本概念

7.2.1　敏感度的数学定义

一个系统中的功能目标可以表示成输入参数的函数，如式(7.1)所示：

$$f = f(x_1, x_2, x_3, \cdots, x_n) \tag{7.1}$$

在机器的装配模型中，式(7.1)中的函数 f 可以用于表示某一测量指标，例如，当评价目标几何要素上某一个点在机器坐标系上的位置度时，f 就是目标几何要素上的一个点在机器坐标系上的一个位置矢量或者一个坐标值；当评价目标几何要素相对于某一个基准要素的倾斜度时，则 f 应该是在特定平面内目标要素上的一条直线相对于这个基准要素的一个角度。函数中的输入参数 x_i 表示关联要素的变量参数，x_i 的数量和类型取决于误差传递关系图上几何要素的几何类型、相对位置以及几何要素位置参数的定义。由误差的数学定义可知，目标函数对关联要素位置参数的全微分就是目标要素的变动量，因此通过全微分就可以建立目标要素的变动量和全部关联要素的变动量之间的数学关系。将函数 f 的全微分写成增量的形式，则目标函数的误差表示为

$$\Delta f=\frac{\partial f}{\partial x_1}\Delta x_1+\frac{\partial f}{\partial x_2}\Delta x_2+\frac{\partial f}{\partial x_3}\Delta x_3+\cdots+\frac{\partial f}{\partial x_n}\Delta x_n \tag{7.2}$$

式中，Δf 表示目标要素的某一位置参数的变动量，即位置误差；Δx_i 表示关联要素位置参数的增量，即关联要素的误差，因此目标要素的变动量也可以理解为全体关联要素的位置参数在当前公称尺寸下误差的加权和，这个权就是误差 Δx_i 前面的系数 $\partial f/\partial x_i$，也就是关联要素位置参数变动 x_i 对目标要素位置的敏感度。因此，关联要素的敏感度 s 在数学上的定义为

$$s=\frac{\partial f}{\partial x_i} \tag{7.3}$$

在一个装配系统中，一旦建立了某一个测量目标的函数关系式，计算敏感度就可以利用求偏导数的方法进行。但是建立目标要素在机器模型中位置的函数关系式是难以自动完成的，这个函数关系式不仅包括机器中零件内部几何要素位置误差的传播和变换情况，还包括零件在机器上的装配位置变动，而机器的零件组成、装配方式千变万化，因此每一个机器的目标要素位置变动解析函数均不相同。可想而知，对每一个机器装配模型、每一个测量目标均需要手工建立特定的函数关系式，因此基于解析公式难以实现敏感度分析的自动化。

7.2.2　工程应用软件对敏感度的定义方式

现有商用公差分析软件将敏感度定义为零件关联要素上每一个公差项目所对应的公差数值变动对目标要素的某一误差项目影响的敏感度。由于几何要素的位置变动可能会通过多个公差项目进行限制，同一个几何要素上的这些公差项目既可能相互独立也可能相互关联制约，取决于几何要素具体的功能要素。由于公差项目之间存在关联性，单独计算每一个公差项目的敏感度是十分困难的，也是没有必要的。现有的商用软件采用一种简单的数值计算方法，即将关联要素的每一个公差项目根据公差值分成高、中、低三个数值，然后使误差传递关系图上其余公差项目的公差值保持不变，对当前被评价的公差项目根据高、中、低三个公差值分别进行计算，得到目标要素误差项目关于当前被评价公差项目变化的梯度，即目标要素误差的平均变化除以被评价公差项目的公差值平均变化，该梯度就是这些商用 CAT 软件定义的敏感度。对每一个公差项目都重复这一计算，从而获得全部公差项目对目标要素几何误差的变动梯度。将这些梯度进行排序，最终得到全体公差项目关于目标要素几何误差的敏感度列表。这种计算方法存在几个问题：①没有考虑同一个几何要素的公差项目具有相关性，根据公差项目进行计算合理性不明确，例如，不能明确目标平面关于基准平面的位置度公差和尺寸公差两者有什么不同，平行度公差和尺寸公差又有什么不同等；②公差值是由设计者给定

的，该公差值的设定是否合理正是公差分析需要确定的问题，根据正确性未知的数值来计算敏感度本身就缺少合理性；③目标项目的每一个变化梯度只是根据三个公差值进行计算，这个梯度数据是非常粗略的；④每一个公差项目都需要计算三次目标要素几何误差，可知这种计算方法的计算开销非常大，而且计算时间与误差传递关系图的复杂程度强烈相关，因此这种计算方法在采用蒙特卡罗模拟的公差分析方法中是不可行的。

不能对公差因子求敏感度，是因为公差因子无法建立解析公式，公差因子不是决定目标要素位置的变量。此外，还有一个原因为一个几何要素上可能会存在多个公差指标，例如，一个平面相对于基准平面的公差指标，可以是距离公差和平行度公差同时存在，一个成组要素既可以具有相对于外部基准的位置度又可以具有相对于成员之间的位置度，因此无法为每一个公差因子计算敏感度。

7.2.3 基于控制点变动模型的敏感度数值计算方法

为了寻求公差因子敏感度计算的自动化方法，必须分析机器模型中几何要素误差传递关系。零件的几何形状由几何要素组成，各种类型的几何要素在不同的位置、方向的组合构成了千千万万的零件几何。虽然零件的几何形状千变万化，但它们都是由基本几何要素组成的，几何要素的几何类型是有限的，几何要素的组合情况也应该是有限的，因此必须从分析零件的几何要素组成原理出发来寻找出合适的敏感度自动分析方法。

目标要素由几何类型已知的基本几何要素组成，目标要素的位置误差可以用目标要素上特征点位置误差的各种组合来表示，获得目标要素上特征点的误差之后，即可得到目标要素的位置误差情况。因此，对目标要素的位置误差分析可以转换成分析目标要素上特征点位置变动的情况。以下将目标要素上待分析的特征点称为目标点。目标点和变动方向的选取与目标要素的几何类型和目标要素所具有的自由度相关。对于平面要素，目标点为平面边界上的角点，变动方向为公称平面的法线方向；对于圆柱要素，目标点为轴线的端点，变动方向为圆柱端面圆的直径方向。对于分析目标为目标要素在机器上位置变动的情况，敏感度数值计算中的目标函数为目标点在机器坐标系中的某个坐标值。

本书基于控制点变动模型和矩阵运算方法研究敏感度的自动计算方法。关于零件几何误差分析本书还有几个约定：①替代几何约定，实际表面由与其理想几何类型相同，而方向和位置参数不同的几何要素代替，可以将替代几何解释为与实际几何要素表面贴合的拟合几何；②几何要素规则边界假定，虽然组成零件的几何要素的形状只有直线、平面、圆柱、圆等几种，但这些几何要素的边界形状千变万化，为了简化求解，这里将所有平面均用规则的四边形替代，所有圆柱都假定为两端表面是整圆且垂直于轴线的圆柱，根据规则边界的变动计算几何要素的位置和零件的装配位置与根据实际边界进行计算的情况肯定有所差异；③将涉及的几何要素的类型限定在平面、圆柱面、圆锥面、球面等初等几何要素；④约定敏感度是指几何要素位置变动参数对评价目标位置变动的敏感度，而不是某一个公差因子的敏感度，该位置参数可能对应一个公差因子，也可能对应多个公差因子，根据公差因子和位置参数的性质决定。

7.3　目标要素在机器坐标系中位置的矩阵表示方法

根据第 4 章的介绍，零件内目标要素的位置变动取决于误差传递关系图上全体要素几何参数的变动，这个传递关系图除了定义零件内部几何要素之间的定位关系，还存储了全部几何要素的公差类型和公差数值，因此从中还可以获知几何要素的变动范围和变动规律。定义几何公差位置的基准数量存在只有一个基准、具有两个基准和具有三个基准等三种情况，误差作用路径并不一定是封闭和单一的尺寸链，而可能存在复杂的误差传递网络。因此，几何要素误差传递关系图是一个包括从零件的基础要素到目标要素之间全部关联几何要素的误差传递网络图。这个误差传递网络图具有明确的传递方向，是一个有向图。根据零件内部几何要素误差传递关系图，目标几何要素上的任意一点在零件全局坐标系中的位置可以采用齐次坐标变换矩阵进行计算。设零件目标几何要素上一个点在实际坐标系上的齐次坐标为$[x, y, z, 1]$，该点在零件全局坐标系上的齐次坐标为$[X, Y, Z, 1]$，则两者之间的数值关系可以表示为

$$\begin{bmatrix} X & Y & Z & 1 \end{bmatrix} = \begin{bmatrix} x & y & z & 1 \end{bmatrix} \prod_{j=1}^{k} \left(M_{\mathrm{i}\to\mathrm{r}}^{j} M_{\mathrm{DRF}\to\mathrm{i}}^{j} M_{\mathrm{r1}\to\mathrm{DRF}}^{j} \right) \tag{7.4}$$

式(7.4)表示目标要素位置的计算过程。首先，目标要素位置是指在零件全局坐标系下的位置；其次，计算方法采用齐次坐标变换矩阵的相继、连续相乘；最后，对于误差传递的路径为第 j 个几何要素，这个相继过程为：实际位置坐标系→理想位置坐标系→基准坐标系 DRF→第一基准要素实际坐标系。序号 j 由 1 开始到 k，k 为零件误差传递关系上第一基准要素的总数。$M_{\mathrm{i}\to\mathrm{r}}^{j}$ 为第 j 个要素实际坐标系到理想位置坐标系的齐次坐标变换矩阵；$M_{\mathrm{DRF}\to\mathrm{i}}^{j}$ 为第 j 个要素的理想位置坐标系到其基准坐标系的齐次坐标变换矩阵；$M_{\mathrm{r1}\to\mathrm{DRF}}^{j}$ 表示第 j 个要素的基准坐标系到第一基准要素实际坐标系的齐次坐标变换矩阵。

由第 5 章的内容可知，式(7.4)中的齐次坐标$[x, y, z, 1]$就是图 5.8 中的矢量 u，以上三个矩阵 $M_{\mathrm{i}\to\mathrm{r}}^{j}$ 、 $M_{\mathrm{DRF}\to\mathrm{i}}^{j}$ 和 $M_{\mathrm{r1}\to\mathrm{DRF}}^{j}$ 连乘的结果就是式(5.1)中的 $M_{\mathrm{g}\to k}^{Q}$ ，而图 5.8 中的矢量 U 还需要增加包含装配关系的齐次矩阵，如式(5.3)所示。总之机

器中任意一个零件上的任意一个目标几何要素在机器坐标系中的位置均可以用齐次坐标变换矩阵的相乘来表示。

7.4　几何要素实际坐标系相对于理想坐标系齐次坐标变换矩阵的旋量参数表示

本节利用雅可比旋量模型表示几何要素实际坐标系相对于理想坐标系的齐次坐标变换矩阵。雅可比旋量模型由 Desrochers 等[10-12]提出，该模型将雅可比模型和旋量模型相结合，雅可比模型适合公差传递，而旋量模型适合公差表示，因而该模型简洁易懂。该模型包含一个转动方阵和一个移动方阵，采用齐次坐标变换矩阵来描述几何要素在公差域的变动，矩阵中各元素的变动范围由一系列不等式约束，因而能有效表达包括点、线和面等基本几何要素及其之间的配合在三维空间的变动。

几何要素在空间的位姿变动可视为沿三个坐标轴的移动和绕三个坐标轴转动的合成。同样，当用雅可比旋量描述几何要素在其公差域的小位移变动时，公差域内任一几何要素的变动也可用三个移动旋量矩阵和三个转动旋量矩阵来描述。通常情况下，几何要素的矩阵模型可表达为

$$M = R_\alpha \times R_\beta \times R_\gamma \times T_u \times T_v \times T_w \tag{7.5}$$

式中，T_u、T_v、T_w 分别为沿 x、y 和 z 轴移动的齐次坐标变换矩阵；u、v、w 分别为沿三个坐标轴的微小位移；R_α、R_β、R_γ 分别为绕 x、y 和 z 轴转动的齐次坐标变换矩阵；α、β、γ 为沿三个坐标轴的微小转动。T_u、T_v、T_w 和 R_α、R_β、R_γ 分别如式(7.6)和式(7.7)所示。

$$T_u = \begin{bmatrix} 1 & 0 & 0 & 0 \\ 0 & 1 & 0 & 0 \\ 0 & 0 & 1 & 0 \\ u & 0 & 0 & 1 \end{bmatrix},\quad T_v = \begin{bmatrix} 1 & 0 & 0 & 0 \\ 0 & 1 & 0 & 0 \\ 0 & 0 & 1 & 0 \\ 0 & v & 0 & 1 \end{bmatrix},\quad T_w = \begin{bmatrix} 1 & 0 & 0 & 0 \\ 0 & 1 & 0 & 0 \\ 0 & 0 & 1 & 0 \\ 0 & 0 & w & 1 \end{bmatrix} \tag{7.6}$$

$$R_\alpha = \begin{bmatrix} 1 & 0 & 0 & 0 \\ 0 & \cos\alpha & \sin\alpha & 0 \\ 0 & -\sin\alpha & \cos\alpha & 0 \\ 0 & 0 & 0 & 1 \end{bmatrix},\quad R_\beta = \begin{bmatrix} \cos\beta & 0 & -\sin\beta & 0 \\ 0 & 1 & 0 & 0 \\ \sin\beta & 0 & \cos\beta & 0 \\ 0 & 0 & 0 & 1 \end{bmatrix},\quad R_\gamma = \begin{bmatrix} \cos\lambda & \sin\gamma & 0 & 0 \\ -\sin\gamma & \cos\gamma & 0 & 0 \\ 0 & 0 & 1 & 0 \\ 0 & 0 & 0 & 1 \end{bmatrix} \tag{7.7}$$

将T_u、T_v、T_w和R_α、R_β、R_γ等六个矩阵分别代入式(7.5)，可以得到M的完整参数表示如下：

$$M=\begin{bmatrix}\cos\alpha\cos\beta & \sin\gamma\cos\beta & -\sin\beta & 0\\ -\sin\gamma\cos\alpha+\cos\gamma\sin\beta\sin\alpha & \cos\gamma\cos\alpha+\sin\gamma\sin\beta\sin\alpha & \sin\alpha\cos\beta & 0\\ \sin\gamma\sin\alpha+\cos\gamma\sin\beta\cos\alpha & -\cos\gamma\sin\alpha+\sin\gamma\sin\beta\cos\alpha & \cos\alpha\cos\beta & 0\\ u & v & w & 1\end{bmatrix} \tag{7.8}$$

旋量参数表示就是假设几何要素的变动为微小变动，因此可以认为 $\sin\alpha\approx\alpha$、$\cos\alpha\approx1$、$\sin\alpha\sin\beta\approx0$ 等，则式(7.8)可以简化为

$$M=\begin{bmatrix}1 & \gamma & -\beta & 0\\ -\gamma & 1 & \alpha & 0\\ \beta & -\alpha & 1 & 0\\ u & v & w & 1\end{bmatrix} \tag{7.9}$$

式(7.9)为几何要素用旋量表示的齐次坐标变换矩阵一般表达式，具体要素所对应的矩阵可以通过设置式(7.9)中的参数数值得到。根据不动度概念，几何要素沿不动度方向的变动不影响该要素的性质，例如，平面要素沿平面平行方向移动或绕平面法线转动不改变平面要素的性质，因此一个平面要素具有三个不动度，即绕平面法线的转动不动度和沿平行于平面的两个独立方向的移动不动度。将式(7.9)中要素的不动度所对应的位移设为零就可以得到与该要素几何类型相对应的齐次坐标变换矩阵，如平面要素旋量表示的齐次坐标变换矩阵为

$$M_P=\begin{bmatrix}1 & 0 & -\beta & 0\\ 0 & 1 & \alpha & 0\\ \beta & -\alpha & 1 & 0\\ 0 & 0 & w & 1\end{bmatrix} \tag{7.10}$$

图 7.1(a)为平面要素的旋量表示模型。平面边界上一个点$(a, b, 0, 1)$变动前后的位置关系为

$$\begin{bmatrix}x & y & z & 1\end{bmatrix}=\begin{bmatrix}a & b & 0 & 1\end{bmatrix}M_P$$

$$\begin{bmatrix}x & y & z & 1\end{bmatrix}=\begin{bmatrix}a & b & -a\beta+b\alpha+w & 1\end{bmatrix}$$

式(7.10)中旋量参数α、β、w 作用下的平面要素必须位于平面要素的几何公差给定的公差值Δ和平面要素的长宽尺寸所限定的扁立方体内，这是旋量参数 α、β、w之间必须满足的关系。本章在这里仅讨论敏感度计算问题，不涉及具体的公差分配，所以这里没有列出这列旋量参数必须满足的不等式。

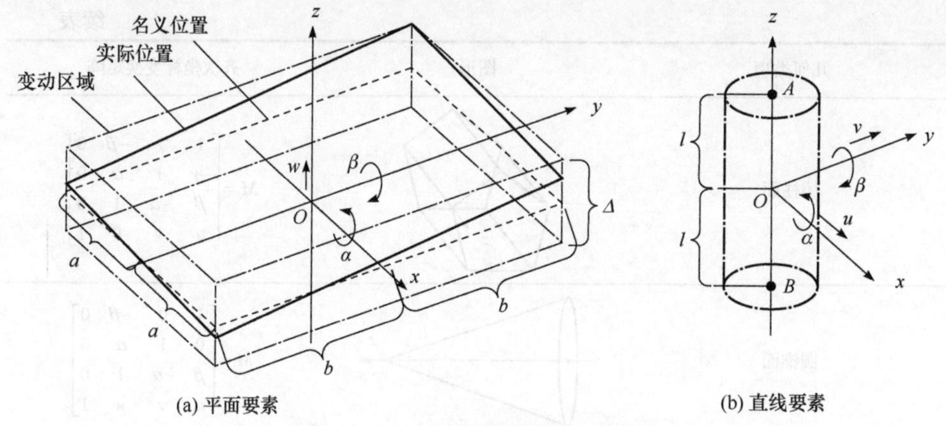

(a) 平面要素　　(b) 直线要素

图 7.1　几何要素的旋量变动模型

直线要素有两个不动度，即沿自身的移动不动度和绕自身的转动不动度。以直线自身为 z 轴建立理想坐标系，如图 7.1(b)所示，则直线要素旋量表示的齐次坐标变换矩阵如下：

$$M_1 = \begin{bmatrix} 1 & 0 & -\beta & 0 \\ 0 & 1 & \alpha & 0 \\ \beta & -\alpha & 1 & 0 \\ u & v & 0 & 1 \end{bmatrix} \tag{7.11}$$

若在变动后的几何要素实际位置上建立实际坐标系，则几何要素的旋量变动模型与控制点变动模型十分相似，式(7.10)和式(7.11)就是用旋量参数表示的实际位置坐标系相对于理想位置坐标系的齐次坐标变换矩阵。因此，可以用式(7.10)和式(7.11)中的 M 替代式(7.4)中的 $M_{i\to r}^{j}$，从而得到带旋量参数的位置计算公式。需要说明的是，为了简化计算，在实际坐标系的 Oxy 平面上的几何要素仍然看成理想状态，即对于平面要素，变动以后的边界仍然看成矩形，而且矩形的长宽尺寸也不变。

根据技术和拓扑相关的表面(TTRS)[13]，机械零件共有平面、圆柱面、螺旋面等七类常见的几何要素，这些要素旋量表示的齐次坐标变换矩阵见表 7.1。

表 7.1　七类常见几何要素微小变动旋量表示的齐次坐标变换矩阵

几何类型	图形	齐次坐标变换矩阵
曲面		$M = \begin{bmatrix} 1 & \gamma & -\beta & 0 \\ -\gamma & 1 & \alpha & 0 \\ \beta & -\alpha & 1 & 0 \\ u & v & w & 1 \end{bmatrix}$

续表

几何类型	图形	齐次坐标变换矩阵
棱柱面		$M=\begin{bmatrix}1 & \gamma & -\beta & 0\\ -\gamma & 1 & \alpha & 0\\ \beta & -\alpha & 1 & 0\\ u & v & 0 & 1\end{bmatrix}$
圆锥面		$M=\begin{bmatrix}1 & 0 & -\beta & 0\\ 0 & 1 & \alpha & 0\\ \beta & -\alpha & 1 & 0\\ u & v & w & 1\end{bmatrix}$
螺旋面		$M=\begin{bmatrix}1 & 0 & -\beta & 0\\ 0 & 1 & \alpha & 0\\ \beta & -\alpha & 1 & 0\\ u & v & w & 1\end{bmatrix}$
圆柱面		$M=\begin{bmatrix}1 & 0 & -\beta & 0\\ 0 & 1 & \alpha & 0\\ \beta & -\alpha & 1 & 0\\ u & v & 0 & 1\end{bmatrix}$
平面		$M=\begin{bmatrix}1 & 0 & -\beta & 0\\ 0 & 1 & \alpha & 0\\ \beta & -\alpha & 1 & 0\\ 0 & 0 & w & 1\end{bmatrix}$
点		$M=\begin{bmatrix}1 & 0 & 0 & 0\\ 0 & 1 & 0 & 0\\ 0 & 0 & 1 & 0\\ u & v & w & 1\end{bmatrix}$

7.5 雅可比旋量为参数的测量目标齐次坐标变换矩阵表达式

以下采用两个平板模型来说明以雅可比旋量为参数的测量目标函数关系式的自动建立方法，显然几何要素位置必须采用齐次坐标变换矩阵表示才能自动建立这一函数关系式，列出矩阵关系式的目的在于说明其算法原理。

图 7.2 为两块横向尺寸相同，厚度分别为 h_1、h_2 平板的装配情况，设置横向尺寸相同的目的是便于列出计算算式。两块平板的底面和顶面分别为零件位置定义的基准要素和目标要素，底面和顶面之间没有其他几何要素，两块平板表面要素的理想坐标系相对于基准坐标系的坐标变换矩阵只是 z 轴方向一个厚度分别为 h_1、h_2 的距离，而底面基准坐标系和零件全局坐标系相同，两个坐标系之间只是一个单位矩阵。根据以上说明，这个机器装配模型的板 2 表面相对于机器全局坐标系(设在板 1 底面上)的全部齐次坐标变换矩阵如下：

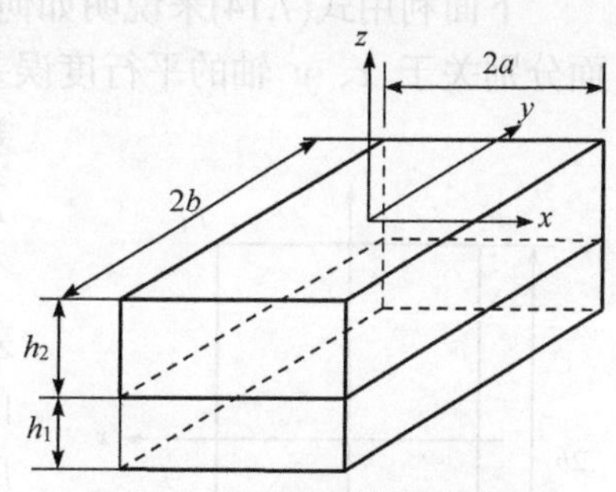

图 7.2　两块平板的装配模型

$$M = M_{P2} \times M_{h2} \times E_{2I} \times A_I \times M_{P1} \times M_{h1} \times E_{1I} \tag{7.12}$$

式中，M_{P1}、M_{P2} 分别为板 1 和板 2 上表面微小旋量的矩阵，它们相当于式(7.4)中实际坐标系到理想坐标系的齐次坐标变换矩阵；M_{h1}、M_{h2} 分别为板 1 和板 2 上表面的理想坐标系相对于基准参考框架坐标系的齐次坐标变换矩阵，分别为移动量是 h_1 和 h_2 的平移矩阵；E_{1I}、E_{2I} 为基准参考框架坐标系相对于零件全局坐标系的齐次坐标变换矩阵；A_I 为装配关系矩阵，即板 2 全局坐标系相对于板 1 上表面实际坐标系的齐次坐标变换矩阵。E_{1I}、E_{2I} 和 A_I 三个矩阵均为单位矩阵。将相应参数代入式(7.12)并去除式中的单位矩阵，式(7.12)变为

$$\begin{aligned} M &= \begin{bmatrix} 1 & 0 & -\beta_2 & 0 \\ 0 & 1 & \alpha_2 & 0 \\ \beta_2 & -\alpha_2 & 1 & 0 \\ 0 & 0 & t_2 & 1 \end{bmatrix} \begin{bmatrix} 1 & 0 & 0 & 0 \\ 0 & 1 & 0 & 0 \\ 0 & 0 & 1 & 0 \\ 0 & 0 & h_2 & 1 \end{bmatrix} \begin{bmatrix} 1 & 0 & -\beta_1 & 0 \\ 0 & 1 & \alpha_1 & 0 \\ \beta_1 & -\alpha_1 & 1 & 0 \\ 0 & 0 & t_1 & 1 \end{bmatrix} \begin{bmatrix} 1 & 0 & 0 & 0 \\ 0 & 1 & 0 & 0 \\ 0 & 0 & 1 & 0 \\ 0 & 0 & h_1 & 1 \end{bmatrix} \\ M &= \begin{bmatrix} 1-\beta_1\beta_2 & \alpha_1\beta_2 & -\beta_1-\beta_2 & 0 \\ \beta_1\alpha_2 & 1-\alpha_1\alpha_2 & \alpha_1+\alpha_2 & 0 \\ \beta_1+\beta_2 & -\alpha_1-\alpha_2 & 1-\alpha_1\alpha_2-\beta_1\beta_2 & 0 \\ \beta_1(t_2+h_2) & -\alpha_1(t_2+h_2) & t_1+t_2+h_1+h_2 & 1 \end{bmatrix} \end{aligned} \tag{7.13}$$

考虑到 α_1、β_1、α_2、β_2、t_1、t_2 均为微小量，故可以将它们的乘积看成零，即式(7.13)还可以进一步简化为

$$M = \begin{bmatrix} 1 & 0 & -\beta_1-\beta_2 & 0 \\ 0 & 1 & \alpha_1+\alpha_2 & 0 \\ \beta_1+\beta_2 & -\alpha_1-\alpha_2 & 1 & 0 \\ \beta_1 h_2 & -\alpha_1 h_2 & t_1+t_2+h_1+h_2 & 1 \end{bmatrix} \tag{7.14}$$

下面利用式(7.14)来说明如何计算板 1 上表面相对于机器坐标系 Oxy 坐标平面分别关于 x、y 轴的平行度误差和上表面中心点相对于机器坐标系的位置度误差。由图 7.3 可知，绕 x 轴的平行度偏差与矢量 $\overline{P_1P_4}$ 在 z 轴方向的分量成正比，这个分量就是两个点 z 坐标值的差值，同理，绕 y 轴的平行度偏差与 P_1 和 P_2 两个点在 z 坐标值之差成正比。本章的目的是计算某一测量目标全体公差因子的敏感度指标，而并不是真正计算具体的数值，因此只需要计算两个点的 z 坐标差值的敏感度因子。平面要素上四个角点的位置如图 7.3 所示。根据图 7.3，两个矢量在平面要素实际坐标系中的齐次坐标数值分别为 $\overline{P_1P_4}=\{0，2b，0，0\}$，$\overline{P_1P_2}=\{2a，0，0，0\}$，两个矢量再乘以式(7.14)即可得到它们在机器坐标系中的数值。

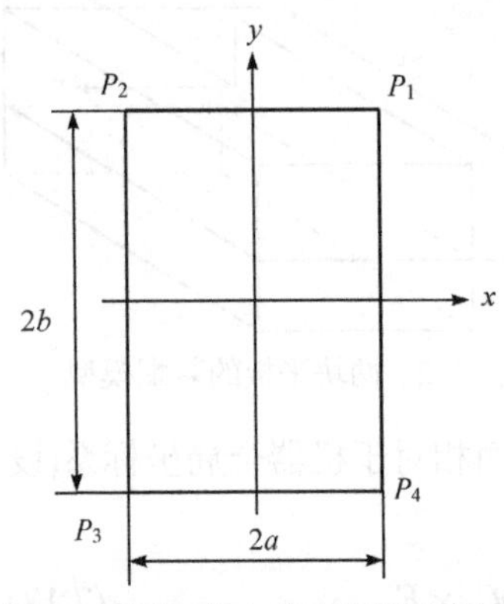

图 7.3　板 2 的上表面实际坐标系

矢量 $\overline{P_1P_4}$ 在机器坐标系中数值的计算公式如下：

$$\begin{bmatrix}0 & 2b & 0 & 0\end{bmatrix}\begin{bmatrix}1 & 0 & -(\beta_1+\beta_2) & 0\\ 0 & 1 & \alpha_1+\alpha_2 & 0\\ \beta_1+\beta_2 & -(\alpha_1+\alpha_2) & 1 & 0\\ \beta_1h_2 & -\alpha_1h_2 & t_1+t_2+h_1+h_2 & 1\end{bmatrix} \tag{7.15}$$
$$=\begin{bmatrix}0 & 2b & 2b(\alpha_1+\alpha_2) & 0\end{bmatrix}$$

在式(7.15)结果矩阵中，矢量 $\overline{P_1P_4}$ 在机器坐标系 z 轴方向的分量为 $2b(\alpha_1+\alpha_2)$，这一结果符合实际情况，将绕 x 轴的平行度用 $2b(\alpha_1+\alpha_2)$近似表示，再对全体公差因子计算敏感度，可见公差因子只有 α_1 和 α_2 两个，这一结果也符合实际情况。

对绕 y 轴的平行度也施加以上计算，矢量 $\overline{P_1P_2}$ 在机器坐标系中的数值如下：

$$\begin{bmatrix}2a & 0 & 0 & 0\end{bmatrix}\begin{bmatrix}1 & 0 & -(\beta_1+\beta_2) & 0\\ 0 & 1 & \alpha_1+\alpha_2 & 0\\ \beta_1+\beta_2 & -(\alpha_1+\alpha_2) & 1 & 0\\ \beta_1h_2 & -\alpha_1h_2 & t_1+t_2+h_1+h_2 & 1\end{bmatrix} \tag{7.16}$$
$$=\begin{bmatrix}2a & 0 & -2a(\beta_1+\beta_2) & 0\end{bmatrix}$$

由式(7.16)可以看出，矢量 $\overline{P_1P_2}$ 在机器坐标系 z 轴方向的分量为$-2a(\beta_1+\beta_2)$，这一结果符合实际情况。可见，平面要素的平行度误差计算结果是符合实际情况的。

对原点的位置度变动施加以上计算，结果为

$$[0\ 0\ 0\ 1]\begin{bmatrix} 1 & 0 & -(\beta_1+\beta_2) & 0 \\ 0 & 1 & \alpha_1+\alpha_2 & 0 \\ \beta_1+\beta_2 & -(\alpha_1+\alpha_2) & 1 & 0 \\ \beta_1 h_2 & -\alpha_1 h_2 & t_1+t_2+h_1+h_2 & 1 \end{bmatrix} = [\beta_1 h_2\ \ -\alpha_1 h_2\ \ t_1+t_2+h_1+h_2\ \ 1] \tag{7.17}$$

由式(7.17)可以看出，上表面实际坐标系原点在机器坐标系的 x、y 方向的变动受板 1 的倾角误差影响，z 方向位移则只受两块平板厚度偏差的影响，这是符合实际情况的。

由以上实例可以得出，对于平面要素，无论是计算平行度变动还是计算位移变动，利用旋量参数都可以得到合理的结果。

7.6　基于雅可比旋量齐次坐标变换矩阵的敏感度自动计算方法

利用基于齐次坐标变换矩阵的位置计算公式来实现敏感度自动计算，还是以图 7.2 的两块平板装配的情况为例，说明基于矩阵求导的敏感度计算方法，将图中板 2 上表面的矢量 $\overline{P_1P_4}$ 的计算公式(7.15)中涉及的矩阵全部列出：

$$\Delta=[0\ \ 2b\ \ 0\ \ 0]\begin{bmatrix} 1 & 0 & -\beta_2 & 0 \\ 0 & 1 & \alpha_2 & 0 \\ \beta_2 & -\alpha_2 & 1 & 0 \\ 0 & 0 & t_2 & 1 \end{bmatrix}\begin{bmatrix} 1 & 0 & 0 & 0 \\ 0 & 1 & 0 & 0 \\ 0 & 0 & 1 & 0 \\ 0 & 0 & h_2 & 1 \end{bmatrix}\begin{bmatrix} 1 & 0 & -\beta_1 & 0 \\ 0 & 1 & \alpha_1 & 0 \\ \beta_1 & -\alpha_1 & 1 & 0 \\ 0 & 0 & t_1 & 1 \end{bmatrix}\begin{bmatrix} 1 & 0 & 0 & 0 \\ 0 & 1 & 0 & 0 \\ 0 & 0 & 1 & 0 \\ 0 & 0 & h_1 & 1 \end{bmatrix} \tag{7.18}$$

式中，Δ 为板 2 的上表面边界矢量 $\overline{P_1P_4}$ 在机器全局坐标系中位置的计算公式。由前面的分析可知，当测量目标为绕 x 轴的平行度误差时，它的公差因子为误差传动路径上每一个平面要素的绕 x 轴转角旋量 α。Δ 中的第三个参数(即 z 坐标分量)对应为平面绕 x 轴的平行度，因此只需要关注影响 Δ 中第三个参数，即 z 坐标分量实际上应该是本章的分析目标。但是由于坐标系设置的随意性，不知道每一个转动旋量参数是否都对目标参数(即 Δ 中第三个参数)有贡献，为此必须对式(7.18)分别关于所有旋量参数求偏导数，再对求导结果按大小进行排队。下面对式(7.18)中的旋量参数求偏导数。

(1) 对 α_1 求偏导数：

$$\varDelta_{\alpha 1}=\begin{bmatrix}0 & 2b & 0 & 0\end{bmatrix}\begin{bmatrix}1 & 0 & -\beta_2 & 0\\0 & 1 & \alpha_2 & 0\\\beta_2 & -\alpha_2 & 1 & 0\\0 & 0 & t_2 & 1\end{bmatrix}\begin{bmatrix}1 & 0 & 0 & 0\\0 & 1 & 0 & 0\\0 & 0 & 1 & 0\\0 & 0 & h_2 & 1\end{bmatrix}\begin{bmatrix}0 & 0 & 0 & 0\\0 & 0 & 1 & 0\\0 & -1 & 0 & 0\\0 & 0 & 0 & 0\end{bmatrix}\begin{bmatrix}1 & 0 & 0 & 0\\0 & 1 & 0 & 0\\0 & 0 & 1 & 0\\0 & 0 & h_1 & 1\end{bmatrix}$$

经整理得到

$$\varDelta_{\alpha 1}=\begin{bmatrix}0 & -2b\alpha_2 & 2b & 0\end{bmatrix}$$

(2) 对 β_1 求偏导数：

$$\varDelta_{\beta 1}=\begin{bmatrix}0 & 2b & 0 & 0\end{bmatrix}\begin{bmatrix}1 & 0 & -\beta_2 & 0\\0 & 1 & \alpha_2 & 0\\\beta_2 & -\alpha_2 & 1 & 0\\0 & 0 & t_2 & 1\end{bmatrix}\begin{bmatrix}1 & 0 & 0 & 0\\0 & 1 & 0 & 0\\0 & 0 & 1 & 0\\0 & 0 & h_2 & 1\end{bmatrix}\begin{bmatrix}0 & 0 & -1 & 0\\0 & 0 & 0 & 0\\1 & 0 & 0 & 0\\0 & 0 & 0 & 0\end{bmatrix}\begin{bmatrix}1 & 0 & 0 & 0\\0 & 1 & 0 & 0\\0 & 0 & 1 & 0\\0 & 0 & h_1 & 1\end{bmatrix}$$

经整理得到

$$\varDelta_{\beta 1}=\begin{bmatrix}2b & 0 & 0 & 0\end{bmatrix}$$

(3) 对 α_2 求偏导数：

$$\varDelta_{\alpha 2}=\begin{bmatrix}0 & 2b & 0 & 0\end{bmatrix}\begin{bmatrix}0 & 0 & 0 & 0\\0 & 0 & 1 & 0\\0 & -1 & 0 & 0\\0 & 0 & 0 & 0\end{bmatrix}\begin{bmatrix}1 & 0 & 0 & 0\\0 & 1 & 0 & 0\\0 & 0 & 1 & 0\\0 & 0 & h_2 & 1\end{bmatrix}\begin{bmatrix}1 & 0 & -\beta_1 & 0\\0 & 1 & \alpha_1 & 0\\\beta_1 & -\alpha_1 & 1 & 0\\0 & 0 & t_1 & 1\end{bmatrix}\begin{bmatrix}1 & 0 & 0 & 0\\0 & 1 & 0 & 0\\0 & 0 & 1 & 0\\0 & 0 & h_1 & 1\end{bmatrix}$$

经整理得到

$$\varDelta_{\alpha 2}=\begin{bmatrix}2b\beta_1 & -2b\alpha_1 & 2b & 0\end{bmatrix}$$

(4) 对 β_2 求偏导数：

$$\varDelta_{\beta 2}=\begin{bmatrix}0 & 2b & 0 & 0\end{bmatrix}\begin{bmatrix}0 & 0 & -1 & 0\\0 & 0 & 0 & 0\\1 & 0 & 0 & 0\\0 & 0 & 0 & 0\end{bmatrix}\begin{bmatrix}1 & 0 & 0 & 0\\0 & 1 & 0 & 0\\0 & 0 & 1 & 0\\0 & 0 & h_2 & 1\end{bmatrix}\begin{bmatrix}1 & 0 & -\beta_1 & 0\\0 & 1 & \alpha_1 & 0\\\beta_1 & -\alpha_1 & 1 & 0\\0 & 0 & t_1 & 1\end{bmatrix}\begin{bmatrix}1 & 0 & 0 & 0\\0 & 1 & 0 & 0\\0 & 0 & 1 & 0\\0 & 0 & h_1 & 1\end{bmatrix}$$

经整理得到

$$\varDelta_{\beta 2}=\begin{bmatrix}0 & 0 & 0 & 0\end{bmatrix}$$

(5) 对 t_1 求偏导数：

$$\Delta_{t1}=[0\ \ 2b\ \ 0\ \ 0]\begin{bmatrix}1 & 0 & -\beta_2 & 0\\ 0 & 1 & \alpha_2 & 0\\ \beta_2 & -\alpha_2 & 1 & 0\\ 0 & 0 & t_2 & 1\end{bmatrix}\begin{bmatrix}1 & 0 & 0 & 0\\ 0 & 1 & 0 & 0\\ 0 & 0 & 1 & 0\\ 0 & 0 & h_2 & 1\end{bmatrix}\begin{bmatrix}0 & 0 & 0 & 0\\ 0 & 0 & 0 & 0\\ 0 & 0 & 0 & 0\\ 0 & 0 & 1 & 0\end{bmatrix}\begin{bmatrix}1 & 0 & 0 & 0\\ 0 & 1 & 0 & 0\\ 0 & 0 & 1 & 0\\ 0 & 0 & h_1 & 1\end{bmatrix}$$

经整理得到

$$\Delta_{t1}=[0\ \ 0\ \ 0\ \ 0]$$

(6) 对 t_2 求偏导数：

$$\Delta_{t2}=[0\ \ 2b\ \ 0\ \ 0]\begin{bmatrix}0 & 0 & 0 & 0\\ 0 & 0 & 0 & 0\\ 0 & 0 & 0 & 0\\ 0 & 0 & 1 & 0\end{bmatrix}\begin{bmatrix}1 & 0 & 0 & 0\\ 0 & 1 & 0 & 0\\ 0 & 0 & 1 & 0\\ 0 & 0 & h_2 & 1\end{bmatrix}\begin{bmatrix}1 & 0 & -\beta_1 & 0\\ 0 & 1 & \alpha_1 & 0\\ \beta_1 & -\alpha_1 & 1 & 0\\ 0 & 0 & t_1 & 1\end{bmatrix}\begin{bmatrix}1 & 0 & 0 & 0\\ 0 & 1 & 0 & 0\\ 0 & 0 & 1 & 0\\ 0 & 0 & h_1 & 1\end{bmatrix}$$

经整理得到

$$\Delta_{t2}=[0\ \ 0\ \ 0\ \ 0]$$

以上六步为分别对六个旋量参数求偏导数，本实例装配的目标函数为式(7.18)中矢量Δ的第三个分量，目标函数关于六个旋量参数的求导结果按大小排列如表 7.2 所示。

表 7.2　目标函数对旋量参数的偏导数

旋量参数	α_1	α_2	β_1	β_2	t_1	t_2
偏导数	$2b$	$2b$	0	0	0	0

由以上结果可以看出，只有两块板的上表面绕 x 轴的转动旋量对目标平面绕 x 轴的平行度有贡献，由于两块板的 y 方向尺寸相同，它们的敏感度指标也相同。

实际计算时，由于偏导数是所有变量位于初始状态时的数值，可以直接将α_i、β_i、t_i等于 0 代入全部偏导数矩阵公式中，即可得到目标函数关于某一个变量在理想位置时的偏导数值。

7.7　本 章 小 结

对旋量参数计算敏感度，而不是公差因子的敏感度，每一个几何要素的旋量参数是已知的，可以根据旋量参数建立几何元素的实际坐标系相对于理想坐标系的齐次坐标变换矩阵，因此利用旋量参数可以自动建立目标几何要素在机器坐标系中位置矩阵表示的计算公式，也可以自动建立目标函数关于全部几何要素每一个旋量参数偏导数的计算公式。这就提供了一个自动计算旋量参数的敏感度指标机制，利用这一机制可以编制自动计算敏感度的程序。

对于给定的几何要素，其旋量参数与公差因子一定存在对应关系，例如，平面要素具有一个平移旋量和两个转动旋量，平移旋量对应平面的距离公差变量和位置公差变量，转动旋量对应两个方向的平行度、垂直度或者倾斜度公差变量。因此，在计算敏感度前，需要对每一个几何要素的全部公差标注进行归类识别，建立每一个旋量参数与相应的一个或者多个公差标注之间的对应关系，这样只需要对同一旋量参数所对应的全部公差标注计算一个敏感度。

参考文献

[1] Zhang W. Sensitive factor for position tolerance. Research in Engineering Design, 1997, 9(4): 228-234.

[2] 周恺, 蔡颖, 张振家, 等. 稳健设计理论在公差分析中的应用. 北京理工大学学报, 2003, 23(5): 557-560.

[3] 张开富, 李原, 杨海成. 尺寸链组成环灵敏度排序的多准则群决策算法. 计算机集成制造系统, 2006, 12(10): 1628-1631.

[4] 于鹏, 孔晓玲, 刘素梅, 等. 三维公差建模与敏感度分析. 合肥工业大学学报(自然科学版), 2013, 36(1): 15-19.

[5] Philipp Z, Sandro W. A statistical method to identify main contributing tolerances in assemblability studies based on convex hull techniques. Journal of Zhejiang University—SCIENCE A, 2015, 16(5): 361-370.

[6] Philipp Z, Sandro W. Sensitivity analysis of features in tolerancing based on constraint function level sets. Reliability Engineering and System Safety, 2015, 134: 324-333.

[7] Benjamin S, Sandro W. A generic approach to sensitivity analysis in geometric variations management. Vitis Geilweilerhof, 2015, 4: 343-352.

[8] Benjamin S, Sandro W. An approach to the sensitivity analysis in variation simulations considering form deviations. Procedia CIRP, 2018, (75): 273-278.

[9] Sigmetrix. CETOL 6σ toterance analysis software. https://www.sigmetrix.com/products/cetol-tol0erance-analysis-software[2021-8-10].

[10] Desrochers A, Riviere A. A matrix approach to the representation of tolerance zones and clearances. International Journal of Advanced Manufacturing Technology, 1997, 13(9): 630-636.

[11] Desrochers A. Modeling three dimensional tolerance zones using screw parameters. CD-ROM Proceedings of ASME DETC, LasVegas, 1999.

[12] Desrochers A, Ghie W, Laperriere L. Application of a unified Jacobian-Torsor model for tolerance analysis. Journal of Computing and Information Science in Engineering, 2003, 3: 2-14.

[13] Desrochers A, Clement A. A dimensioning and tolerancing assistance model for CAD/CAM systems. The International Journal of Advanced Manufacturing Technology, 1994, 9(6): 352-361.

第 8 章　尺寸公差和几何公差关联设计方法

尺寸公差和几何公差关联设计是指同一几何要素在遵循公差相关要求的情况下协调设计它的尺寸公差和几何公差。关联考虑装配要素的尺寸公差和几何公差，能够在不提高零件制造精度的情况下提高零件的合格率，从而增加制造效益，因此研究应用公差相关要求的设计方法具有实用价值。本章从装配要素作用尺寸出发，研究应用公差相关要求的几何误差特征项目的适用类型，归纳适用公差相关要求的几何要素类型，建立一种具有完备的公差相关要求的尺寸公差和几何公差关联设计方法。

8.1　公差相关要求的尺寸公差和几何公差设计存在的问题

公差相关要求是包容要求、最大实体要求、最小实体要求(least material requirement，LMR)以及最大实体要求和最小实体要求的可逆要求等统称。相关要求是零件精度设计的重要概念，根据相关要求可以更加准确地估计装配精度，从而提高装配质量。在零件精度检验过程中，根据被测要素遵循的公差相关要求进行检验才能得出正确的精度合格性结论。在加工工艺参数确定过程中，考虑相关要求可以降低工艺装备的精度要求，或者提高零件加工生产率。在反求工程的精度设计中，考虑相关要求可使反求结果更符合原始精度设计意图。因此，精度设计中相关要求的应用正在不断增加，研究相关要求的应用原则、补偿公差计算方法与检测检验方法、建立尺寸公差和几何公差关联设计方法具有十分重要的价值。

在过去的二十年内，已有大量的工作致力于应用公差相关要求设计模式的研究。ISO 标准(ISO 2692)[1]和 ASME 标准(ASME Y14.5M-2009)[2]已经对最大实体要求和最小实体要求进行了定义。20 世纪 80 年代就有人利用实效边界设计虚拟量规，Jayaraman 等[3]提出采用条件公差和虚拟量规方法来定义实效边界要求，他们提出在装配要素的理想几何假设前提下，用最大实体要求来检查装配的可行性，或者用最小材料条件来计算零件端面的最大位移。Robinson[4]在装配规范、公差指标和公差设计中提出最大材料零件概念，这个概念相当于最大实体要求和最小实体要求的扩展。Etesami[5]提出一个模型来解释二维的位置公差规范。根据基准要素来构造模拟量规，作为约束关系的集合，用形状完美但存在位置偏差的几何来定义被测要素和名义要素，通过测量这种几何之间的位置关系，来保证被测要素和名义要素满足基准约束关系。Lehtihet 等[6]通过孔的尺寸和位置误差概率模型的组合来预测孔的合格率概率模型。在几何要素公差设计规范的规则和方法方面，Ballu 等[7]提出应用公差相关要求的一些基本原则，例如，面向装配要求和最小间隙要求，尺寸要素的功能实效边界必须应用最大材料条件；而面向最大间隙要求和最大偏差要求，尺寸要素的功能实效边界必须应用最小材料条件等。Dantan 等[8]提出一个量化器的概念，量化器代表装配功能要求，如“至少满足一个间隙指标”的功能要求、“满足所有间隙指标”的功能要求等，根据装配的功能和工艺要求，公差综合的过程转化为一个形式化的量化器数学公式。采用这种方法，归纳出一些形式化的规则来决定相应的量化器(如最大实体要求、最小实体要求)，即根据全体功能要求以及全体装配过程要求来形式化地决定采用最大实体要求还是最小实体要求。这些形式化的公式是一些 IF-THEN 规则，例如，如果“所考虑的要素是一个尺寸要素”，并且“接触的性质是带浮动的”以及“至少存在一个可接受的间隙”，那么所考虑的功能实效边界必须遵循“最大实体要求”。Chavanne 等[9]建议扩充公差相关要求，以适应复杂表面几何要素的应用。Pairel 等[10,11]面向虚拟装配量规设计提出一个概念模型，该模型考虑了最大实体要求和最小实体要求。Singh 等[12]利用 T-Map 模型进行装配公差分配，T-Map 模型能够表示装配要素的实际关联配合包络和不关联配合包络，它追求与公差标准的一致性和兼容性，但采用的数学工具十分复杂。Shen 等[13,14]和 Ameta 等[15]利用 T-Map 模型分析浮动配合条件的公差和可装配性问题，探讨了公差相关要求的公差补偿问题。Anselmetti 等[16]针对遵循最大和最小材料要求的公差指标提出两个补充表述方法和几个解释，这种表述方法能够与独立原则一致，大大简化尺寸公差的设计过程，改进可读性，便于生产实际使用，但其仅适用于不需要验证要素局部尺寸的场合，因此方法的通用性是有不足的。

应用公差相关要求能够带来制造效益，是因为装配要素的尺寸公差和几何公差在一定程度上可以互相补偿，提高装配的成功率。当两个尺寸要素自由装配时，决定它们之间存在间隙或者过盈的因素是两个尺寸要素的作用尺寸。作用尺寸不仅取决于尺寸要素的局部尺寸，而且与尺寸要素的整体几何形状相关，因此估计作用尺寸的变动范围需要综合考虑尺寸公差和几何公差的共同影响。当设计目标为装配间隙或者装配过盈时，在检验时可将尺寸误差小于公差的富余部分补偿给几何公差，增加几何公差数值，还可以将几何误差小于公差的富余部分补偿给尺寸公差，增加尺寸公差数值，这就是公差标准设定公差相关要求以及可逆的公差相关要求的目的。在基准定位的装配中，当公差相关要求应用于基准时，还可以将基准要素的尺寸和几何误差的富余部分补偿给目标要素的位置误差。因此，在尺寸要素的公差规范中应用公差相关要求，通过尺寸公差和几何公差的补偿关系，可以提高零件的合格率、降低制造成本。

虽然ISO和ASME等公差标准化组织非常清晰地论述了公差相关要求的功能及其重要性，但是针对具体的装配要素，在应用公差相关要求条件下它的尺寸公差和几何公差的关联关系和关联设计方法、公差相关要求的应用规则等，在目前无论是学术界还是公差实际应用中均不存在。公差相关要求在生产实际中的应用还不普遍，是因为还存在以下问题亟待解决：①公差相关要求的使用条件不明确，应用公差相关要求情况下对尺寸要素的几何类型、几何公差类型、基准类型、基准数量、基准布局等均没有提出明确要求；②应用公差相关要求的关联要素的检验条件和检验方法不完整，一些应用情况下的检验条件没有明确定义；③应用公差相关要求情况下的公差分析与设计方法不完善，对公差指标数值的设置缺少依据。

本章针对第一个问题和第三个问题进行研究，第二个问题将在第 9 章专门讨论。本章的研究是对已有研究工作[17]的扩展，通过研究公差相关要求的作用机理来明确公差相关要求的使用条件，将作用尺寸概念从单一要素自由装配扩展到关联要素的基准定位和定向装配，根据对目标要素的作用尺寸和极限作用尺寸决定因素的分析，研究装配要素作用尺寸、极限作用尺寸的计算方法，归纳应用公差相关要求的几何公差的类型，提出适用公差相关要求的几何要素的几何类型，从而建立具有完备的公差相关要求的尺寸公差和几何公差关联设计方法。

8.2　装配作用尺寸的计算方法

虽然装配作用尺寸是单一要素在其自由装配中的概念，但这些概念也同样适用于关联要素的基准定位和定向装配场合。因此，本章从单一要素自由装配的作用尺寸、极限作用尺寸的角度出发，将其扩展到关联要素的基准定位和定向装配，从而建立公差相关要求的使用条件以及相关要求下的公差设计准则。

8.2.1　单一尺寸要素自由装配的作用尺寸和极限作用尺寸

尺寸要素根据组成表面的形状可分为直径要素和宽度要素两类，二者的局部尺寸分别为直径和宽度。单一尺寸要素的这些局部尺寸在要素的实际表面上处处不同，只能通过整体测量方法得到一个实际作用尺寸，再通过数值分析方法根据各处的局部尺寸推算出轮廓要素整体的直径或宽度表征尺寸以及中心要素的形状误差。如图 8.1(a)所示，尺寸要素的局部尺寸 d_{a1}、d_{a2}、…、d_{ai} 各不相同，每个尺寸线的起止点和尺寸测量方向都不一样，因此作用尺寸 d_f 并不能仅根据局部尺寸进行计算，需要结合被测对象整体形状综合考虑。决定一批零件同一要素装配性质的作用尺寸为极限作用尺寸，即在设计范畴下需要用作用尺寸许可变化的边界值来判断装配目标是间隙装配、过盈装配还是过渡装配。在理想模型中，极限作用尺寸可以通过轮廓要素的极限尺寸和中心要素的几何公差进行推算。在图 8.1(b)所示的设计模型中，要素的尺寸极限值以及许可的形状误差是用理想几何的参数表示的，因此可以通过实际尺寸极限值和许可的形状误差数值推算出作用尺寸的极限值。

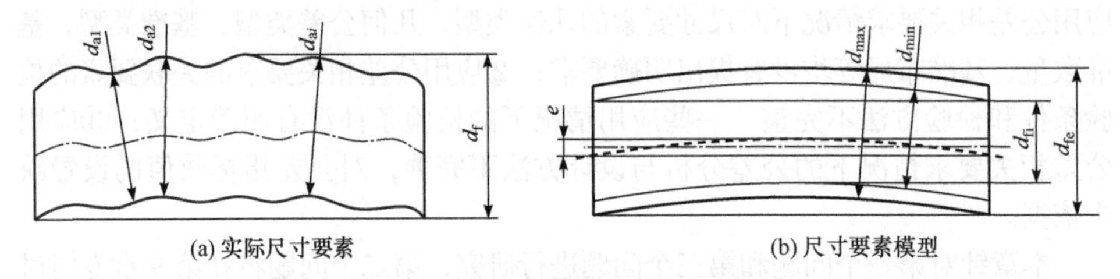

(a) 实际尺寸要素　　(b) 尺寸要素模型

图 8.1　尺寸要素及其表示模型

根据公差标准，作用尺寸包括体外作用尺寸和体内作用尺寸，体外作用尺寸的极限值为最大实体实效尺寸，体内作用尺寸的极限值为最小实体实效尺寸。尺寸要素实体实效尺寸与公称尺寸、尺寸公差和形状公差的关系可以用式(8.1)表示：

$$\begin{aligned} D_{\mathrm{MV}} &= D - \Delta D/2 - E \\ d_{\mathrm{MV}} &= d + \Delta d/2 + e \\ D_{\mathrm{LV}} &= D + \Delta D/2 + E \\ d_{\mathrm{LV}} &= d - \Delta d/2 - e \end{aligned} \tag{8.1}$$

式中，D、d 分别为孔、轴的公称尺寸；$\pm\Delta D/2$、$\pm\Delta d/2$ 分别为对称形式表示的孔、轴尺寸公差；E、e 分别为孔、轴中心要素的形状公差；D_{MV}、d_{MV} 分别为孔、轴尺寸要素的最大实体实效尺寸；D_{LV}、d_{LV} 分别为孔、轴尺寸要素的最小实体实效尺寸。

根据式(8.1)，装配最小间隙是孔、轴体外极限作用尺寸的差值，而最小过盈是孔、轴体内极限作用尺寸的差值。由此可见，单一要素在自由装配下的最小间隙和最小过盈的计算公式为

$$\begin{aligned} C_{\min} &= D_{\mathrm{MV}} - d_{\mathrm{MV}} = D - d - \Delta D/2 - \Delta d/2 - E - e \\ Y_{\min} &= d_{\mathrm{LV}} - D_{\mathrm{LV}} = d - D - \Delta D/2 - \Delta d/2 - E - e \end{aligned} \tag{8.2}$$

式中为便于表述，规定装配的过盈量为正值，即将过盈量定义为轴尺寸与孔尺寸之差，则单一要素自由装配的最小间隙表述为孔、轴的公称尺寸先相减，再分别减去两者的半径公差和中心要素的形状公差；将最小过盈表述为轴、孔的公称尺寸先相减，再分别减去两者的半径公差和中心要素的形状公差。由式(8.2)可知，最大间隙发生在孔、轴分别处于最小实体尺寸且两者的形状误差为零时；同理，

最大过盈发生在孔、轴分别处于最大实体尺寸且两者的形状误差为零时。

对于保证最小间隙或者最小过盈的装配，式(8.2)就是两个尺寸要素的尺寸公差和中心要素的形状公差的设计计算依据。需要强调的是，式(8.2)中的 D、d 与一般的孔、轴配合场合中的含义不同。一般的孔、轴配合场合中通过公差带位置来反映配合类型为间隙、过渡和过盈情况，此时规定孔、轴的公称尺寸是相同的。式(8.2)是假定孔、轴尺寸的上下偏差为对称公差，因此此时的 D、d 不是孔、轴的名义尺寸，而是将公差带转化成对称公差之后的孔、轴中间尺寸。本章中的其他各节在没有明确说明之处，尺寸 D、d 均指孔、轴的中间尺寸，而不是孔轴配合意义上的配合要素的名义尺寸。

由式(8.1)和式(8.2)可以看出，单一要素作用尺寸的评定方向与中心要素形状误差的评定方向是一致的，单一要素以其定形尺寸公差的半值和中心要素形状公差的全值加大了轴的最大实体实效尺寸和孔的最小实体实效尺寸，减小了孔的最大实体实效尺寸和轴的最小实体实效尺寸。这说明当形状公差的数值接近尺寸公差数值的一半时，形状公差对装配质量的影响就不可忽视。这是单一要素自由装配情况下定形尺寸误差和中心要素的形状误差对极限作用尺寸的作用机理，应用公差相关要求时，定形尺寸误差和中心要素的形状误差可以综合考虑，从而在不影响装配性质的情况下提高零件的合格率。

8.2.2　关联要素基准定向装配的作用尺寸和极限作用尺寸

关联要素的装配是指两个目标要素在各自的基准要素保持相互接触前提条件下的装配，即基准要素和目标要素同时参与的装配。基准要素对于目标要素存在定向约束和定位约束两种情况，因此关联要素的装配也具有基准定向装配和基准定位装配两种形式。

基准定向装配中，基准要素只限制了关联要素相对于它的方向，而不限制相对于它的位置，即基准定向装配相当于允许两个零件只做相对平动的自由装配。图 8.2 为平面要素作为装配基准要素的定向装配情况，两个装配要素垂直度误差的评定方向为垂直于公称中心要素的方向，该方向同时也是公称直径或者宽度的测量方向，因此装配作用尺寸的计算方向与基准平面平行。在考虑基准定向装配的场合，两个要素的装配接触长度一般都比较大，此时装配要素的方向公差数值远大于其形状公差数值，因此两个装配目标要素的最大实体实效尺寸和最小实体实效尺寸计算公式只考虑方向公差而忽略形状公差。仿照单一要素的情况，关联要素平面基准定向装配的最大实体实效尺寸和最小实体实效尺寸的计算公式为

$$
\begin{aligned}
D_{\mathrm{MV}} &= D - \Delta D/2 - t_{\mathrm{ho}} \\
d_{\mathrm{MV}} &= d + \Delta d/2 + t_{\mathrm{so}} \\
D_{\mathrm{LV}} &= D + \Delta D/2 + t_{\mathrm{ho}} \\
d_{\mathrm{LV}} &= d - \Delta d/2 - t_{\mathrm{so}}
\end{aligned} \tag{8.3}
$$

式中，t_{so} 和 t_{ho} 分别为轴、孔装配要素的方向公差。对于图 8.2 的装配情况，装配最小间隙和最小过盈的计算公式为

$$
\begin{aligned}
C_{\min} &= D_{\mathrm{MV}} - d_{\mathrm{MV}} = D - d - \Delta D/2 - \Delta d/2 - t_{\mathrm{ho}} - t_{\mathrm{so}} \\
Y_{\min} &= d_{\mathrm{LV}} - D_{\mathrm{LV}} = d - D - \Delta D/2 - \Delta d/2 - t_{\mathrm{ho}} - t_{\mathrm{so}}
\end{aligned} \tag{8.4}
$$

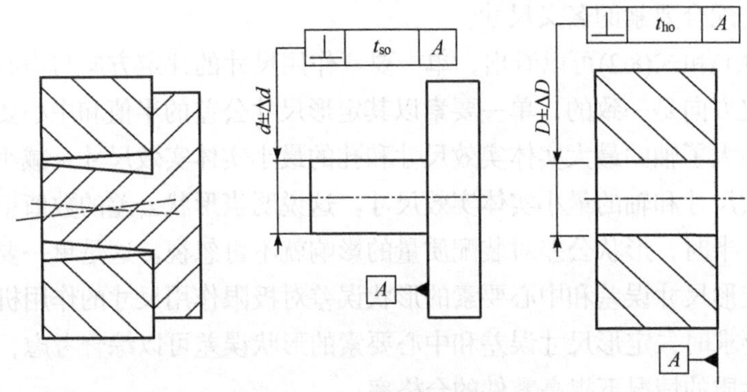

图 8.2　平面基准定向装配

比较式(8.4)和式(8.2)可以发现，在基准要素为平面要素的情况下，式(8.4)只是将式(8.2)中的目标要素的形状公差换成了它的方向公差，而没有涉及基准要素的几何公差。这说明基准要素不是尺寸要素情况下的定向装配，该基准要素的形状误差不影响目标要素的装配结果，即该基准定向装配下基准要素不需要应用公差相关要求。由此可见，当基准要素为平面要素时，该平面要素不需要应用公差相关要求。

当两个基准要素为尺寸要素时，此时的装配情况就与上面的情况存在较大的不同，因为两个基准要素本身也构成了一对孔轴装配，这就变成了一对目标要素和一对基准要素这两对轴孔要素同时进行装配的问题，如图 8.3 所示。由于两个基准要素的接触存在多种可能，两个基准要素在不同的尺寸下对间隙或过盈的影响也存在多种情况，需要分别进行讨论。但有一点可以肯定的是，最小间隙一定发生在两个零件的目标要素和基准要素均处于最大实体状态(maximum material condition，MMC)时，而最小过盈一定发生在两个零件的目标要素和基准要素均处于最小实体状态(least material condition，LMC)时。因此，基准要素为尺寸要素时的基准定向装配的最小间隙和最小过盈的计算公式为

$$
\begin{aligned}
C_{\min} &= D_{\mathrm{MV}} - d_{\mathrm{MV}} + (Q_{\mathrm{MV}} - q_{\mathrm{MV}})l_{\mathrm{o}}/l_{\mathrm{D}} \\
Y_{\min} &= d_{\mathrm{LV}} - D_{\mathrm{LV}} - (Q_{\mathrm{LV}} - q_{\mathrm{LV}})l_{\mathrm{o}}/l_{\mathrm{D}}
\end{aligned} \tag{8.5}
$$

式中，Q_{MV}、Q_{LV}、q_{MV}、q_{LV}分别为两个基准的最大实体实效尺寸和最小实体实效尺寸；l_{o}、l_{D}分别为目标要素和基准要素的装配接触长度。

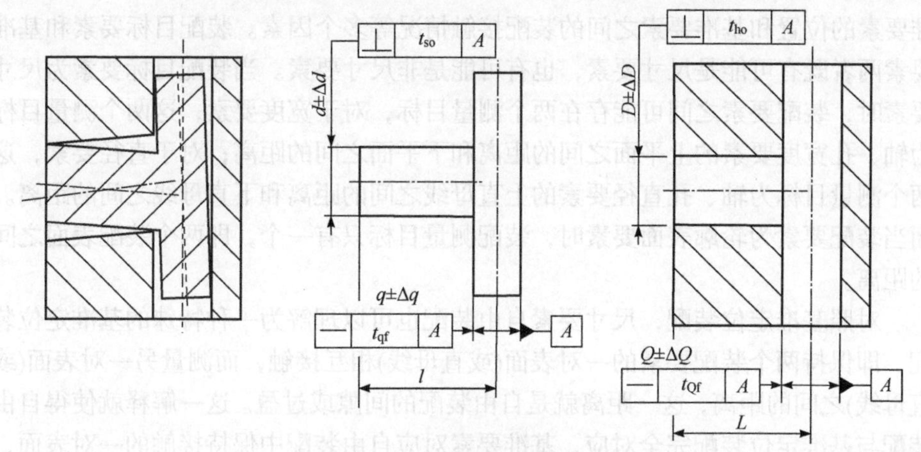

图 8.3　尺寸要素基准定向装配

基准要素之间的间隙必然会对目标要素之间的相对位置产生影响，因此在对目标要素的尺寸公差和几何公差进行关联设计时，必须考虑基准要素的实效状态，即基准要素的尺寸公差和几何公差也必须遵循相应的公差相关要求。由于最大实体实效尺寸和最小实体实效尺寸在平行于基准方向上计算，式(8.5)中目标要素的最大实体实效尺寸和最小实体实效尺寸仍然由式(8.3)定义。装配基准没有限制目标要素沿基准要素中心平面方向的平移，而基准要素的尺寸误差和形状误差的评定方向垂直于它的中心平面，因此目标要素的作用尺寸与基准要素的尺寸误差和形状误差无关。将最大实体实效尺寸和最小实体实效尺寸计算公式代入式(8.4)和式(8.5)，可得最小间隙和最小过盈与几何尺寸和公差参数的关系式：

$$
\begin{aligned}
C_{\min} &= D-d-\Delta D/2-\Delta d/2-t_{\mathrm{ho}}-t_{\mathrm{so}}+(Q-q-\Delta Q/2-\Delta q/2-t_{\mathrm{Qf}}-t_{\mathrm{qf}})l_{\mathrm{o}}/l_{\mathrm{D}} \\
Y_{\min} &= d-D-\Delta D/2-\Delta d/2-t_{\mathrm{ho}}-t_{\mathrm{so}}-(Q-q+\Delta Q/2+\Delta q/2+t_{\mathrm{Qf}}+t_{\mathrm{qf}})l_{\mathrm{o}}/l_{\mathrm{D}}
\end{aligned}
\tag{8.6}
$$

式(8.6)说明，基准要素为尺寸要素情况下的基准定向装配，基准要素的尺寸公差和形状公差会对最小间隙和最小过盈产生影响，当基准遵循公差相关要求时，基准的误差富余以目标要素装配长度与基准要素装配长度的比值补偿给被测要素。

式(8.5)还有一个约定，基准定位和定向装配场合中，两个基准要素装配本身是不能过盈的，因此式(8.5)中无论是计算间隙还是计算过盈，均是基准孔的实体实效尺寸减去基准轴的实体实效尺寸。

8.2.3　关联要素基准定位装配的作用尺寸和极限作用尺寸

基准要素定位装配中，两目标要素之间的相对位置取决于两者相对于各自基准要素的位置和基准要素之间的装配接触情况等多个因素。装配目标要素和基准要素两者既有可能是尺寸要素，也有可能是非尺寸要素。当装配目标要素为尺寸要素时，装配要素之间可能存在两个测量目标，对于宽度要素，这两个测量目标为轴、孔宽度要素的上平面之间的距离和下平面之间的距离；对于直径要素，这两个测量目标为轴、孔直径要素的上直母线之间的距离和下直母线之间的距离。而当装配要素为轮廓表面要素时，装配测量目标只有一个，即两个装配表面之间的距离。

对照基准定位装配，尺寸要素自由装配也可以理解为一种特殊的基准定位装配，即保持两个装配要素的一对表面(或直母线)相互接触，而测量另一对表面(或直母线)之间的距离，这一距离就是自由装配的间隙或过盈。这一解释就使得自由装配与基准定位装配完全对应，基准要素对应自由装配中保持接触的一对表面，而关联要素的测量表面对应自由装配中进行测量的另一对表面。根据以上分析，基准定位装配也可以转换成两对尺寸要素的自由装配，即将接触基准表面作为等效孔轴自由装配的一对接触表面，再将原目标要素的两对测量表面分别作为等效孔轴自由装配的另一对测量目标表面，从而构成两个等效孔轴自由装配。以下根据基准要素为尺寸要素和非尺寸要素两种情况分别讨论与等效孔轴自由装配的对应情况以及相应的最小间隙和最小过盈的计算公式。

图 8.4 为平面基准定位装配以及对应的等效孔轴自由装配情况。图 8.4(a)中，实线表示一个装配零件的基准平面和目标孔，虚线表示另一个装配零件的基准平面和目标轴。在规定两基准平面必须贴合接触的前提下，目标要素的上、下两个表面(或母线)分别与基准平面构成了两种不同直径的等效孔轴自由装配，此处分别称为小直径等效孔轴自由装配和大直径等效孔轴自由装配，如图 8.4(b)和图 8.4(c)所示。

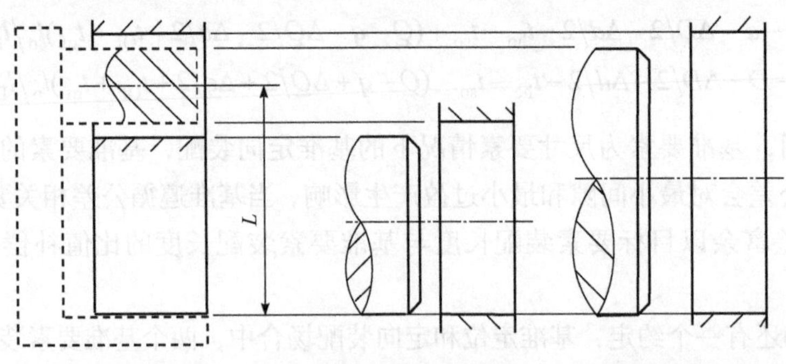

(a) 平面基准定位装配　(b) 小直径等效孔轴自由装配　(c) 大直径等效孔轴自由装配

图 8.4　平面基准定位装配以及对应的等效孔轴自由装配情况

图8.5为对图8.4中两个等效孔轴自由装配确定实效尺寸和计算装配间隙与过盈的原理简图。图8.5(a)和图8.5(b)、图8.5(c)和图8.5(d)分别为图8.4(b)和图8.4(c)所示的小直径、大直径等效孔轴自由装配的孔轴极限作用尺寸的尺寸链，图中空心箭头所示尺寸是这些权限作用尺寸。基于尺寸公差和几何公差数值的数量级差异，计算实效尺寸时只考虑位置公差而忽略方向公差和形状公差。小直径等效孔和等效轴的最大实体实效尺寸和最小实体实效尺寸分别为

$$
\begin{aligned}
D_{\mathrm{MV}} &= L - d/2 - \Delta d/4 - t_{\mathrm{sp}}/2 \\
D_{\mathrm{LV}} &= L - d/2 + \Delta d/4 + t_{\mathrm{sp}}/2 \\
d_{\mathrm{MV}} &= L - D/2 + \Delta D/4 + t_{\mathrm{hp}}/2 \\
d_{\mathrm{LV}} &= L - D/2 - \Delta D/4 - t_{\mathrm{hp}}/2
\end{aligned} \tag{8.7}
$$

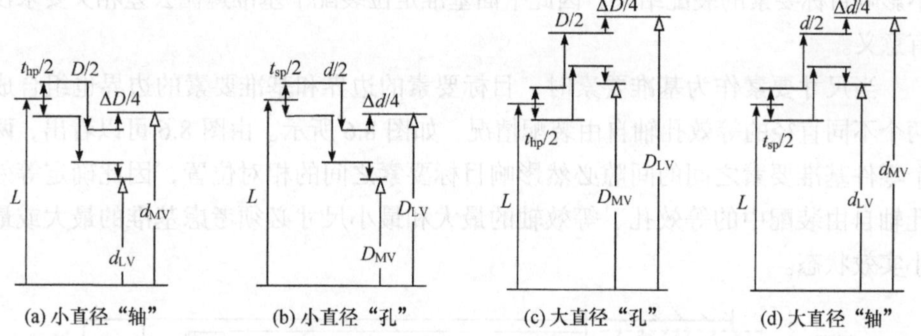

图 8.5　对应图 8.4 的等效孔轴极限尺寸计算尺寸链

根据装配间隙和过盈的定义，等效自由装配的最小间隙和最小过盈的计算公式如下：

$$
\begin{aligned}
C_{\min} &= D_{\mathrm{MV}} - d_{\mathrm{MV}} = D/2 - d/2 - \Delta D/4 - \Delta d/4 - t_{\mathrm{hp}}/2 - t_{\mathrm{sp}}/2 \\
Y_{\min} &= d_{\mathrm{LV}} - D_{\mathrm{LV}} = d/2 - D/2 - \Delta D/4 - \Delta d/4 - t_{\mathrm{hp}}/2 - t_{\mathrm{sp}}/2
\end{aligned} \tag{8.8}
$$

大直径等效孔和等效轴的最大实体实效尺寸、最小实体实效尺寸计算公式为式(8.9)，相应的最小间隙和最小过盈的计算公式为式(8.10)。

$$
\begin{aligned}
D_{\mathrm{MV}} &= L + D/2 - \Delta D/4 - t_{\mathrm{hp}}/2 \\
D_{\mathrm{LV}} &= L + D/2 + \Delta D/4 + t_{\mathrm{hp}}/2 \\
d_{\mathrm{MV}} &= L + d/2 + \Delta d/4 + t_{\mathrm{sp}}/2 \\
d_{\mathrm{LV}} &= L + d/2 - \Delta d/4 - t_{\mathrm{sp}}/2
\end{aligned} \tag{8.9}
$$

$$
\begin{aligned}
C_{\min} &= D_{\mathrm{MV}} - d_{\mathrm{MV}} = D/2 - d/2 - \Delta D/4 - \Delta d/4 - t_{\mathrm{hp}}/2 - t_{\mathrm{sp}}/2 \\
Y_{\min} &= d_{\mathrm{LV}} - D_{\mathrm{LV}} = d/2 - D/2 - \Delta D/4 - \Delta d/4 - t_{\mathrm{hp}}/2 - t_{\mathrm{sp}}/2
\end{aligned} \tag{8.10}
$$

比较式(8.8)和式(8.10)可知，两对等效孔轴自由装配的最小间隙和最小过盈的计算公式相同，说明对于平面基准定位装配情况下的最小间隙和最小过盈计算，不必考虑测量表面的选择问题。

由式(8.7)和式(8.9)可知，目标要素会以尺寸公差值的1/4 和位置公差值的1/2 这一总量增加到等效轴的最大实体实效尺寸和等效孔的最小实体实效尺寸上，同样以这一总量来减小等效孔的最大实体实效尺寸和等效轴的最小实体实效尺寸。也就是说，基准定位装配情况下除了目标要素的尺寸误差会影响装配作用尺寸外，位置误差也会影响装配作用尺寸，而位置误差的数值要比尺寸误差大得多。另外，在平面基准定位装配的情况下，当目标要素的尺寸公差和位置公差应用公差相关要求时，尺寸公差和位置公差可以相互补偿，而平面基准的形状误差不影响目标要素的装配结果，因此平面基准定位装配下基准遵循公差相关要求没有意义。

当尺寸要素作为基准要素时，目标要素的边界和基准要素的边界也组合成两个不同直径的等效孔轴自由装配情况，如图 8.6 所示。由图 8.6 可以看出，两个零件基准要素之间的间隙必然影响目标要素之间的相对位置，因此确定等效孔轴自由装配中的等效孔、等效轴的最大和最小尺寸必须考虑基准的最大或最小实效状态。

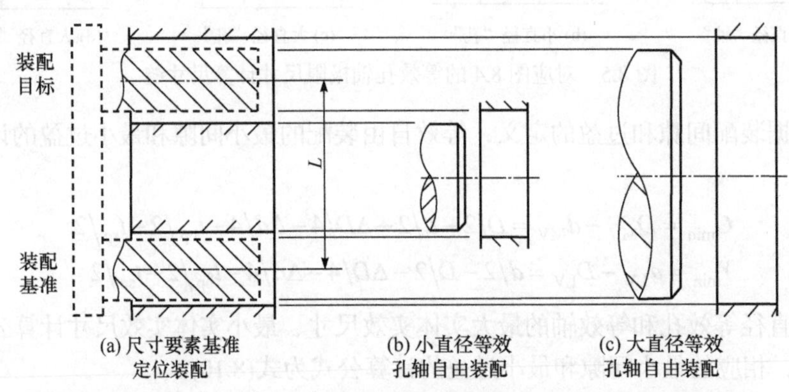

图 8.6　基准要素为尺寸要素时的基准定位装配与孔轴自由装配情况

图 8.7(a)和图 8.7(b)为图 8.6(b)所示的小直径等效孔轴自由装配的轴、孔最大和最小实体实效尺寸计算尺寸链图，图中空心箭头所示尺寸就是这些最大和最小实体实效尺寸，基准孔和基准轴的尺寸公差分别为 $Q \pm \Delta Q$、$q \pm \Delta q$，基准孔和基准轴的中心要素形状公差分别为 t_{Qf}、t_{qf}。由图 8.7(a)和图 8.7(b)得到的等效孔、等效轴的最大和最小实体实效尺寸以及原装配要素的位置误差，得到小直径等效轴和等效孔的最大实体实效尺寸和最小实体实效尺寸的计算公式为

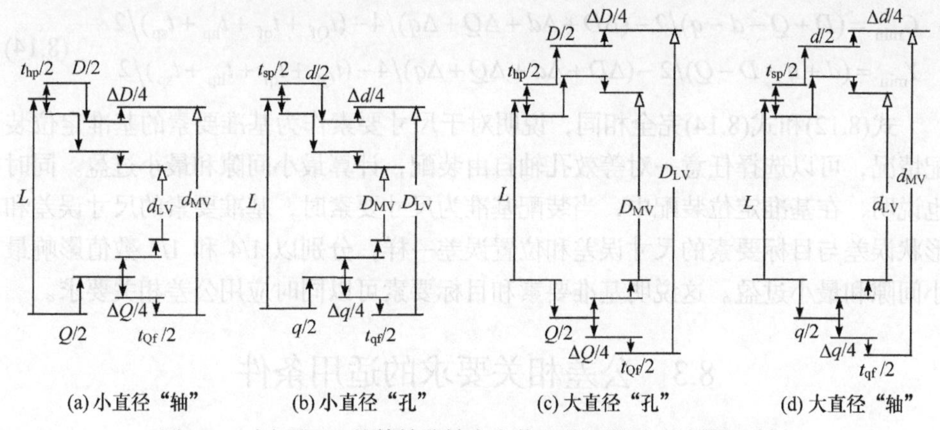

图 8.7 对应图 8.6 的等效孔轴自由装配的极限尺寸计算尺寸链

$$
\begin{aligned}
d_{MV} &= L - Q/2 - D/2 + \Delta Q/4 + \Delta D/4 + t_{Qf}/2 + t_{hp}/2 \\
d_{LV} &= L - Q/2 - D/2 - \Delta Q/4 - \Delta D/4 - t_{Qf}/2 - t_{hp}/2 \\
D_{MV} &= L - q/2 - d/2 - \Delta q/4 - \Delta d/4 - t_{qf}/2 - t_{sp}/2 \\
D_{LV} &= L - q/2 - d/2 + \Delta q/4 + \Delta d/4 + t_{qf}/2 + t_{sp}/2
\end{aligned}
\tag{8.11}
$$

根据式(8.11)，小直径等效孔轴自由装配的最小间隙和最小过盈分别为

$$
\begin{aligned}
C_{\min} &= (D + Q - d - q)/2 - (\Delta D + \Delta d + \Delta Q + \Delta q)/4 - (t_{Qf} + t_{qf} + t_{hp} + t_{sp})/2 \\
Y_{\min} &= (d + q - D - Q)/2 - (\Delta D + \Delta d + \Delta Q + \Delta q)/4 - (t_{Qf} + t_{qf} + t_{hp} + t_{sp})/2
\end{aligned}
\tag{8.12}
$$

图 8.7(c)和图 8.7(d)为图 8.6(c)所示的大直径等效孔轴自由装配的等效轴和等效孔的最大、最小实体实效尺寸的计算尺寸链图，具体结果为

$$
\begin{aligned}
d_{MV} &= L + q/2 + d/2 + \Delta q/4 + \Delta d/4 + t_{qf}/2 + t_{sp}/2 \\
d_{LV} &= L + q/2 + d/2 - \Delta q/4 - \Delta d/4 - t_{qf}/2 - t_{sp}/2 \\
D_{MV} &= L + Q/2 + D/2 - \Delta Q/4 - \Delta D/4 - t_{Qf}/2 - t_{hp}/2 \\
D_{LV} &= L + Q/2 + D/2 + \Delta Q/4 + \Delta D/4 + t_{Qf}/2 + t_{hp}/2
\end{aligned}
\tag{8.13}
$$

等效轴和等效孔的最大和最小实体实效尺寸为相应的等效极限尺寸和等效公差相加减的结果。其中，等效轴的极限尺寸为公称距离加上目标要素和实体基准要素极限尺寸的一半，等效公差为目标要素位置公差和实体基准形状公差的一半；等效孔的极限尺寸为公称距离加上目标要素和空腔基准要素极限尺寸的一半，等效公差为目标要素位置公差和空腔基准形状公差的一半。

大直径等效孔轴自由装配的最小间隙和最小过盈分别为

$$
\begin{aligned}
C_{\min} &= (D+Q-d-q)/2-(\Delta D+\Delta d+\Delta Q+\Delta q)/4-(t_{\mathrm{Qf}}+t_{\mathrm{qf}}+t_{\mathrm{hp}}+t_{\mathrm{sp}})/2 \\
Y_{\min} &= (d+q-D-Q)/2-(\Delta D+\Delta d+\Delta Q+\Delta q)/4-(t_{\mathrm{Qf}}+t_{\mathrm{qf}}+t_{\mathrm{hp}}+t_{\mathrm{sp}})/2
\end{aligned}
\tag{8.14}
$$

式(8.12)和式(8.14)完全相同，说明对于尺寸要素作为基准要素的基准定位装配情况，可以选择任意一对等效孔轴自由装配，计算最小间隙和最小过盈。同时也说明，在基准定位装配中，当装配基准为尺寸要素时，基准要素的尺寸误差和形状误差与目标要素的尺寸误差和位置误差一样，分别以 1/4 和 1/2 数值影响最小间隙和最小过盈。这说明基准要素和目标要素可以同时应用公差相关要求。

8.3 公差相关要求的适用条件

应用公差相关要求的目的在于最大限度地增加经济效益，即在保证装配成功率的前提下尽可能地扩大零件的公差，从而降低零件的制造成本。8.2 节给出了孔轴自由装配、基准定向装配、基准定位装配等情况下最大和最小实体实效尺寸的计算公式以及最小间隙和最小过盈的计算公式，这些公式建立了相关参数之间的关联关系，根据这些公式就可以建立应用公差相关要求的应用条件。以下给出应用公差相关要求情况下，目标要素和基准要素的几何类型以及几何公差的类型、目标要素与基准要素的相对位置关系等必须满足的规则。

规则 1(应用公差相关要求的几何类型)：应用公差相关要求的目标要素和基准要素只能是尺寸要素，而不能是非尺寸要素。可逆要求只能应用于被测目标要素的中心要素几何公差对尺寸公差的补偿，而不能应用于基准要素的几何公差和尺寸公差之间的补偿。

基准要素应用公差相关要求的目的是帮助被测目标要素保证或者达到设计要求，而不是为了基准要素本身保证或者达到设计要求，因此可逆要求不能应用于基准要素。

规则 2(单一尺寸要素自由装配应用公差相关要求的场合)：单一尺寸要素的尺寸公差和中心要素的直线度或平面度公差之间的关系可以应用公差相关要求，包括包容要求、最大实体要求、最小实体要求以及可逆要求。

包容要求是一种假设中心要素形状公差为 0 这一条件下的最大实体要求，因此包容要求没有可逆要求。

规则 3(关联要素的基准定向装配应用公差相关要求的场合)：对关联要素的基准定向装配，关联要素的尺寸公差与中心要素的方向公差可以应用公差相关要求及其可逆要求。

规则 4(关联要素的基准定位装配应用公差相关要求的场合)：对关联要素的基准定位装配，关联要素的尺寸公差与中心要素的位置公差可以应用公差相关要求。

规则5(基准要素应用公差相关要求的规则):基准定位装配情况下,目标要素遵循公差相关要求时,若基准要素是尺寸要素,则基准必然要采用公差相关要求,而不能采用独立原则,并且基准本身的尺寸公差与几何公差也必须采用公差相关要求。当基准要素为非尺寸要素时,基准要素不能应用公差相关要求。

目标要素遵循公差相关要求的目标在于在其实体实效尺寸不变的前提下,增加其尺寸公差或者形状公差。当基准要素为尺寸要素时,基准要素以最大或最小实体实效尺寸与实际作用尺寸的差值来扩大装配目标要素的最大或最小实体实效尺寸的修改量,从而进一步增加目标要素的尺寸公差或者形状公差。基准要素为尺寸要素时,决定基准要素的极限作用尺寸为其轮廓要素的极限尺寸和中心要素的形状公差,决定基准要素的实际作用尺寸为其轮廓要素的实际尺寸和中心要素的形状公差。

规则6(基准要素应用公差相关要求对目标要素的作用):在基准定位装配情况下,若基准要素为尺寸要素,则基准要素的尺寸误差和形状误差富余部分可以同目标要素的几何公差一样,补偿给装配目标要素的尺寸公差;在基准定向装配情况下,若基准要素为尺寸要素,则基准要素的尺寸误差和形状误差富余部分通过比例折算补偿给装配目标要素的尺寸公差,其折算方法就是误差富余部分乘以目标装配接触长度和基准接触长度的比值。

规则7(基准要素和目标要素必须应用相同的公差相关要求):基准要素和目标要素必须遵循相同的公差相关要求,即不允许基准要素遵循最大实体要求和目标要素遵循最小实体要求,或者反之。

基准应用公差相关要求是为了更好地帮助被测目标要素保证或者达到设计要求,只有两者应用的公差相关要求类型一致才能达到这一目标。

规则8(最大实体要求及其可逆要求的应用场合):对于保证装配的间隙不得小于最小间隙,以及保证孔的最大实体实效尺寸不得小于最小尺寸和保证轴的最大实体实效尺寸不得大于最大尺寸的设计要求,尺寸公差与几何公差以及基准之间采用的公差相关要求为最大实体要求及其可逆要求。

在最大实体状态下,孔的最大实体实效尺寸最小,轴的最大实体实效尺寸最大,若最大实体状态下最小间隙能得到保证,则当孔轴偏离最大实体状态时,间隙一定大于最小值。

规则9(最小实体要求及其可逆要求的应用场合):对于保证装配过盈不得小于最小过盈,以及保证孔的最小实体实效尺寸不得大于最大尺寸和保证轴的最小实体实效尺寸不得小于最小尺寸的设计要求,尺寸公差与几何公差以及基准之间采用的公差相关要求为最小实体要求及其可逆要求。

在最小实体状态下,孔的最大实体实效尺寸最大,轴的最大实体实效尺寸最小,若最小实体状态下最小间隙能得到保证,则当孔轴偏离最大实体状态时,间隙一定大于最小值。

为了加深对以上九个规则的理解，下面举例加以说明。图 8.8 为目标要素和基准要素应用公差相关要求的标注情况。图 8.8(a)位置度公差定义四个垂直于圆筒中心线成组通孔的位置变动范围，基准要素 *A* 为圆筒的端面即零件的基础基准平面，基准要素 *B* 为一个直径要素，即基准要素 *B* 为直径 17.6～17.7mm 圆柱的轴线，基准要素 *C* 为一个宽度要素，即基准要素 *C* 为直槽的中心面。四个通孔轴线的公称位置位于一个平面内，该成组要素对应的几何图框是一个从中心向圆周辐射的辐条圆盘，圆盘的中心位于基准要素 *B* 上，并由基准要素 *A* 定义其在基准要素 *B* 上的位置，圆盘绕基准要素 *B* 的回转角度约束由基准要素 *C* 承担。圆盘具有六个自由度，根据基准优先关系，基准要素 *A* 约束了圆盘的两个转动自由度和一个移动自由度，基准要素 *B* 约束了圆盘在平行于基准要素 *A* 的平面内的两个移动自由度，基准要素 *C* 约束了圆盘绕基准要素 *B* 的转动自由度，因此圆盘的六个自由度完全约束。基准要素 *A* 并非尺寸要素，因此基准要素 *A* 不能应用公差相关要求，而基准要素 *B* 和基准要素 *C* 均为尺寸要素，因此可以应用公差相关要求。但当基准要素 *A* 改变为尺寸要素时，如图 8.8(b)所示，基准要素 *A* 满足应用公差相关要求的条件，因此此时的基准要素 *A* 也可以应用公差相关要求。

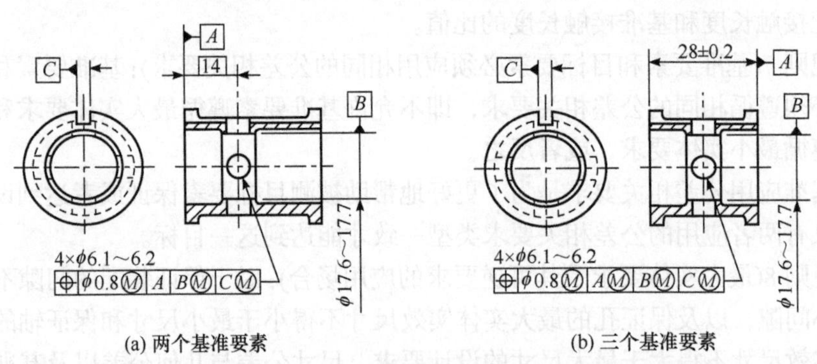

图 8.8　两个基准要素和三个基准要素应用最大实体要求的实例(单位：mm)

8.4　应用公差相关要求的尺寸公差和几何公差关联设计方法

在应用公差相关要求情况下，尺寸要素的尺寸公差和几何公差关联设计方法分两种情况，即成对装配要素的公差设计和单个要素的公差设计。成对装配要素以保证最小间隙或最小过盈为设计目标，单个要素以保证轮廓表面相对于基准之间的最小距离或最大距离为设计目标。最小间隙或最小过盈的计算公式可以根据装配要素的相关参数直接推导，而最小距离和最大距离与目标要素的尺寸公差和几何公差还没有建立联系公式，不能建立公差设计计算公式。本节根据不同基准几何类型，分别讨论成对装配要素和单个要素的尺寸公差和几何公差的设计与分配公式的建立方法。

8.4.1　单个要素保证距离要求的尺寸公差和几何公差关联设计方法

1. 基准要素为平面情况下的设计方法

当关联要素为尺寸要素时，关联要素的轮廓表面与基准平面之间必然存在最大和最小两个距离，无论关联要素是直径要素还是宽度要素，也不管它的形态是实体还是空腔，关联要素的表面相对于基准平面都存在两个极值点。当关联要素为圆柱时，这两个极值点位于圆柱表面相对于基准平面的最远和最近的两条直母线上；当目标要素为宽度要素时，这两个极值点位于宽度要素相对于基准平面的最远和最近的两个平面上。尽管公差标注是以关联要素的中心线或者中心面相对于基准平面的距离作为精度设计目标的，但是生产实际中对关联要素的检验是通过测量这两条直母线或者这两个平面相对于基准平面的距离来保证的，因此这个最远和最近的距离就是零件功能要求必须达到的设计目标。关联要素表面到基准的两个距离可以用图 8.9 来说明，图 8.9(a)为实体要素的两个距离 S_n 和 S_f，图 8.9(b)为空腔要素的两个距离 H_n 和 H_f，保证距离要求的尺寸公差和几何公差设计以这两个距离为设计目标，且保证这两个距离尺寸的最大值和最小值均有可能作为公差设计的目标要求。显然，这两个距离尺寸与关联要素的尺寸公差和位置公差直接相关，因此需要设法建立关联要素尺寸公差和几何公差与设计要求之间的关系。

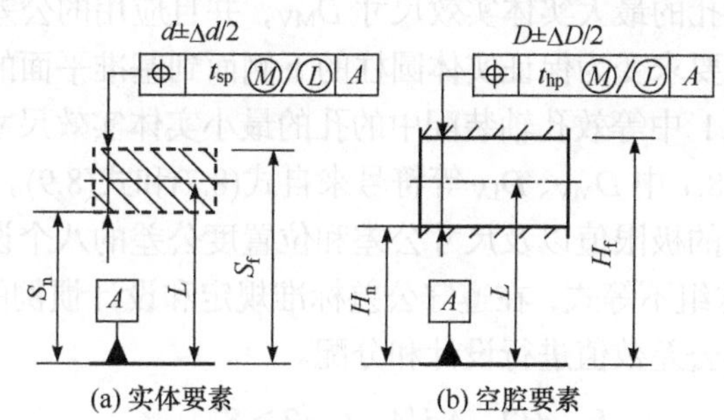

(a) 实体要素　(b) 空腔要素

图 8.9　尺寸公差和几何公差设计方法(基准为平面要素)

为了利用 8.3 节的分析结果，必须将单个要素的公差设计问题转化为成对装配要素的公差设计问题。假想存在另一个零件与当前关联要素进行基准定位装配，再将这对假想的基准定位装配转化为等效的孔轴自由装配，则等效孔和等效轴的最大和最小实体实效尺寸就是关联要素表面到基准的两个距离尺寸的最大值和最小值。实体要素和空腔要素均存在要素表面到基准的两个距离，它们分别为 S_n、S_f、H_n 和 H_f 共四个变量，对它们分别限制其最大值和最小值，共有八种情况，即 $S_n \leqslant S_{n,max}$、$S_n \geqslant S_{n,min}$、$S_f \leqslant S_{f,max}$、$S_f \geqslant S_{f,min}$、$H_n \leqslant H_{n,max}$、$H_n \geqslant H_{n,min}$、$H_f \leqslant H_{f,max}$ 和 $H_f \geqslant H_{f,min}$，这八种情况说明具有八种设计要求。根据图 8.4 的等效转化关系，这八种设计要求就是保证等效孔和等效轴的最大或最小实体实效尺寸。以 S_n 的两个设计要求 $S_n \leqslant S_{n,max}$ 和 $S_n \geqslant S_{n,min}$ 为例，对照图 8.4 可知，S_n 对应为等效孔轴自由装配中的小直径孔的直径，S_n 的最小值和最大值分别发生在等效孔处于最大实体状态和最小实体状态条件下，因此设计要求 $S_n \geqslant S_{n,min}$ 对应为保证孔的最大实体实效尺寸 $D_{MV} \geqslant S_{n,min}$，而设计要求 $S_n \leqslant S_{n,max}$ 对应为保证孔的最小实体实效尺寸 $D_{LV} \leqslant S_{n,max}$。根据同样的理由，可以处理其余六个设计要求。八个设计要求对应的等效孔轴装配的实效尺寸以及遵循的公差相关要求如表 8.1 所示。

表 8.1　基准要素为平面时的设计目标、设计要求、应用的材料条件

设计目标		极限值及其公式			最小值≥最小距离 L_{min}		最大值≤最大距离 L_{max}	
		最小值	最大值	公式	设计要求	材料条件	设计要求	材料条件
实体	S_n	D_{MV}	D_{LV}	式(8.7)	$D_{MV} \geqslant L_{min}$	Ⓜ	$D_{LV} \leqslant L_{max}$	Ⓛ
	S_f	d_{LV}	d_{MV}	式(8.9)	$d_{LV} \geqslant L_{min}$	Ⓛ	$d_{MV} \leqslant L_{max}$	Ⓜ
空腔	H_n	d_{LV}	d_{MV}	式(8.7)	$d_{LV} \geqslant L_{min}$	Ⓛ	$d_{MV} \leqslant L_{max}$	Ⓜ
	H_f	D_{MV}	D_{LV}	式(8.9)	$D_{MV} \geqslant L_{min}$	Ⓜ	$D_{LV} \leqslant L_{max}$	Ⓛ

表 8.1 给出了设计目标和等效孔轴装配的对应关系。例如，设计要求为保证实体圆柱的下侧面到基准平面的最小距离，即 $S_n \geqslant S_{n,min}$，则对应设计目标为表 8.1 中等效孔轴装配的孔的最大实体实效尺寸 D_{MV}，并且应用的公差相关要求为最大实体要求。若实际要求变为保证实体圆柱的下侧面到基准平面的最大距离，则对应设计目标为表 8.1 中等效孔轴装配中的孔的最小实体实效尺寸 D_{LV}，并且应用最小实体要求。表 8.1 中 D_{MV}、D_{LV} 等符号来自式(8.7)和式(8.9)。使用这两个公式，保证四个距离尺寸的极限值以及尺寸公差和位置度公差的八个设计要求可以表示为式(8.15)。使用这组不等式，在遵守公差标准规定和设计惯例的前提下，就可以对尺寸公差和几何公差数值进行设计和分配。

$$\begin{aligned}
&L-d/2-\Delta d/4-t_{sp}/2 \geqslant S_{n,min}\\
&L-d/2+\Delta d/4+t_{sp}/2 \leqslant S_{n,max}\\
&L+d/2-\Delta d/4-t_{sp}/2 \geqslant S_{f,min}\\
&L+d/2+\Delta d/4+t_{sp}/2 \leqslant S_{f,max}\\
&L-D/2-\Delta D/4-t_{hp}/2 \geqslant H_{n,min}\\
&L-D/2+\Delta D/4+t_{hp}/2 \leqslant H_{n,max}\\
&L+D/2-\Delta D/4-t_{hp}/2 \geqslant H_{f,min}\\
&L+D/2+\Delta D/4+t_{hp}/2 \leqslant H_{f,max}
\end{aligned} \tag{8.15}$$

2. 基准要素为尺寸要素时的设计方法

当基准要素为尺寸要素时，关联要素轮廓边界与基准要素轮廓边界共有四个距离尺寸，如图 8.10 所示，图 8.10(a)为关联要素和基准要素均为实体要素和实体基准的两个距离 S_n 和 S_f，图 8.10(b)为关联要素和基准要素分别为空腔要素和实体基准的两个距离 H_n 和 H_f。这四个距离与等效孔轴自由装配的等效孔和等效轴的最大、最小实体实效尺寸的情况对应，其与保证等效孔、等效轴最大或最小实体实效尺寸和相应的公差相关要求等情况见表 8.2。同时必须注意到，尺寸要素作为基准要素时，基准要素的尺寸公差和形状公差也必须遵循相应的公差相关要求。

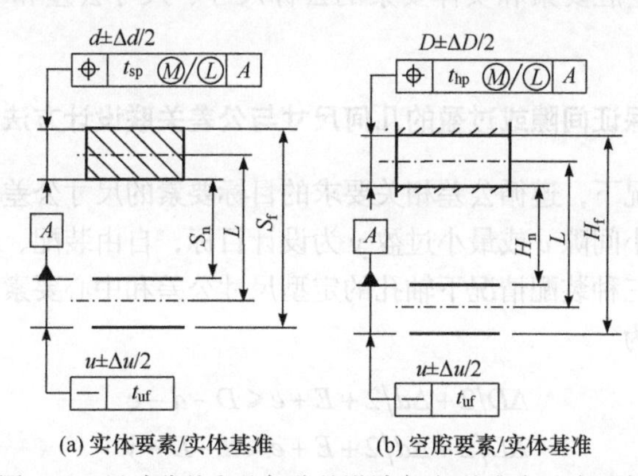

(a) 实体要素/实体基准　(b) 空腔要素/实体基准

图 8.10　尺寸公差和几何公差设计方法(基准为尺寸要素)

表 8.2　基准要素为尺寸要素时的设计目标、设计要求、应用的材料条件

设计目标		极限值及其公式			最小值≥最小距离 L_{min}		最大值≤最大距离 L_{max}	
		最小值	最大值	公式	设计要求	材料条件	设计要求	材料条件
实体	S_n	D_{MV}	D_{LV}	式(8.11)	$D_{MV}\geq L_{min}$	Ⓜ	$D_{LV}\leq L_{max}$	Ⓛ
	S_f	d_{LV}	d_{MV}	式(8.13)	$d_{LV}\geq L_{min}$	Ⓛ	$d_{MV}\leq L_{max}$	Ⓜ
空腔	H_n	d_{LV}	d_{MV}	式(8.11)	$d_{LV}\geq L_{min}$	Ⓛ	$d_{MV}\leq L_{max}$	Ⓜ
	H_f	D_{MV}	D_{LV}	式(8.13)	$D_{MV}\geq L_{min}$	Ⓜ	$D_{LV}\leq L_{max}$	Ⓛ

根据式(8.11)和式(8.13)，针对保证四个距离极限值的设计要求，目标要素的尺寸公差和位置公差设计必须满足的关系为

$$L-d/2-\Delta d/4-u/2-\Delta u/4-t_{uf}/2-t_{sp}/2\geq S_{n,\min}$$
$$L-d/2-\Delta d/4-u/2+\Delta u/4+t_{uf}/2+t_{sp}/2\leq S_{n,\max}$$
$$L+d/2-\Delta d/4+u/2-\Delta u/4-t_{uf}/2-t_{sp}/2\geq S_{f,\min}$$
$$L+d/2+\Delta d/4+u/2+\Delta u/4+t_{uf}/2+t_{sp}/2\leq S_{f,\max}$$

$$
\begin{aligned}
&L-D/2-\Delta D/4-u/2-\Delta u/4-t_{\mathrm{uf}}/2-t_{\mathrm{hp}}/2 \geqslant H_{\mathrm{n,\,min}} \\
&L-D/2+\Delta D/4-u/2+\Delta u/4+t_{\mathrm{uf}}/2+t_{\mathrm{hp}}/2 \leqslant H_{\mathrm{n,\,max}} \\
&L+D/2-\Delta D/4+u/2-\Delta u/4-t_{\mathrm{uf}}/2-t_{\mathrm{hp}}/2 \geqslant H_{\mathrm{f,\,min}} \\
&L+D/2+\Delta D/4+u/2+\Delta u/4+t_{\mathrm{uf}}/2+t_{\mathrm{hp}}/2 \leqslant H_{\mathrm{f,\,max}}
\end{aligned} \tag{8.16}
$$

在式(8.16)的八个不等式中，需要求解的参数就是目标要素的尺寸公差和位置公差，其余参数均为已知参数。需要说明的是，基准要素无论属于空腔要素还是实体要素，求解计算公式形式相同，因此图 8.10 和式(8.16)中用参数 u、Δu 和 t_{uf} 统一表示空腔要素和实体要素的公称尺寸、尺寸公差和中心要素的形状公差。

8.4.2 成对装配保证间隙或过盈的几何尺寸与公差关联设计方法

成对装配情况下，遵循公差相关要求的目标要素的尺寸公差和几何公差的关联设计以保证最小间隙 c 或最小过盈 y 为设计目标，自由装配、基准定向装配和基准定位装配等三种装配情况下轴孔的定型尺寸公差和中心要素的几何公差必须满足的关系分别为

$$
\begin{aligned}
&\Delta D/2+\Delta d/2+E+e \leqslant D-d-c \\
&\Delta D/2+\Delta d/2+E+e \leqslant d-D-y
\end{aligned} \tag{8.17}
$$

$$
\begin{aligned}
&\Delta D/2+\Delta d/2+t_{\mathrm{ho}}+t_{\mathrm{so}} \leqslant D-d-c+(Q-q-\Delta Q/2-\Delta q/2-t_{\mathrm{Qf}}-t_{\mathrm{qf}})\frac{l_2+0.5l}{l_1+0.5l_{\mathrm{q}}} \\
&\Delta D/2+\Delta d/2+t_{\mathrm{ho}}+t_{\mathrm{so}} \leqslant d-D-y-(Q-q+\Delta Q/2+\Delta q/2+t_{\mathrm{Qf}}+t_{\mathrm{qf}})\frac{l_2+0.5l}{l_1+0.5l_{\mathrm{q}}}
\end{aligned} \tag{8.18}
$$

$$
\begin{aligned}
&\Delta D/2+\Delta d/2+t_{\mathrm{hp}}+t_{\mathrm{sp}} \leqslant D-d-2c+Q-q-\Delta Q/2-\Delta q/2-t_{\mathrm{Qf}}-t_{\mathrm{qf}} \\
&\Delta D/2+\Delta d/2+t_{\mathrm{hp}}+t_{\mathrm{sp}} \leqslant d-D-2y+q-Q-\Delta Q/2-\Delta q/2-t_{\mathrm{Qf}}-t_{\mathrm{qf}}
\end{aligned} \tag{8.19}
$$

式(8.17)为孔轴自由装配情况下的定型尺寸公差和中心要素的直线度或平面度公差计算公式，D、d 为孔、轴的公称尺寸；ΔD、Δd 为孔、轴的尺寸公差；E、e 为孔、轴中心要素的直线度或平面度公差。

式(8.18)为基准定向装配情况下的定型尺寸公差和方向公差必须满足的计算公式，当基准要素为平面要素时，两个公式的第三项全为零。基准定向装配的一般形式如图 8.11 所示，目标要素相对于基准以绕转动中心 O 的公称角度 θ 定位。当 θ 等于 0°、90°或其他角度时，分别对应存在平行度、垂直度和倾斜度等公差的基准定向装配情况。

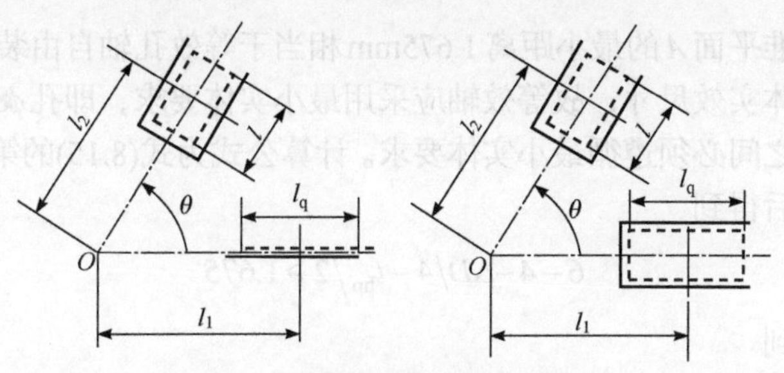

图 8.11　基准定向装配的一般形式

式(8.19)为基准定位装配情况下，装配要素的尺寸公差和位置公差满足设计要求的条件。当基准要素为平面要素时，式(8.19)右边与基准相关的参数均不存在。

式(8.17)~式(8.19)的右边均为已知量，左边的未知量均为孔、轴的尺寸公差和几何公差，根据常规的配合与公差标准和孔轴精度等级的关系，可以对尺寸公差和相应的几何公差进行分配和计算。

8.5　尺寸公差和几何公差关联设计案例

8.5.1　单个要素保证距离要求的尺寸公差和几何公差关联设计实例

图 8.12(a)为一个单个要素保证距离要求的尺寸公差和几何公差关联设计的设计实例，图 8.12(b)为验证图 8.12(a)所示的尺寸公差和位置公差以及遵循的公差相关要求是否正确的设计模型，设计要求为保证孔内壁到基准平面 A 的距离不小于 1.675mm。

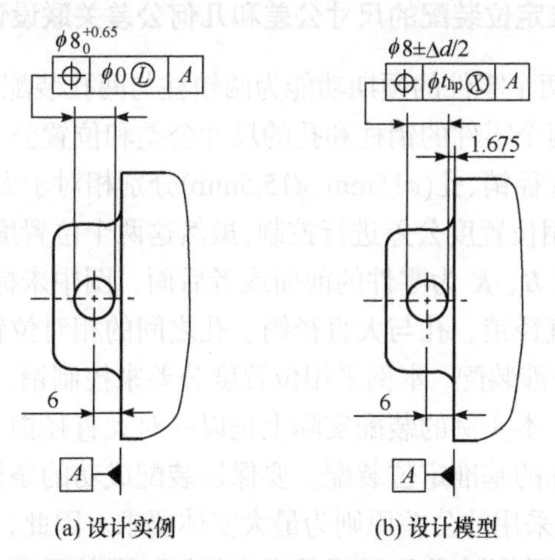

图 8.12　保证最小距离的位置公差和尺寸公差关联设计实例(单位：mm)

孔壁到基准平面 A 的最小距离 1.675mm 相当于等效孔轴自由装配的小直径等效轴的最小实体实效尺寸，故等效轴应采用最小实体要求，即孔 ϕ8mm 的尺寸公差和位置公差之间必须遵循最小实体要求。计算公式为式(8.15)的第五个公式，将相关数据代入后得到

$$6-4-\Delta D/4-t_{\mathrm{hp}}/2\geqslant 1.675 \tag{8.20}$$

将其整理后得到

$$\Delta D+2t_{\mathrm{hp}}\leqslant 1.3 \tag{8.21}$$

式(8.21)建立了孔的直径公差和位置公差之间的关系，为了满足这一关系，可以采用试凑法并考虑尺寸公差和位置公差的数值大小关系确定两者的具体数值。若根据标准的尺寸精度等级进行设计，则可得到一组设计结果。假设选取尺寸精度等级为 IT16，即选取直径公差为 ΔD=0.9mm，则相应的位置公差为 0.2mm；假设选取尺寸精度等级为 IT15，对应的直径公差为 ΔD=0.58mm，则相应的位置公差为 0.36mm；假设选取尺寸精度等级为 IT14，对应的直径公差为 ΔD=0.36mm，则相应的位置公差为 0.47mm。分析以上试凑法计算结果可知，当选用尺寸精度等级为 IT16 时，位置公差最大只能为 0.2mm，尺寸公差和位置公差两者的数值差距太大，说明尺寸精度等级选用太低，而尺寸精度选用 IT15 或者 IT14 都是可以接受的。若要求孔的直径公差和尺寸公差必须为 ϕ8+0.65mm，则这相当于孔的公称直径改为 ϕ8.325mm，尺寸公差的上下偏差为 0.325mm，将以上数值代入式(8.15)的第五个公式，结果变为 $t_{\mathrm{hp}}\leqslant 0$，由于位置公差不可能小于 0，可以得出孔的位置公差只能等于 0，这就是原设计实例图 8.12(a)上所标注的数值。

8.5.2　成对要素基准定位装配的尺寸公差和几何公差关联设计实例

图 8.13 所示的两个零件的预期功能为两销柱与两孔装配，要求保证销柱完全插入孔中，试设计两个零件的销柱和孔的尺寸公差和位置公差。

图 8.13 中的小直径销、孔(ϕ15mm、ϕ15.5mm)分别相对于大直径销、孔(ϕ28mm、ϕ28.5mm)的位置采用位置度公差进行控制，虽然这两个位置度公差还存在基准 A、B 和 J、K(基准平面 B、K 为零件的前面或者后面，图中未标出)，但实际上这些基准并不能约束小直径销、孔与大直径销、孔之间的相对位置，又由于装配要求仅保证销、孔的不干涉装配，本例采用位置度公差来控制销、孔的位置是合理的。根据装配功能要求，本实例的装配实际上是以一对大直径销、孔为基准，另一对小直径销、孔为目标的基准定位装配。要保证装配成功的条件是保证最小装配间隙 $c\geqslant 0$，即销、孔应采用的公差原则为最大实体要求。因此，可以利用式(8.19)的第一式进行设计，但本例中作为基准的大直径销、孔的尺寸公差和位置公差也是设计对象，因此设计公式变为

$$\Delta D/2+\Delta Q/2+\Delta d/2+\Delta q/2+t_{hp}+t_{sp}+t_{Qf}+t_{qf}\leqslant D-d-Q-q \tag{8.22}$$

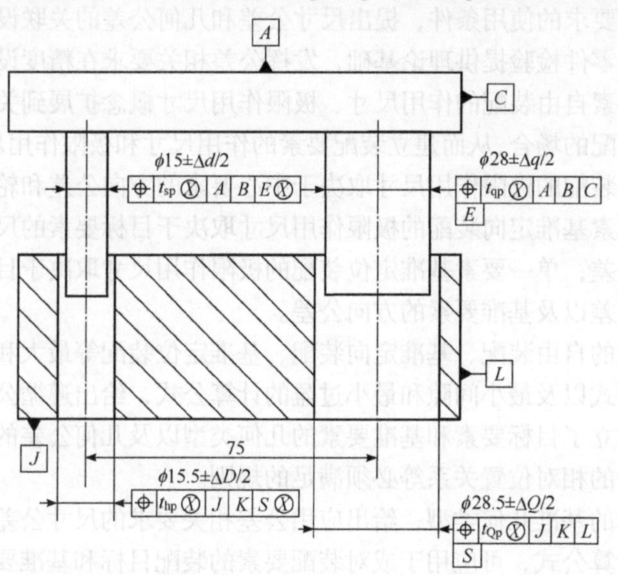

图 8.13　基准定位装配应用公差相关要求的尺寸公差和几何公差关联设计方法(单位：mm)

式(8.22)中有八个未知量，因此设计过程中必须在遵循常规的设计规则条件下进行试凑，试凑时可以初步设定销、孔采用相同的公差等级，假设选择尺寸精度等级为IT13，则尺寸公差值为ΔD=0.33mm、ΔQ=0.33mm、Δd=0.27mm、Δq=0.27mm。假设选择形状公差等级为 12，即直线度公差为 t_{Qf}=0.12mm、t_{qf}=0.12mm，则由式(8.22)可以得出小直径销、孔的位置公差为 $t_{hp}+t_{sp}\leqslant$0.16mm，将小直径销、孔的位置度公差进行平均分配公差，两者只有 0.08mm，根据形状公差和位置公差的数值大小关系，设计结果不合理。为此，需要提高尺寸精度和几何精度的精度等级，重新设定小直径销、孔尺寸精度等级为 IT12，大直径销、孔尺寸精度等级为 IT13，则尺寸公差值为ΔD=0.33mm、ΔQ=0.33mm、Δd=0.18mm、Δq=0.18mm。假设选择形状公差等级为 11，即直线度公差为 t_{Qf}=0.04mm、t_{qf}=0.06mm，再代入式(8.22)可以得出小直径销、孔的位置公差之和为 $t_{hp}+t_{sp}\leqslant$0.39mm，设计结果基本合理，分配小直径孔 t_{hp}=0.17mm、小直径销 t_{sp}=0.22mm。大直径销、孔的位置度公差不影响装配，可以采用较低精度的位置度公差，也可以从制造和检验的方便性出发，设置相同的位置度公差值。但需要注意的是，作为基准的大直径销、孔必须要标注直线度公差。

8.6　本 章 小 结

应用公差相关要求的目的在于保证目标要素的极限作用尺寸的前提下考虑尺

寸误差和几何误差的综合作用，需要研究各种装配形式下的作用尺寸计算方法，建立公差相关要求的使用条件，提出尺寸公差和几何公差的关联设计公式，为进行公差验证、零件检验提供理论基础，发挥公差相关要求在精度设计中的作用。

将单一要素自由装配的作用尺寸、极限作用尺寸概念扩展到关联要素的基准定位和定向装配的场合，从而建立装配要素的作用尺寸和极限作用尺寸计算公式。单一要素自由装配的极限作用尺寸取决于中心要素的方向公差和轮廓要素的尺寸公差；单一要素基准定向装配的极限作用尺寸取决于目标要素的尺寸公差和基准要素的方向公差；单一要素基准定位装配的极限作用尺寸取决于目标要素的尺寸公差和位置公差以及基准要素的方向公差。

根据孔轴的自由装配、基准定向装配、基准定位装配等最大和最小实体实效尺寸的计算公式以及最小间隙和最小过盈的计算公式，给出遵循公差相关要求的使用条件，建立了目标要素和基准要素的几何类型以及几何公差的类型、目标要素与基准要素的相对位置关系等必须满足的规则。

根据不同的基准几何类型，给出应用公差相关要求的尺寸公差和几何公差的关联设计的计算公式，可应用于成对装配要素的装配目标和基准要素的尺寸公差与几何公差的设计，也可应用于单个要素的尺寸公差和几何公差的同时设计。

本章给出的公式基于极值法，设计结果偏保守。

参 考 文 献

[1] Spanish Institute of Standardization. Geometrical product specifications (GPS)-geometrical tolerancing-maximum material requirement (MMR), least material requirement (LMR) and reciprocity requirement (RPR). ISO 2692: 2014. Madrid: Spanish Institute of Standardization.

[2] ASME. Dimensioning and tolerancing-engineering drawing and related documentation practices. ASME Y14.5M-2009. New York: American Society of Mechanical Engineers, 2009.

[3] Jayaraman R, Srinivasan V. Geometric tolerancing: I. Virtual boundary requirements. IBM Journal of Research and Development, 1989, 33(2): 90-104.

[4] Robinson D M. Geometric Tolerancing for Assembly with Maximum Material Parts//Elmaraghy H A. Geometric Design Tolerancing: Theories, Standards and Applications. Dordrecht: Springer, 1998.

[5] Etesami F. Position tolerance verification using simulated gaging. International Journal of Robotics Research, 1991, 10(4): 358-370.

[6] Lehtihet E A, Gunasena U N. Models for the position and size tolerance of a single hole, manufacturing metrology. The Winter Annual Meeting of the ASME, Chicago, 1988.

[7] Ballu A, Mathieu L. Choice of functional specifications using graphs within the framework of education. Global Consistency of Tolerances, Enschede, 1999.

[8] Dantan J Y, Mathieu L, Ballu A, et al. Tolerance synthesis: Quantifier notion and virtual boundary. Computer Aided-Design, 2005, 37(2): 231-240.

[9] Chavanne R, Anselmetti B. Functional tolerancing: Virtual material condition on complex

junctions. Computers in Industry, 2011, 63(3): 210-221.

[10] Pairel E. Three-dimensional verification of geometric tolerances with the "fitting gauge" model. Journal of Computing and Information Science, 2006, 7(1): 26-30.

[11] Pairel E, Hernandez P, Giordano M. Virtual gauge representation for geometric tolerances in CAD-CAM systems//Davidson J K. Models for Computer Aided Tolerancing in Design and Manufacturing. Dordrecht: Springer, 2007.

[12] Singh G, Ameta G, Davidson J K, et al. Tolerance analysis and allocation for design of a self-aligning coupling assembly using tolerance-maps. Journal of Mechanical Design, 2013, 135(3): 22-25.

[13] Shen Z, Shah J J, Davidson J K. Simulation-based tolerance and assemblability analyses of assemblies with multiple pin/hole floating mating conditions. ASME 2005 International Design Engineering Technical Conferences and Computers and Information in Engineering Conference, Long Beach, 2005.

[14] Shen Z, Shah J J, Davidson J K. A complete variation algorithm for slot and tab features for 3D simulation-based tolerance analysis. ASME International Design Engineering Technical Conferences & Computers & Information in Engineering Conference, Long Beach, 2005.

[15] Ameta G, Davidson J K, Shah J J. Statistical tolerance allocation for tab-slot assemblies utilizing tolerance-maps. Journal of Computing and Information Science in Engineering, 2010, 10(1): 011005.

[16] Anselmetti B, Pierre L. Complementary writing of maximum and least material requirements, with an extension to complex surfaces. Procedia CIRP, 2016, 43: 220-225.

[17] Wu Y G. The correlational design method of the dimension tolerance and geometric tolerance for applying material conditions. The International Journal of Advanced Manufacturing Technology, 2018, 97(5-8): 1697-1710.

第9章　应用公差相关要求的几何要素检测检验技术

本章介绍应用公差相关要求的几何要素检测检验技术，该技术适用于两个基准要素应用公差相关要求下的转移公差计算及几何要素精度检验。本章首先探讨应用公差相关要求的基准要素的几何类型、基准数量、布局关系，得出能够应用公差相关要求的基准要素的全部组合形式；然后对每一种基准要素组合的情况，利用模拟基准要素概念建立两个基准要素应用相关要求的转移公差计算公式，给出目标要素检验公差带的计算方法和检测技术，使之既适用于最大实体要求及其可逆要求的场合，也适用于最小实体要求及其可逆要求的场合。

9.1　应用公差相关要求的几何要素检测存在的问题及研究现状

公差标准规定，在目标要素应用公差相关要求的情况下，可以将目标要素的尺寸误差没有达到公差设定值的富余部分补偿给它的几何公差，也可以将目标要素的几何误差没有达到公差设定值的富余部分补偿给它的尺寸公差；当基准要素应用公差相关要求时，还可以将基准要素实际状态没有达到设计设定的材料极限状态的偏差富余部分补偿给目标要素的几何公差。以上第一种为目标要素的尺寸公差和几何公差相互补偿的公差，称为奖励公差；第二种为基准要素补偿给目标要素的公差，称为转移公差，奖励公差和转移公差合称为补偿公差。补偿公差扩大了被测要素的检验公差值，因而能够提高零件的合格率，降低制造成本，这是应用公差相关要求的目的。然而，目前公差标准以及生产实际中对公差相关要求的应用并不常见，主要原因还存在两大类问题：①缺少计算转移公差的方法和公式。当单一基准要素应用公差相关要求时，其转移公差的计算是简单的，但对于两个以上的基准要素遵循相关要求时，就会有目标要素的转移公差与各基准要素的几何误差的富余部分之间的关系是何种关系、什么样的富余公差可以补偿、补偿多少以及如何检测等问题，转移公差与各基准的位置关系和公差关系的计算公式没有建立，转移公差也无可行的检测方法。②缺少考虑转移公差的几何要素精度检验的通用方法。应用公差相关要求时，被测目标要素的检验公差是图纸公差、奖励公差、转移公差这三项公差综合作用的结果。传统的功能量规只能考虑图纸公差和奖励公差的综合作用，且仅适用于最大实体要求及其可逆要求的检验，不能用于最小实体要求及其可逆要求的检验。基于坐标测量机、激光扫描仪的现代检验方法，同样也没有多个基准同时遵循相关要求情况下的被测要素几何误差检验方法。

应用公差相关要求情况下的目标要素检验方法涉及基准要素的尺寸偏差和几何偏差的定义与检测等问题，需要研究基准要素的体现方法、测量结果的数据拟合和几何数据筛选算法[1]等技术。为了协调公差规范与检验标准的需要，一些学者开始研究基于计算计量学的几何公差检测理论，如 Srinivasan 研究了产品几何的计算计量学分类和综合问题[2]以及对计算计量学有影响的关键科学问题[3]，Step 也制定了尺寸检验数据的交换标准[4]。关于基准要素应用公差相关要求的公差设计技术研究，已有许多研究成果。ISO 标准[5]定义了几何要素的实效边界概念，其实实效边界概念早在 1990 年就有人[6]用来设计虚拟量规了。功能量规技术在工业上是用于控制单一要素遵循最大实体要求的公差指标，但是，当大于一个要素的应用最大实体要求时，功能量规技术就不能控制目标要素及其公差指标要求的一致性了，同时功能量规技术也不能控制遵循最小实体要求的几何要素的公差指标的一致性，不管是一个基准要素还是多个基准要素应用最小实体要求的情况。Anselmetti[7]利用一个基本机构功能要求的转换实例，通过使用实效边界、位置公差和投影公差带等概念，根据装配要求和工艺要求来定义最大实体要求和最小实体要求。Robinson[8]提出最大实体零件的公差设计原则，Bennis 等[9,10]提出一个运动学模型来集成和处理几何公差，这个模型可以用于几何公差的转换，将其用于检验遵循最大实体要求零件的误差指标与公差规范的一致性。后来，这个模型还用于基于实效零件和实际结果零件的计算装配公差分析[11]，但是实效零件和实际结果零件的定义难以理解，运动学参数的计算过程也不够清楚。蔡敏等[12]针对设计尺寸公差和几何公差的一致性问题，研究了公差一致性验证的用于公差 CAD 软件量规的数学表达式。Pairel 等[13]提出实效配合量规概念。Dantan[14,15]用内活动度概念进一步完善实效配合量规的定义，使用带内活动度概念的实效量规来验证最大实体要求和最小实体要求。Shen 等[16,17]基于仿真方法对带浮动配合条件的孔/轴装配进行了公差分析。

本章介绍利用模拟基准要素(DFS)[18]概念研究基准要素遵循最大实体要求/最小实体要求(MMR/LMR)情况下的被测要素检验公差带的计算方法[19,20]。首先，基于约束自由度分析方法进行基准组成原理分析，枚举出应用最大实体状态/最小实体状态(MMC/LMC)的基准组合情况；然后，建立基准要素的实际状态下的模拟基准要素(D_DFS)和极限状态下的模拟基准要素(M_DFS)，根据 D_DFS 和 M_DFS 分别确定相应的设计基准坐标系和测量基准坐标系；最后，用连杆机构模型表示 D_DFS 和 M_DFS 之间可能的相对运动，根据连杆运动参数计算检验公差带。

9.2　应用公差相关要求的尺寸要素几何类型

为了建立转移公差的通用计算方法，需要通过归纳目标要素的几何类型和公差带形状，建立目标要素和基准要素几何类型、位置布局之间的关系。本节根据目标要素的装配作用方向和转移公差的关系，并且以保证转移公差的补偿必须具有制造效益为条件，研究应用公差相关要求的基准要素几何类型和位置布局之间的关系。

9.2.1　应用公差相关要求的目标要素几何类型和公差带形状

利用奖励公差和转移公差的目的在于提高零件的装配成功率，而装配成功与否由装配作用尺寸来衡量，因此作用尺寸是进行装配性能分析的线索。装配是两个分别称为实体和空腔的表面的贴合。根据装配的独立性和关联性，装配可分为自由装配和基准定位装配。当两个装配体的内外表面自由贴合接触时，这种装配为自由装配；当两个装配体的配合表面必须在它们的基准要素表面首先保持贴合的基础上才能进行接触时，这种装配为基准定位装配。作用尺寸反映装配的实际状态，作用尺寸的变化范围决定装配模式，即决定当前装配是属于间隙装配、过渡装配还是过盈装配。作用尺寸的大小显然与装配要素的公差带相关，因此计算装配作用尺寸需要建立装配要素的基准布局、几何类型、公差带等多个因素之间的关系。由装配作用尺寸的定义可知，装配作用尺寸是装配要素在装配接触表面法线方向上的实际配合包容尺寸。只有尺寸要素表面的法线方向才能与装配作用尺寸的测量方向一致，因此只有尺寸要素才能应用公差相关要求。所以，只需要对尺寸要素的几何类型进行归纳，就能够建立装配要素的基准布局、几何类型、公差带等多个因素之间的关系。

根据参与装配的尺寸要素数量，装配尺寸要素包括单一要素和成组要素两大类。单一要素根据组成表面的形状可分为两类，即直径要素和宽度要素。直径要素是指圆柱、圆锥和圆球等具有沿中心线、中心点对称的回转体表面，其定型尺寸为直径；宽度要素是指由具有中心对称面的两平行平面组成的要素，其定型尺寸为两平行平面之间的距离，即宽度尺寸。单一要素具有实体和空腔两种形式，对于直径要素，实体指圆柱轴、圆锥轴和球体外表面，空腔指圆柱孔、圆锥孔和球体内表面；而对于宽度要素，实体指筋板，空腔指直槽。

单一要素共有九种公差带形状。单一要素的公差带形状能够应用的公差项目以及与装配效益的相关性如表 9.1 所示。

表 9.1　单一要素的公差带形状、对应公差项目和装配效益相关性

序号	公差带形状	对应公差项目	装配效益相关性
1	圆内的区域	形状、位置	相关
2	两同心圆间的区域	形状	
3	两同心圆柱面间的区域	形状	
4	两平行直线之间的区域	形状、方向、位置	相关
5	两等距曲线之间的区域	形状、方向、位置	
6	两平行平面之间的区域	形状、方向、位置	相关
7	两等距曲面之间的区域	形状、方向、位置	
8	圆柱面内的区域	方向、位置	相关
9	球内的区域	位置	相关

公差带的装配效益相关性是指能影响装配合格率的公差带，即能够影响装配作用尺寸的公差带。由表 9.1 可知，只有五种形状的公差带所对应的几何要素与装配效益相关。这五种公差带根据形状又可分为平面形状公差带和立体形状公差带，平面形状公差带具有圆形和矩形等两种形状，立体形状公差带包括圆柱、棱柱(公差带的第三个尺寸远大于前两个尺寸的立方体)、板状(公差带的第三个尺寸远小于前两个尺寸的立方体)和球体等几种。定义平面形状公差带需要一个或者两个尺寸，一些立体形状公差带只需要一个或者两个尺寸进行定型，而只有棱柱和板状公差带需要三个尺寸对其进行定型。其实，棱柱和板状公差带属于 2.5 维形状，即这三个尺寸又可以分解成公差带横截面上的定型尺寸和高度尺寸。由以上分析可知，单一尺寸要素的装配作用尺寸可分为一到两个尺寸要素横截面内的作用尺寸和一个高度方向的作用尺寸。

成组要素是由多个尺寸要素组成的复合要素，定义成组要素特征的参数由成员要素的尺寸参数和阵列形式参数两部分组成。虽然成组要素广义的阵列形式多种多样，但涉及装配关系的阵列形式一定是非常规则的，这些规则的阵列形式通常只有圆形阵列、矩形阵列、直线阵列等几种。同样，虽然成组要素的成员要素的几何形状也千变万化，但一般情况下只有圆柱体、棱柱体和圆球等三种形状可能会涉及装配问题。这些成员要素的轮廓表面以及中心点、中心线、中心面不外乎由点、直线和平面等三种基本几何要素组成，它们在成组要素中的相对位置主要呈互相平行排列、沿圆周辐射排列等。图 9.1 分别为圆形阵列、矩形阵列和辐射阵列等三种常见布置形式的成组要素。

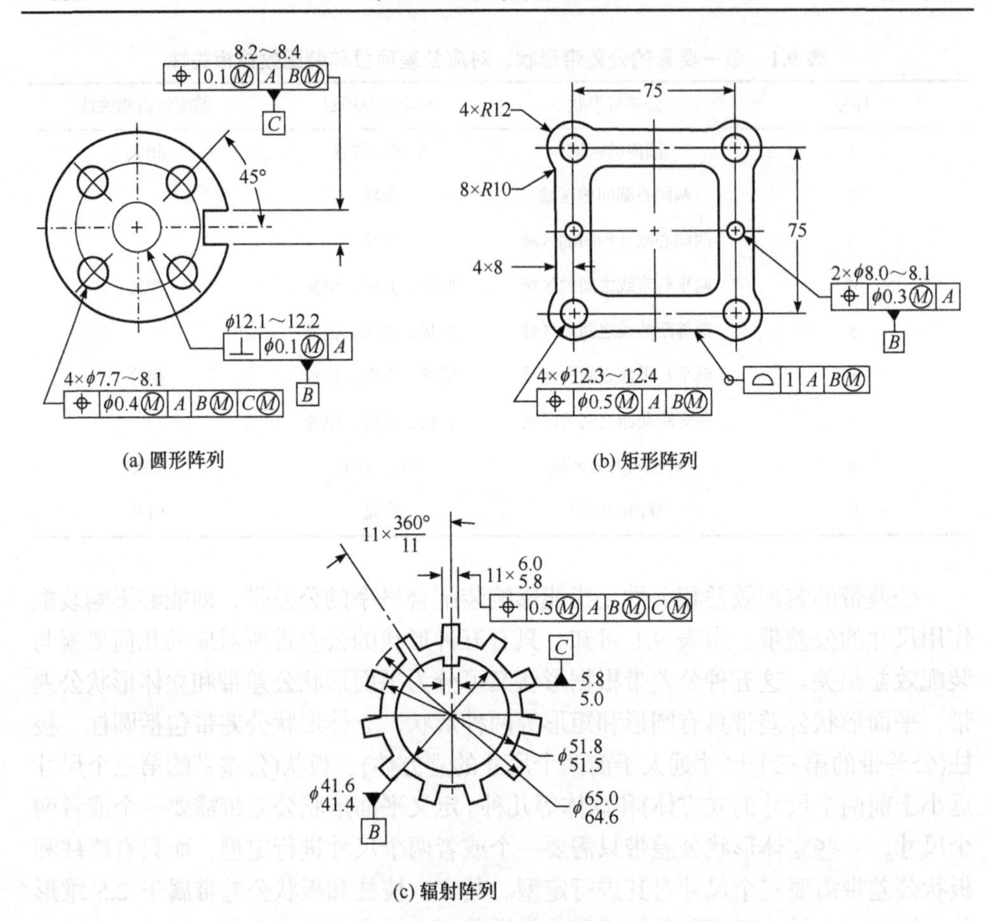

(a) 圆形阵列　(b) 矩形阵列

(c) 辐射阵列

图 9.1　常见成组要素(单位：mm)

成组要素整体可以看成由成员要素的中心线组成的几何图框，通过对几何图框进行标注来定义成组要素的布局尺寸。常见几何图框包括圆柱、立方体、辐条轮等三种，因此成组要素的整体可以分别看成圆柱、棱柱和圆盘三种形状，如图 9.2 中的双点划线所示。

由几何图框的形状情况可知，无论哪种情况，成组要素的公差带也是 2.5 维形状，因此三种形状公差带的尺寸都可以分解为沿中心线方向的尺寸和垂直于中心线平面内的尺寸进行标定，说明成组要素的装配作用尺寸也可以分解为沿中心线高度方向的作用尺寸和垂直于中心线平面内的作用尺寸，而且通过前面成组要素的观察也可以明确，这两个方向的作用尺寸之间互相独立，没有耦合性。

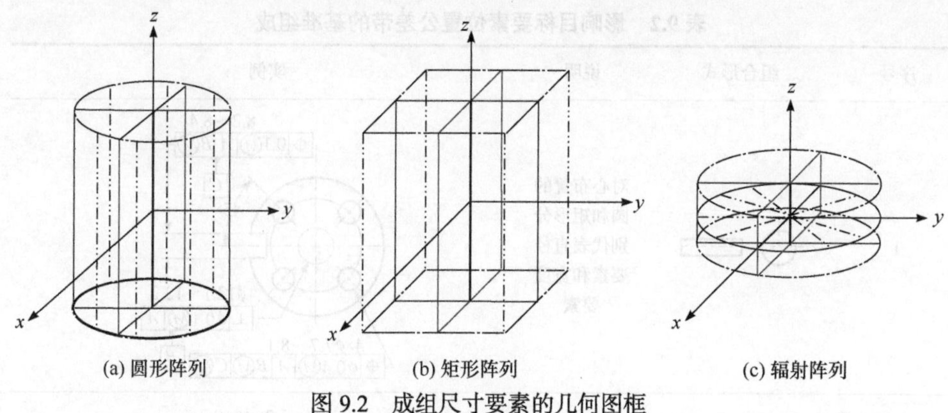

(a) 圆形阵列　(b) 矩形阵列　(c) 辐射阵列

图 9.2　成组尺寸要素的几何图框

总结以上分析可以得出结论：装配要素包括单一尺寸要素和成组尺寸要素，无论是单一尺寸要素还是成组尺寸要素，它们的装配作用尺寸方向均可以分解到一个方向和垂直于该方向的平面上，而且两者之间没有耦合关系。强调没有耦合关系是为了说明装配作用尺寸的测量公差和转移公差的计算可以在一个平面内进行或者沿这个平面的法线方向进行。装配要素的公差带可以看成横截面不变的二维拉伸体，公差带的中心轴线和中心平面确定公差带的位置，公差带的横截面形状决定公差带的形状，装配要素的高度决定公差带的高度。

9.2.2　多个基准应用相关要求情况下的组成形式

装配要素公差带的位置由其中心线或者中心平面决定，而中心线或者中心面的位置由与它们平行的基准要素来定位。根据基准约束自由度情况分析，这些平行的基准要素的数量最多只有两个，因此同时应用公差相关要求的基准要素也最多只有两个。虽然辐条状排列的成组要素存在三个基准同时应用公差相关要求的可能，但辐条状成组要素的高度方向和横截面方向的自由度约束没有耦合性，故也可以将高度方向和横截面两者分开处理。生产实际中，基准要素的几何类型只能是圆柱和平面两种类型，两个基准要素、两种几何形状的两两组合只有相互平行的两个圆柱、相互垂直的两个平面以及一个平面和一个平行于该平面的圆柱等三种可能情况。基准要素必须平行于装配要素的轴线或中心面，这两个基准要素连同装配要素三者的横截面形状都是不变的，所以可以将它们向公差带的横截面上投影，从而使得装配要素与三个基准要素的空间关系问题转化为装配要素与两个基准之间的平面关系问题，也就是将几何要素空间位置关系问题转化为二维平面几何之间的关系问题，从而最终使问题得以简化。平面基准要素和圆柱基准要素的投影就是一个直线段和一个圆，对于二维平面上直线和圆的位置关系，可以归纳成如表 9.2 所示的五种形式，这五种形式就涵盖了应用公差相关要求的基准几何类型、相对位置以及与装配要素的位置关系。

表 9.2　影响目标要素位置公差带的基准组成

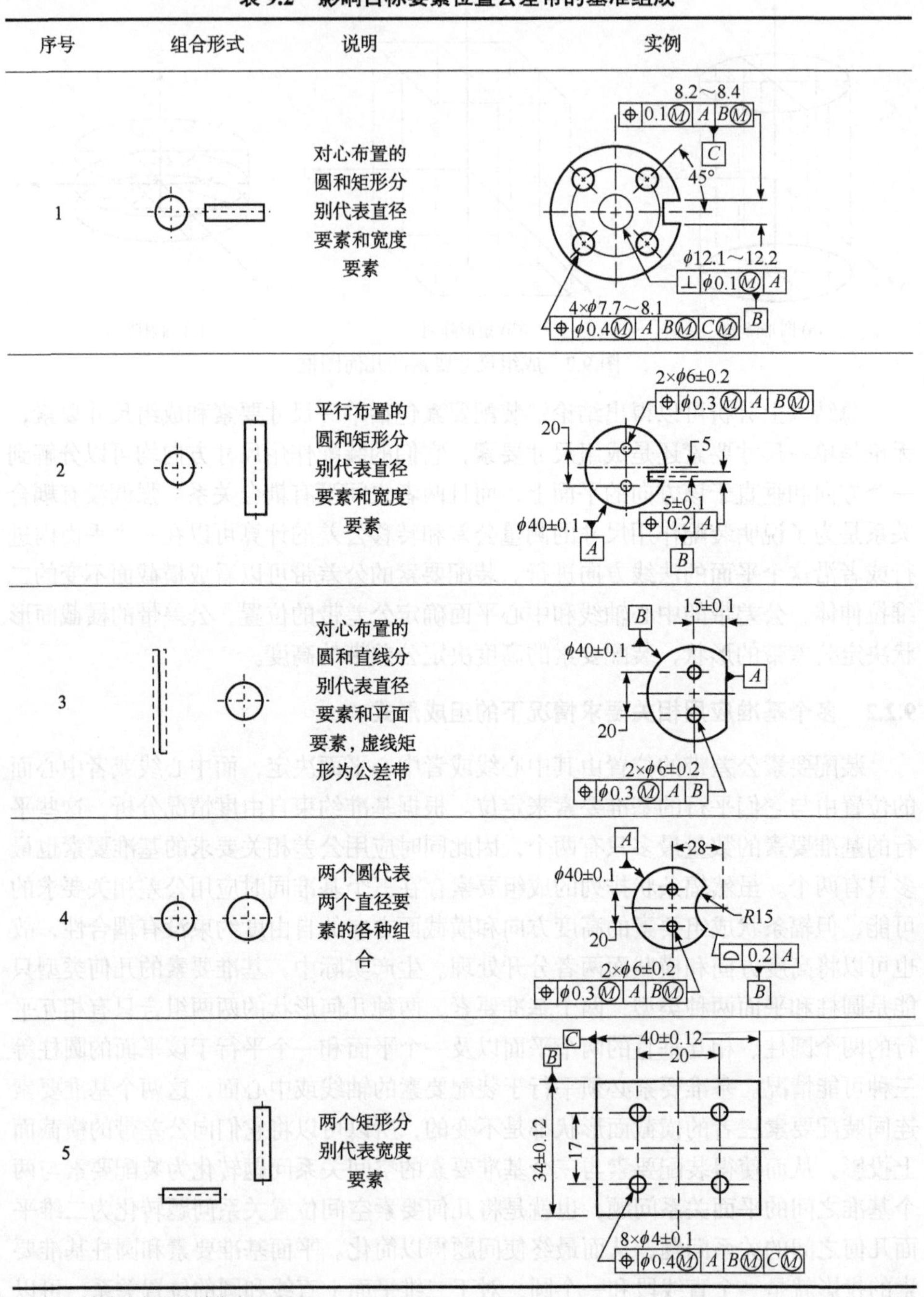

序号	组合形式	说明	实例
1		对心布置的圆和矩形分别代表直径要素和宽度要素	
2		平行布置的圆和矩形分别代表直径要素和宽度要素	
3		对心布置的圆和直线分别代表直径要素和平面要素，虚线矩形为公差带	
4		两个圆代表两个直径要素的各种组合	
5		两个矩形分别代表宽度要素	

注：表中实例图的单位为 mm。

应用公差相关要求的实际效果就是能够将转移公差与被测要素本身的公差带沿作用尺寸方向进行叠加，从而增加作用尺寸，其叠加方法就是通过将被测要素在空间进行扫掠包络。因此，需要研究公差带运动轨迹的形成原理。9.3 节根据表 9.2 所列的基准要素的配置情况研究基准要素应用公差相关要求的目标几何要素检测方法。

9.3　两个基准要素应用公差相关要求情况下的几何要素检测方法

9.3.1　两个基准要素应用相关要求的检验原理

根据公差标准规定，在基准要素没有应用公差相关要求的情况下，公差框格中标出的公差数值是依据基准要素实际边界来设定的，即无论基准要素实际状态如何，目标要素的几何公差都是几何公差框格中的数值。当基准要素应用最大实体要求/最小实体要求(MMR/LMR)情况下，目标要素的几何公差数值是依据基准要素恰好处于材料极限边界最大实体实效状态(maximum material virtual condition，MMVC)和最小实体实效状态(least material virtual condition，LMVC)的情况来设定的，即公差框格中的几何公差值是假设基准要素处于极限状态下的数值。但是，实际基准要素不可能恰好处于材料极限边界，它总是偏离其极限状态，而几何要素在检测时，无论是接触式测量还是非接触式测量，都需要对基准要素进行定位，此时测量仪器的定位元件必须与基准要素的实际边界进行接触，即基准要素在检验时只能处于实体实效状态边界，而不可能处于材料极限边界。也就是说必须用基准要素实际状态来定位测量仪器，然后来检验目标要素是否满足几何框格中的公差值，而这个公差值是假设基准处于极限状态下设定的，这就说明测量条件和公差设定的条件是不一致的，也正是这两者的差异，从而形成转移公差，使得目标要素位置检验时的额定公差数值包含来自基准的转移公差，从而扩大了允许的误差范围。那么，如何确定基准几何误差的富余部分？什么形状的富余部分才能构成转移公差？针对这些问题，本节介绍基于设计模拟基准要素(DFS_D)和测量模拟基准要素(DFS_M)的相对运动关系原理的公差带检测方法。

在介绍 DFS_D 和 DFS_M 之前，首先介绍 DFS 的概念。根据 ASME Y14.5M-2009[18] 给出的 DFS 定义，DFS 是包容基准要素实际表面、与基准要素的理论几何形状相同的反向几何形体，并且基准体系的各个 DFS 之间保持公称的相对位置关系。设计模拟基准要素和测量模拟基准要素是 ASME 中 DFS 概念的扩展，设计模拟基准要素是根据基准要素的理想几何形状、理想位置以及设计给定的极限尺寸等因素确定的基准要素的反向几何形体，因此 DFS_D 可以根据公差数值计算出它的尺寸和位置。测量模拟基准要素则需要根据基准要素的实际形状、实际位置以及实际尺寸等因素确定的基准要素的反向几何形体。与基准确定必须遵循的原则一样，DFS_M 的确定也必须遵循基准优选原则、满足公差相关要求的条件、保持各 DFS_M 之间的公称位置关系。为叙述方便，将第一、第二、第三基准要素的测量模拟基准要素分别表示为 DFS_{M1}、DFS_{M2}、DFS_{M3}，并且仅考虑基准要素的公差遵循独立原则情况，而不考虑基准要素本身的几何公差与它的基准要素之间遵循公差相关要求的情况。根据以上定义和假设，确定三个基准 DFS_M 的规则和顺序如下：

(1) DFS_{M1} 是第一基准要素实际表面的定型包容几何，即 DFS_{M1} 的几何形状与第一基准要素的公称形状相同，与第一基准要素实际表面保持最大接触。

(2) DFS_{M2} 是第二基准要素的定型和定向包容几何，即 DFS_{M2} 与第二基准要素几何类型相同，在保证与 DFS_{M1} 保持公称相对位置关系的前提下，与第二基准要素实际表面保持最大接触。

(3) DFS_{M3} 是第三基准要素的定型和定向包容几何，即 DFS_{M3} 与第三基准要素几何类型相同，在保证与 DFS_{M1} 和 DFS_{M2} 均保持公称相对位置关系的前提下，与第三基准要素实际表面保持最大接触。

三个测量模拟基准要素 DFS_{M1}、DFS_{M2}、DFS_{M3} 均要求与各自对应的基准要素实际表面保持最大接触，但显然这三个最大接触的接触情况是不相同的，DFS_{M1} 在没有位置约束条件下与第一基准要素实际表面保持最大接触，DFS_{M2} 在一个位置约束条件下与第二基准要素实际表面保持最大接触，DFS_{M3} 则在两个位置约束条件下与第三基准要素实际表面保持最大接触。在图 9.3 中成组要素 4×ϕ7.7～8.5mm 位置

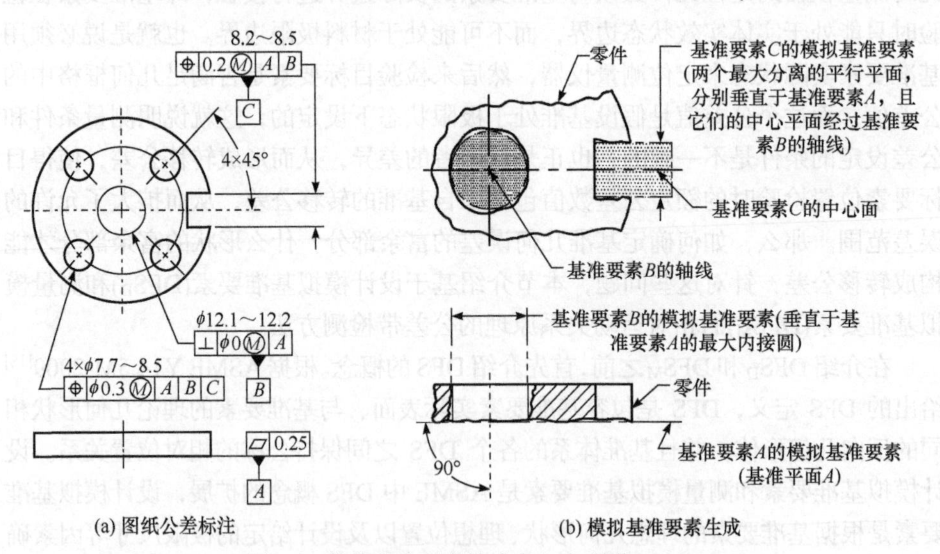

图 9.3 模拟基准要素的确定方法(单位：mm)

度公差的三个基准要素中，底面 *A* 为第一基准要素，故通过实际底面上三个高点的平面就是 DFS_{M1}，即理论上 DFS_{M1} 与实际底面至少存在三个接触点。中心孔 *B* 为第二基准要素，DFS_{M2} 就是包容中心孔 *B* 实际表面并且垂直于 DFS_{M1} 的最大圆柱，DFS_{M2} 可能只与实际圆柱的两个高点保持接触。直槽 *C* 为第三基准要素，DFS_{M3} 是包容直槽 *C* 两侧面且距离最远的两平行平面组成的几何形体，两平行平面的对称中心面垂直于 DFS_{M1} 并且同时通过 DFS_{M2} 的轴线，DFS_{M3} 可能只与实际两侧面的一个高点保持接触。

下面以图 9.4 所示的基准要素应用最大实体要求情况下的成组孔的转移公差计算和检验方法为例，说明目标几何要素的检测检验通用方法。

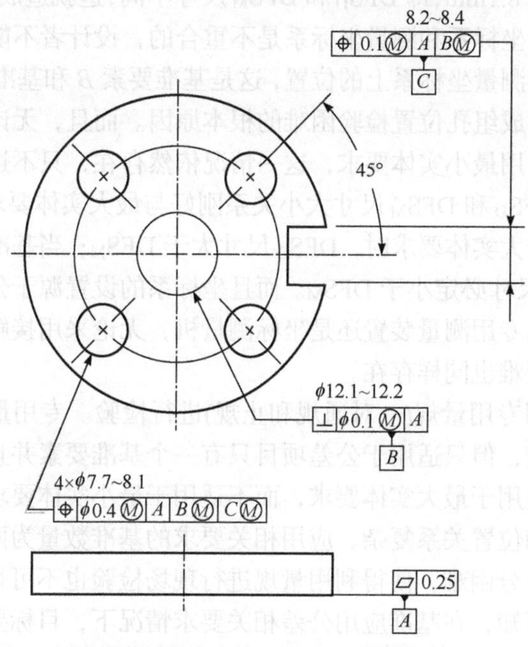

图 9.4　基准遵循最大实体状态的公差设置(单位：mm)

图 9.4 中，定义成组孔 4×ϕ7.7～8.1mm 的位置度公差ϕ0.4mm 的三个基准要素分别为零件底面 *A*、中心孔 *B* 和直槽 *C*，其中，基准要素 *A* 遵循独立原则，基准要素 *B* 和基准要素 *C* 应用最大实体要求。根据公差标准规定和设计模拟基准要素的定义，设定成组孔的位置度公差ϕ0.4mm 的三个设计模拟基准要素(DFS_D)分别为理想平面、理想圆柱和理想方块，其中理想圆柱的直径和理想方块的宽度分别为 12mm 和 8.1mm，即分别为基准要素 *B* 和基准要素 *C* 的最大实体实效尺寸。三个 DFS_D 的相对位置为理论正确位置，即理想平面为基准要素 *A* 的理论平面、理想圆柱垂直于理想平面、理想方块的中心面垂直于理想平面且通过理想圆柱轴

线，理论平面、理想圆柱轴线和理想方块的中心面完整地建立了定义成组要素位置的一个坐标系，即设计坐标系，成组要素位置公差带根据这一坐标系确定。在测量仪器测量该成组孔的位置时，需要将该零件唯一地固定在测量仪器上，通常测量仪器采用三个定位元件与三个基准要素实际表面保持接触来对零件进行定位。根据基准的定义，测量仪器的定位元件与不同次序的基准要素的接触情况是不相同的，为了保证三个定位元件与三个基准要素实际表面具有正确的接触状态，这三个定位元件要求大小尺寸可调而相对方位保持固定，可见这三个定位元件就是三个测量模拟基准要素(DFS_{M1}、DFS_{M2}、DFS_{M3})。实际基准要素总是偏离最大实体实效状态(MMVC)，因此与实际中心孔 *B* 和直槽 *C* 接触的 DFS_M 的尺寸总是分别大于 12mm 和 8.1mm，即 DFS_D 和 DFS_M 尺寸不同，这就造成了 DFS_D 和 DFS_M 不重合，因此设计坐标系和测量坐标系是不重合的，设计者不能计算目标几何要素的位置公差带在测量坐标系上的位置，这是基准要素 *B* 和基准要素 *C* 应用最大实体要求情况下的成组孔位置检验困难的根本原因。而且，无论基准要素应用最大实体要求还是应用最小实体要求，这一情况依然存在，只不过在应用最小实体要求的情况下，DFS_D 和 DFS_M 尺寸大小关系刚好与最大实体要求的情况相反，即当基准要素应用最大实体要求时，DFS_D 尺寸大于 DFS_M；当基准要素应用最小实体要求时，DFS_D 尺寸必定小于 DFS_M。而且坐标系的设置源于公差相关要求的定义，因此无论使用专用测量装置还是坐标测量机，无论采用接触式测量还是非接触式测量，测量困难也同样存在。

生产现场采用专用量规(一对通规和止规)进行检验。专用量规的定位元件可以根据 DFS_D 确定，但只适用于公差项目只有一个基准要素并且应用公差相关要求的场合，且只适用于最大实体要求，而不适用于最小实体要求。一般情况下，当基准要素形状和位置关系复杂、应用相关要求的基准数量为两个或三个时，通规和止规的设计十分困难，使得利用量规进行现场检验也不可行。

由以上分析可知，在基准应用公差相关要求情况下，目标要素检测困难的主要原因是基准要素的 DFS_D 和 DFS_M 不重合，因此需要考虑 DFS_D 和 DFS_M 之间的分离状态才能得到正确的检测结果。为了建立计算 DFS_D 和 DFS_M 之间分离状态的算法，再次用图 9.4 所示的例子来说明 DFS_D 和 DFS_M 之间的位置关系。基准要素 *B* 和基准要素 *C* 的实际状态和最大实体实效状态之间的尺寸、位置关系可用图 9.5 表示，图中带阴影顶面的圆柱和立方体表示基准要素 *B* 和基准要素 *C* 极限状态的反向几何形体，即两个 DFS_D，它们之间相对位置固定，称为设计形体，它们决定图纸上给定的公差带的位置，因此设计形体定义设计坐标系。图中圆孔和直槽代表实际基准要素的实效形状，它们的反向几

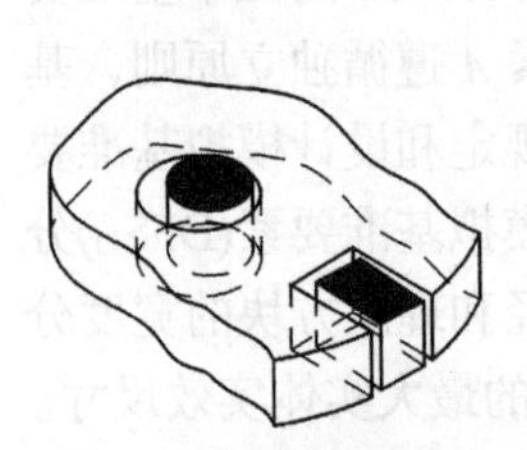

图 9.5　基准要素的设计给定状态和实际状态

何形体就是两个 DFS_M，这两个 DFS_M 之间的相对位置也固定，简称为仪器形体，它们用以定位测量仪器，因此它们定义了测量坐标系。根据设计意图，成组要素的位置公差带位于设计坐标系上，即四个直径为 0.4mm 的圆柱，可以以成组要素的布局中心定义，与设计坐标系的 z 轴重合，而成组要素的实际布局中心位于测量坐标系上，由于制造误差，实际布局中心不与测量坐标系的 z 轴重合。由于设计形体与仪器形体之间存在间隙，两个形体可以产生相对运动，此时就可能会出现这样的情况，即当成组要素的实际布局中心偏离测量坐标系 z 轴的距离超过 0.2mm(位置公差为 0.4mm)时，若通过移动设计形体使得直径为 0.4mm 的公差带能够包含实际布局中心(只要设计形体边界不与仪器形体边界发生干涉)，则该成组要素的位置仍然是合格的。由此可见，设计形体相对于仪器形体做最大许可相对运动时，固定在设计坐标系上的公差带(直径为 0.4mm 的圆柱)在测量坐标系上的包络区域就是转移公差产生的效益，即检验公差带。该区域肯定大于原公差带，这就是转移公差的作用机理。

9.3.2　两个基准应用公差相关要求情况下的扩大公差带的确定

显然，扩大以后的公差带形状取决于两个形体组成成员的具体尺寸、形状和位置配置。对于图 9.4 所示的例子，根据 9.3.1 节的讨论，可以将两个形体投影到 Oxy 平面上，用平面图形表示两个形体的相对位置关系，如图 9.6 所示。图中虚线图形表示设计形体，实线图形表示仪器形体。

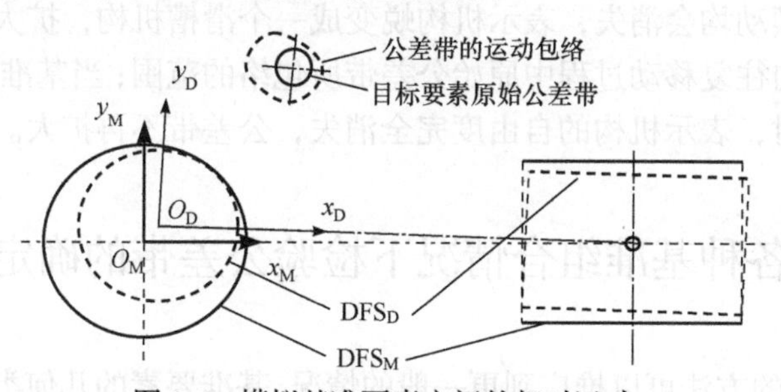

图 9.6　模拟基准要素之间的相对运动 1

虚线图形与实线图形在保持接触条件下的相对运动是设计坐标系相对于测量坐标系的最大相对运动。为了建立这一最大相对运动的数学关系式，将这一相对运动用两个机构的串联组合来表示，如图 9.7 所示。第一个机构为曲柄导杆机构，该机构的机架为实线圆和实线直槽的中心连线，机构的曲柄为虚线圆和实线圆的中心连线，导杆为虚线圆和实线直槽中心的连线，如图 9.7 中的粗实线所示。第二个机构为以导杆为机架的摆杆摆动机构，摆杆为虚线圆和虚线直槽的中心连线，摆动中心为导杆和曲柄的铰链点，如图 9.7 中的双点划线所示。测量坐标系固定在机架上(原点位于曲柄回转中心，x 轴与机架重合)，设计坐标系固定在摆杆上(原点位于摆杆摆动中心，x 轴与摆杆重合)。曲柄的转动和摆杆的摆动为表示机构的两个独立运动，机构运动时，设计坐标系上的直径为 0.4mm 的圆在测量坐标系上的运动轨迹就包络出一个扩大的位置公差带。表示机构模拟了设计坐标系相对于测量坐标系的最大相对运动，因此曲柄长度和摆杆相对于导杆的摆角范围可以用于描述检验公差带。

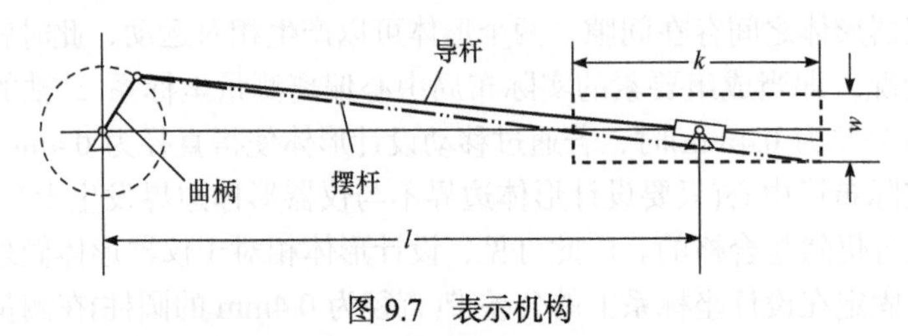

图 9.7　表示机构

实际测量时，测量仪器的定位元件与实际基准表面接触，用检验公差带取代直径为 0.4mm 的圆作为零件的合格判据，从而完全解决这个成组要素的检验问题。

同时还必须注意到，基准应用公差相关要求模式不同，表示机构会发生演变和蜕变。例如，当基准 B 遵循独立原则而基准 C 遵循最大实体要求时，虚线圆直径与实线圆直径相同，曲柄长度等于零，表示机构蜕变成一个摆杆摆动机构，扩大的公差带就是摆杆摆动过程中原始公差带所包络的范围；当基准 C 遵循独立原则而基准 B 遵循最大实体要求时，虚线直槽的宽度与实线直槽相同，曲柄的转动、导杆和摆杆的摆动均会消失，表示机构蜕变成一个滑槽机构，扩大的公差带就是在实线直槽方向往复移动过程中原始公差带所包络的范围；当基准 B 和基准 C 均遵循独立原则时，表示机构的自由度完全消失，公差带不再扩大。

9.4　各种基准组合情况下检验公差带的确定方法

9.3 节介绍的方法可以推广到更一般的情况，基准要素的几何类型总是由平面和圆柱组成，基准无论遵循最大实体要求还是最小实体要求，基准要素的设计形体和仪器形体之间的位置关系均不会发生变化，而仅仅改变两者之间的相对尺寸大小关系，两者的相对运动都可以用各种机构的组合进行表示，因此连杆机构的表示方法具有通用性，在刚性假设范畴内，该方法的正确性有保证。本节根据 9.3 节提出的原理，给出表 9.2 所列的基准组合关系检验公差带的计算公式。

9.4.1　圆柱基准和直槽基准对心组合下的目标要素公差带确定方法

圆柱基准和直槽基准对心组合情况是指直槽的中心面通过圆柱轴线，两个基

准所对应的 DFS_M 与 DFS_D 分别为圆柱和棱柱，这些模拟基准要素的二维投影之间的关系如图 9.6 所示。无论基准遵循最大实体要求还是最小实体要求，设计坐标系和测量坐标系之间的相对位置关系，均可以用一对圆和一对矩形之间的相对包含关系表示，无论哪种包含关系，目标要素位置公差带的扩大区域求解方法均相同。

图 9.8 为图 9.7 所示的曲柄导杆机构的曲柄长度计算原理图，图中虚线矩形的长度 k 为直槽基准的公称长度，宽度 w 为直槽基准的 DFS_D 和 DFS_M 的宽度之差，l 为圆柱基准的 DFS_M 中心到直槽基准的 DFS_M 中心的距离。曲柄在回转过程中必须保证导杆不与虚线矩形上下边界干涉，因此曲柄做整周回转的长度不仅与圆柱基准的 DFS_D 和 DFS_M 的直径相关，还受到 k、w、l 等参数的约束，满足整周回转条件的曲柄长度的计算公式如下：

$$
\begin{aligned}
&r = \min(r_1, r_2) \\
&r_1 = \frac{D_{M1} - D_{D1}}{2} \\
&w = W_{M2} - W_{D2} \\
&r_2 = \frac{w}{\sqrt{w^2 + k^2}} l
\end{aligned}
\tag{9.1}
$$

式中，D_{D1}、D_{M1} 分别为圆柱基准的 DFS_D 和 DFS_M 直径；W_{D2}、W_{M2} 分别为直槽基准的 DFS_D 和 DFS_M 宽度。

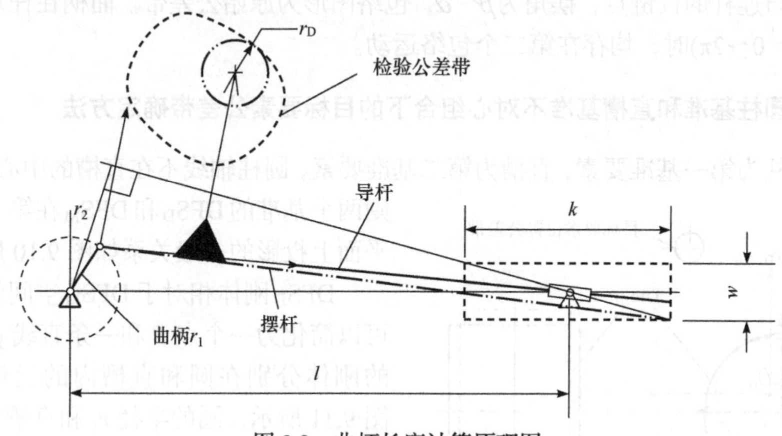

图 9.8　曲柄长度计算原理图

图 9.9 为摆杆的摆角范围计算原理图。摆角大小取决于曲柄导杆机构的位置，即摆角是曲柄转角的函数。规定逆时针方向为摆角正向，则在曲柄旋转一周(θ=0～2π)的情况下，摆杆的起始摆角 α、终止摆角 β 的计算公式为

$$
\begin{aligned}
&\alpha = \min(\alpha_1, \alpha_2) \\
&\alpha_1 = \arctan\frac{w - 2r\sin\theta}{2l + k - 2r\cos\theta} \\
&\alpha_2 = \arctan\frac{w - 2r\sin\theta}{2l - k - 2r\cos\theta} \\
&\beta = \max(\beta_1, \beta_2) \\
&\beta_1 = \arctan\frac{-w - 2r\sin\theta}{2l + k - 2r\cos\theta} \\
&\beta_2 = \arctan\frac{-w - 2r\sin\theta}{2l - k - 2r\cos\theta}
\end{aligned}
\tag{9.2}
$$

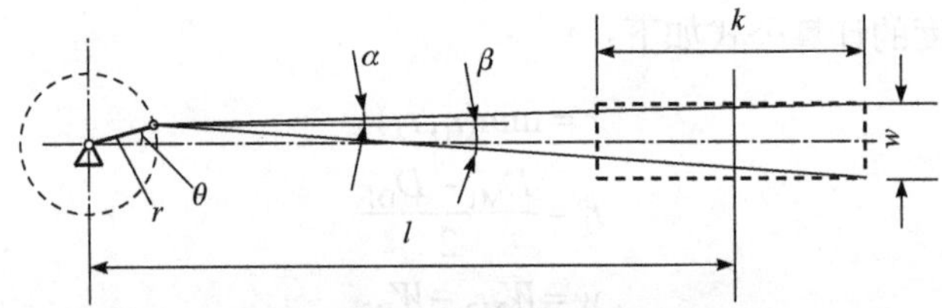

图 9.9　摆杆的摆角范围计算原理图

扩大的公差带是两个包络运动的合成，第一个包络运动为连杆平面运动，包络曲线为曲柄导杆机构的连杆平面上坐标值为(a, b)的点生成的连杆曲线，包络图形为原始公差带。第二个包络运动为摆动运动，包络曲线为圆弧，摆动的中心为曲柄与连杆的铰链点，摆角为$\beta \sim \alpha$，包络图形为原始公差带。曲柄在任意位置(转角$\theta = 0 \sim 2\pi$)时，均存在第二个包络运动。

9.4.2　圆柱基准和直槽基准不对心组合下的目标要素公差带确定方法

圆柱为第一基准要素，直槽为第二基准要素，圆柱轴线不在直槽的中心面上，则两个基准的DFS_D和DFS_M在第一基准平面上投影的一般关系如图 9.10 所示。

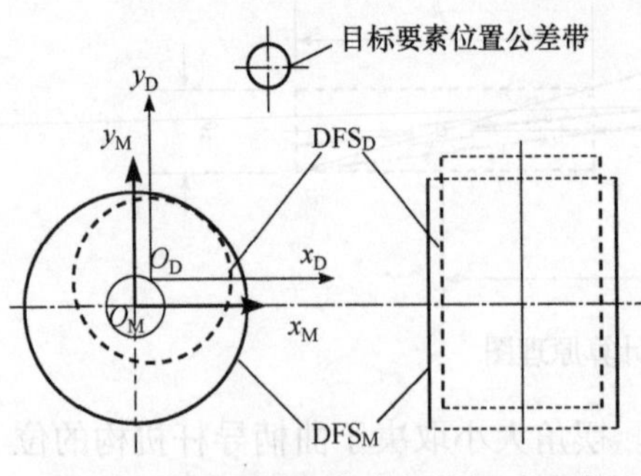

图 9.10　模拟基准要素之间的相对运动 2

DFS_D刚体相对于DFS_M空间的运动可以简化为一个点P和一条直线Q组成的刚体分别在圆和直槽内的运动，如图 9.11 所示，圆的半径r_1和直槽宽度w分别为

$$
\begin{aligned}
r_1 &= (D_{\text{M}1} - D_{\text{D}1})/2 \\
w &= W_{\text{M}2} - W_{\text{D}2}
\end{aligned}
\tag{9.3}
$$

式中参数的意义与式(9.1)相同。根据模拟基准要素的定义，图中两个DSF_D之间

的距离(一个 DSF_D 圆心到另一个 DSF_D 矩形的对称线之间的距离 l_D)和两个 DSF_M 之间的距离 l_M 相等。这个半径 r_1 的圆和宽度为 w 的直槽是点 P 和直线 Q 最大可能的运动空间，根据 r_1 和 w 的数值大小关系，点 P 并不一定可以到达 r_1 圆内的任意位置。如图 9.11(a)所示，当 $2r_1>w$ 时，点 P 只能到达 r_1 圆内的阴影范围。

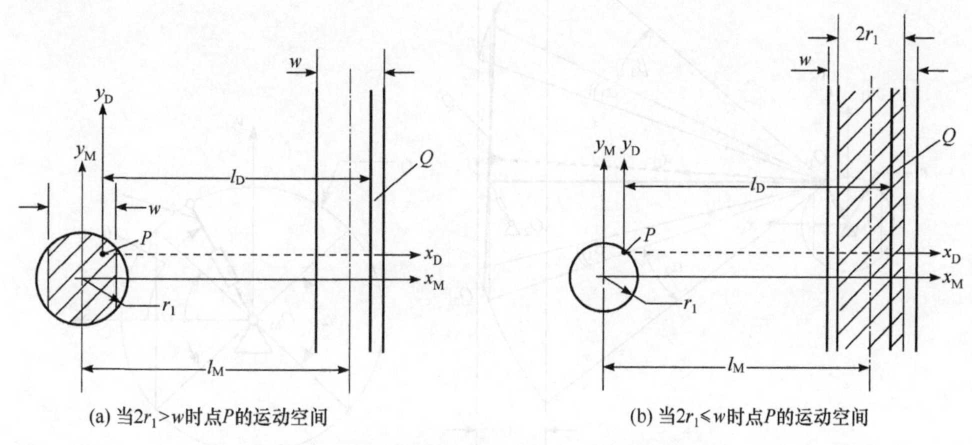

图 9.11　模拟基准要素之间的相对运动关系 1

DFS_D 相对于 DFS_M 的最大相对运动范围可以用曲柄长度可变的平行四边形机构和摆杆摆动机构来描述。图 9.12 为表示机构的配置情况，平行四边形机构两个曲柄的最大长度为 r_1。摆杆机构摆动角度范围取决于曲柄的位置，平行四边形机构曲柄做整周回转运动，在曲柄的不同位置，摆杆能够摆动的范围是不同的。对于图示的配置情况，摆杆摆动的起始角和终止角分别为$-\alpha$ 和 β，α 和 β 的确定公式为

$$\begin{aligned}\alpha &= \min(\alpha_1, \alpha_2) \\ \beta &= \min(\beta_1, \beta_2)\end{aligned} \tag{9.4}$$

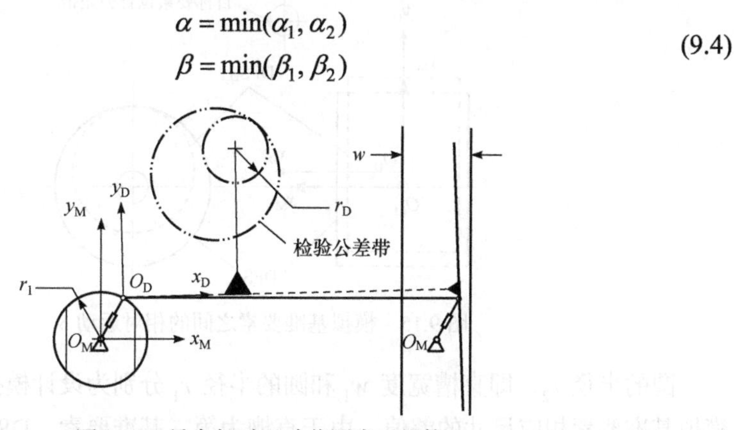

图 9.12　最大相对运动范围表示机构

式中，α_1、α_2、β_1、β_2的计算原理如图 9.13 所示。当 $2r_1>w$ 时，曲柄长度 r 的取值情况如图 9.14 所示。在两个 α 范围内，曲柄的长度是变化的，其余角度下曲柄的长度为 $r=r_1$。其中，在第一象限内曲柄的长度为 $r=w/(2\cos\theta)$。

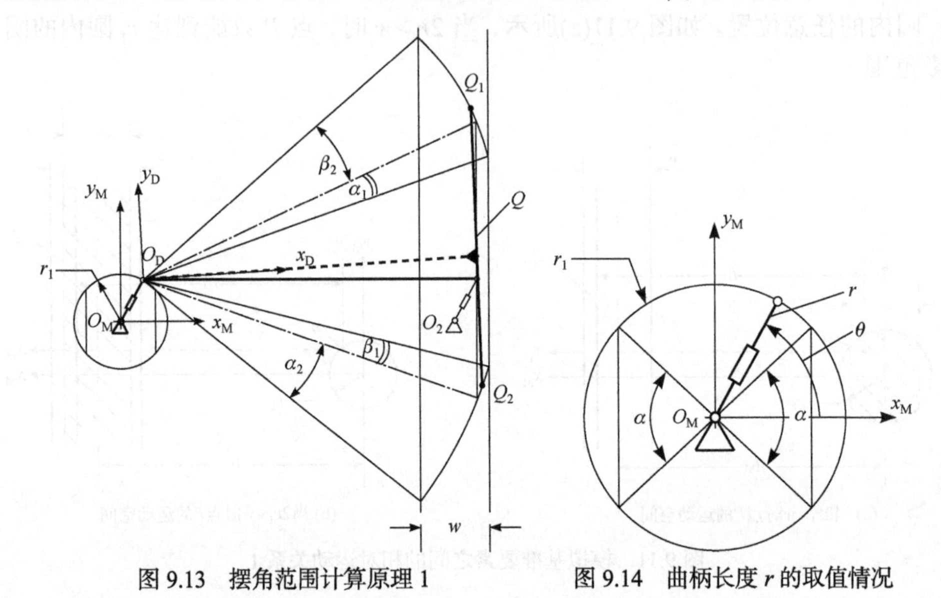

图 9.13　摆角范围计算原理 1　　　图 9.14　曲柄长度 r 的取值情况

9.4.3　直槽基准和圆柱基准不对心组合下的目标要素公差带确定方法

图 9.15 为直槽和圆孔分别作为第二和第三基准要素时不对心组合的一般情况，DFS_D 刚体相对于 DFS_M 刚体空间的运动同样可以用点 P 和直线 Q 组成的刚体分别在圆和直槽内的运动来表示，如图 9.16 所示。

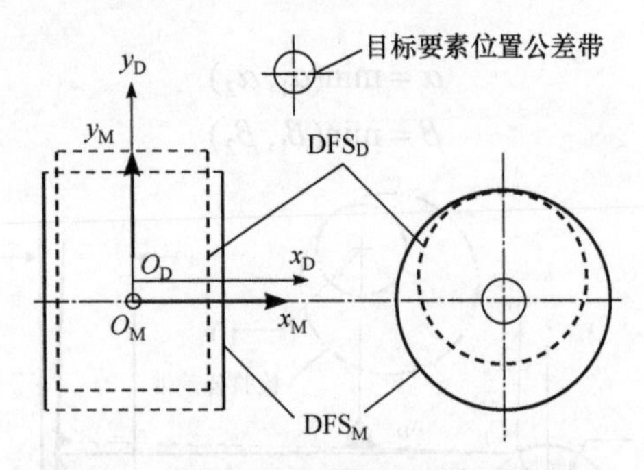

图 9.15　模拟基准要素之间的相对运动 3

圆的半径 r_2，即直槽宽度 w_1 和圆的半径 r_1 分别为设计模拟基准要素和测量模拟基准要素相应尺寸的差值。由于直槽为第二基准要素，DRF_D 和 DRF_M 的原

点在直线 Q 上。

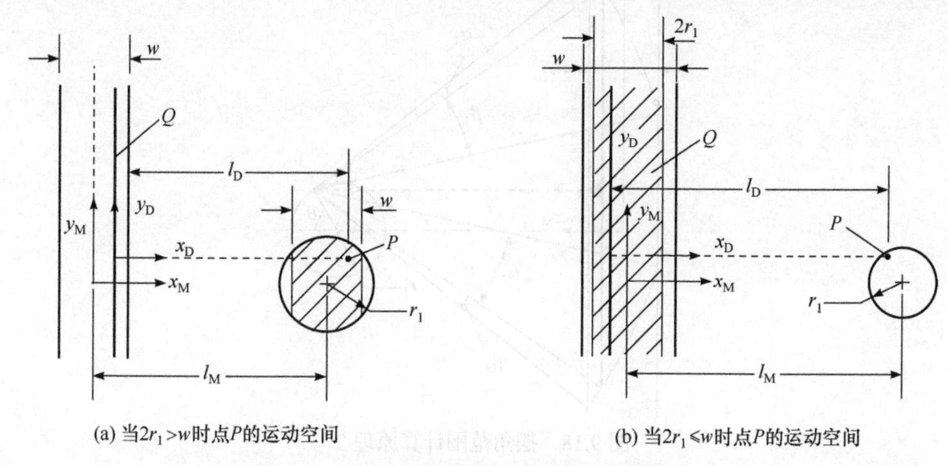

(a) 当$2r_1>w$时点P的运动空间　　(b) 当$2r_1\leqslant w$时点P的运动空间

图 9.16　模拟基准要素之间的相对运动关系 2

描述 DRF_D 相对于 DRF_M 的最大相对运动的机构，同样采用可以变曲柄长度平行四边形机构和摆杆摆动机构的组合，与 9.4.2 小节对应机构的不同之处在于此时摆杆转动中心为点 P，如图 9.17 所示。

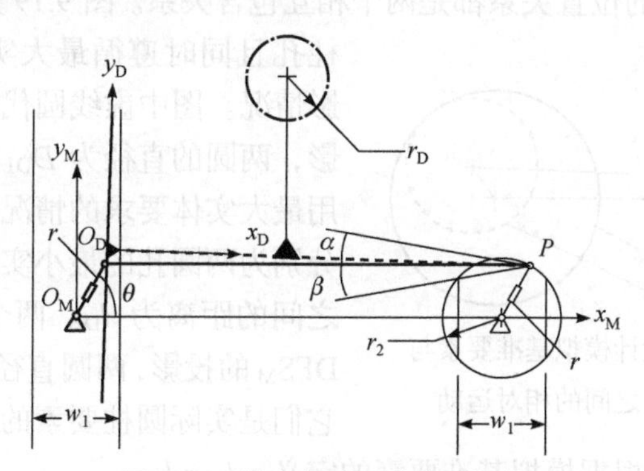

图 9.17　最大相对运动表示机构

曲柄长度可能是定长曲柄也可能是变长曲柄，取决于 r_1 与 w_1 的尺寸关系。当 $w_1>2r_1$ 时，曲柄为定长曲柄，长度为 r_1，否则，曲柄为变长曲柄，其取值方法与图 9.13 相似。对于曲柄转角 θ 在任意位置时，摆杆绕点 P 摆动的起始角和终止角分别为$-\alpha$和β，α和β的确定公式为

$$\begin{aligned}\alpha &= \min(\alpha_1, \alpha_2) \\ \beta &= \min(\beta_1, \beta_2)\end{aligned} \tag{9.5}$$

式中，α_1、α_2、β_1、β_2 的计算原理如图 9.18 所示。

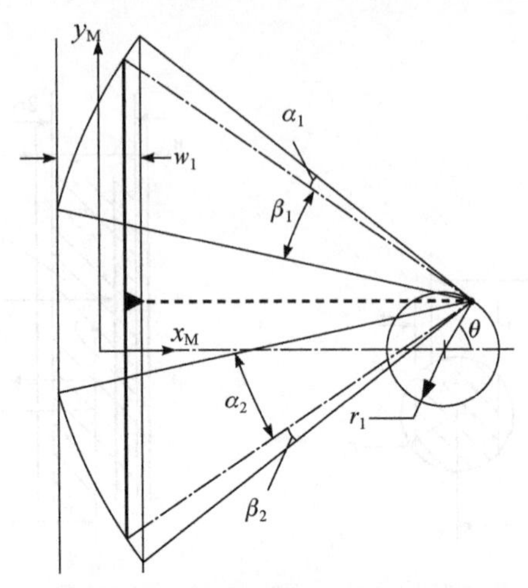

图 9.18　摆角范围计算原理 2

9.4.4　两个圆柱基准组合下的目标要素公差带确定方法

圆柱基准要素包括圆柱孔和圆柱轴，两个圆柱要素分别具有两个 DFS_M 与两个 DFS_D，它们的二维投影均是圆。无论基准遵循最大实体要求还是最小实体要求，这两组圆之间的位置关系都是两个相互包含关系。图 9.19 为两个圆柱均为圆柱孔且同时遵循最大实体要求的二维投影情况。图中虚线圆代表两个 DFS_D 的投影，两圆的直径为 D_{D1} 和 D_{D2}，当圆孔应用最大实体要求的情况时，D_{D1} 和 D_{D2} 应分别为两圆孔的最小实体实效尺寸，两圆之间的距离为 l_D。两个实线圆代表两个 DFS_M 的投影，两圆直径分别为 D_{M1}、D_{M2}，它们是实际圆柱要素的实效尺寸，两圆心之间的距离为 l_M。根据模拟基准要素的定义，$l_D = l_M$。

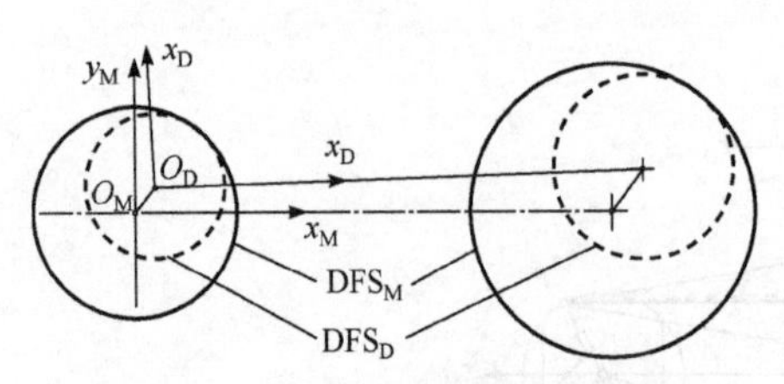

图 9.19　两圆柱的设计模拟基准要素与测量模拟基准要素之间的相对运动

根据以上定义，DFS_M 与 DFS_D 之间的最大相对运动相当于两个距离不变的点 P 和点 Q 在两个直径分别为 $D_{M1}-D_{D1}$、$D_{M2}-D_{D2}$ 的圆中所有可能的运动，如图 9.20 所示。

图 9.20 中，$r_1=(D_{M1}-D_{D1})/2$，$r_2=(D_{M2}-D_{D2})/2$。显然，只有当 $r_1=r_2$ 时，点 P 和点 Q 可以到达两个圆的全部位置；当 $r_1<r_2$ 时，点 P 可以到达 r_1 圆的任何位置，点 Q 不能到达 r_2 圆内的任意位置；当 $r_1>r_2$ 时，情况相反。

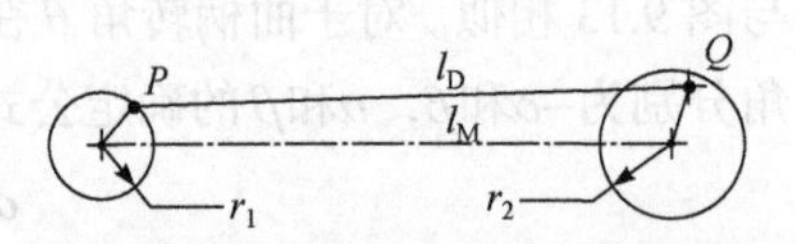

图 9.20　设计模拟基准要素和测量模拟基准要素之间相对运动的机构表示

以下根据 r_1 和 r_2 数值大小的关系，分别讨论 DFS_M 与 DFS_D 之间的最大相对运动计算方法。

(1) 当 $r_1 \leqslant r_2$ 时，这种情况下 DFS_M 与 DFS_D 之间的最大相对运动边界可以用一个平行四边形机构和一个摆动机构来表示，如图 9.21 所示。平行四边形机构为 $O_MO_D(P)O_1O_2$，曲柄长度 $r=r_1$，机架长度和连杆长度均为 l_D。摆动机构的回转中心在点 P，摆杆如图中的虚线所示，摆杆长度为 l_D。对于平行四边形机构的任意位置，摆杆端点 Q 的运动轨迹为弧线 H，摆杆的摆角范围 $\beta \sim \alpha$ 可以根据图 9.21 的几何关系计算。

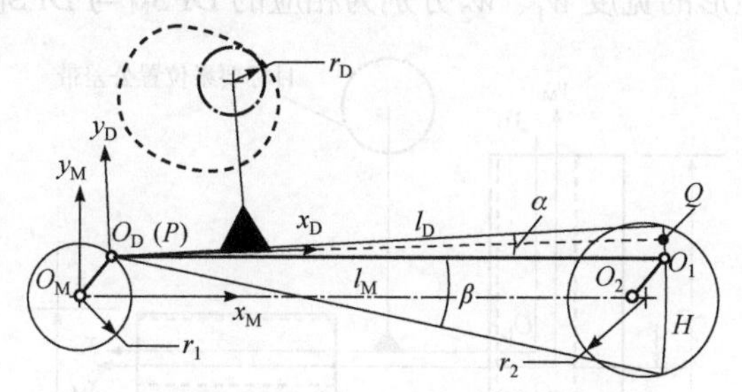

图 9.21　模拟基准要素之间的相对运动的表示 1

设计坐标系建立在摆杆机构上，原点为 P 点，测量坐标系建立在平行四边形机构的机架上，原点位于曲柄的回转中心。设计坐标系上的被测要素公差带在测量坐标系上的运动轨迹的包络就是测量公差带。

(2) 当 $r_1>r_2$ 时，描述 DFS_M 与 DFS_D 之间的最大相对运动边界同样采用一个平行四边形机构和一个摆动机构来表示，如图 9.22 所示。平行四边形机构为 $O_MO_DO_1(Q)O_2$，曲柄长度 $r=r_2$，机架长度和连杆长度均为 l_D。摆动机构的回转中心在 Q 点，摆杆如图中的虚线所示，摆杆长度为 l_D。对于平行四边形机构的任意位置，摆杆端点 P 的运动轨迹为弧线 H，摆杆的摆角范围 $\beta \sim \alpha$ 可以根据图 9.22 的几何关系计算。

这一情况下的设计坐标系和测量坐标系的测量方法，以及测量公差带的计算方法与 $r_1 \leqslant r_2$ 情况下相同。

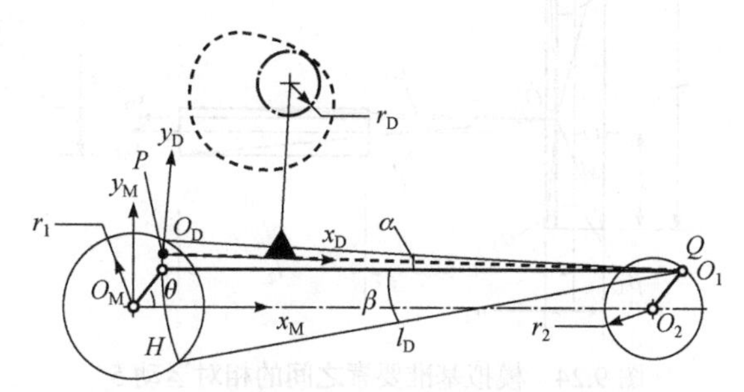

图 9.22　模拟基准要素之间的相对运动的表示 2

9.4.5 两宽度要素基准组合下的目标要素公差带确定方法

宽度尺寸要素包括实体和空腔两种类型，与直径尺寸要素一样，无论基准遵循最大实体要求还是最小实体要求，两对 DFS_M 与 DFS_D 二维投影的位置关系都是两个矩形相互包含的关系，即不是 DFS_M 包含 DFS_D，就是 DFS_D 包含 DFS_M。无论哪种包含关系，关联要素位置公差带的扩大区域求解方法相同。

图 9.23 为两个直槽应用最大实体要求时的 DFS_M 与 DFS_D 位置关系图，DFS_D 相对于 DFS_M 的关系可以用两条相对位置固定的直线分别在两个矩形内的可能运动来表示，两个矩形的宽度 w_1、w_2 分别为相应的 DFS_M 与 DFS_D 的宽度之差。

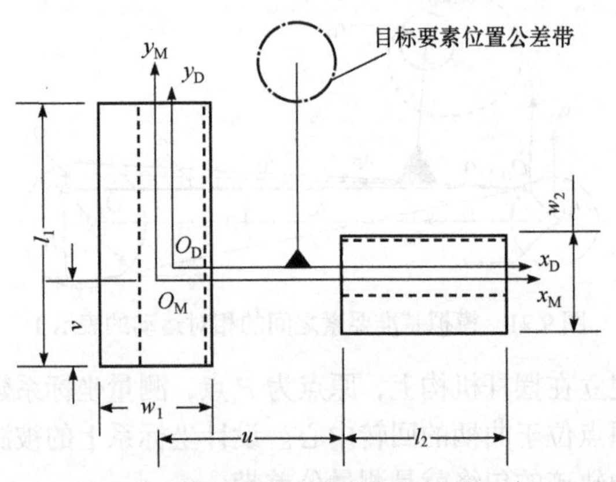

图 9.23　模拟基准要素之间的相对运动 4

设计坐标系 $O_Dx_Dy_D$ 原点的运动范围为由双点划线围成的矩形。设计坐标系除了可以在这一矩形内做平动运动，还可以做转动运动，其转动范围取决于原点的位置。对于图 9.24 的配置情况，设计坐标系转动的起始角和终止角分别为 α 和 $-\beta$，α 和 β 的确定公式为

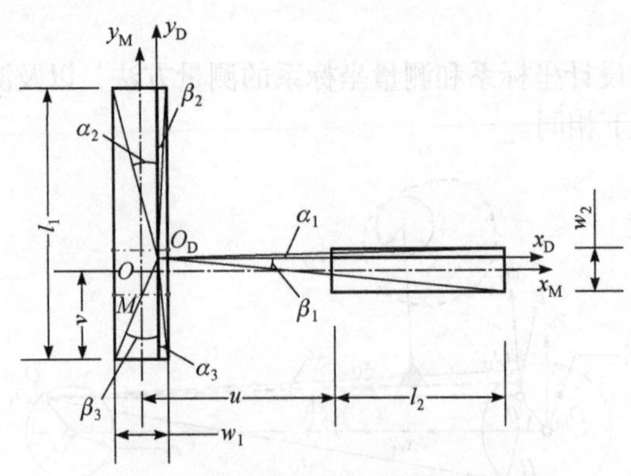

图 9.24　模拟基准要素之间的相对运动 5

$$\alpha = \min(\alpha_1, \alpha_2, \alpha_3)$$
$$\beta = \min(\beta_1, \beta_2, \beta_3)$$

9.5　转移公差计算实例

验证本章方法的案例来自文献[9]～[11]，其公差规范如图 9.25 所示。在本例中，两孔 D 和 E 的位置度公差应用最大实体要求，两孔的基准要素均为三个平面 A、B、C，两孔 D、E 分别作为另一个孔的位置度公差的基准。孔 G 为本例的目标要素，它的位置度公差的基准要素分别为平面 A 和 D、E 两孔，在孔 G 的位置度公差规范中，目标要素和两个基准要素孔 D、E 均应用最大实体要求。孔 G 的基准若是设置情况属于表 9.2 中的序号 4 所列的情况，即两个直径要素应用公差相关要求的情况，计算这个目标要素的检验公差带可以采用 9.4.4 小节中介绍的计算方法。为了说明转移公差的效益，两个孔 D 和 E 的实际配合尺寸用最小材料实效尺寸替代，而目标孔 G 的图纸给定公差带直径为 0.127mm，根据公差相关要求定义，此时孔 G 的直径为 4.73mm。

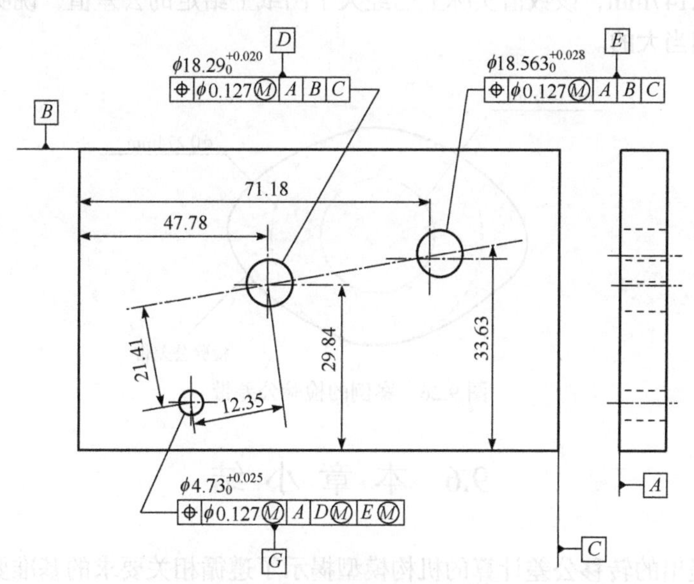

图 9.25　应用最大实体要求的位置公差实例(单位：mm)

孔 D 和 E 的最大实体实效尺寸(MMVS)和最小实体实效尺寸(LMVS)如表 9.3 所示，计算模型中的参数 l、r_1、r_2 的计算结果为

$$l = \sqrt{(71.18 - 41.78)^2 + (33.63 - 29.84)^2} = 29.6433\,(\text{mm})$$

$$r_1 = (18.31 - 18.163)/2 = 0.0735\ \text{(mm)}$$

$$r_2 = (18.591 - 18.436)/2 = 0.0775\ \text{(mm)}$$

表 9.3 计算参数

要素	MMVS/mm	LMVS/mm	参数/mm
D	18.163	18.31	r_1=0.0735
E	18.436	18.591	r_2=0.0775

图9.26给出了一个计算结果的示意图，图中腰形的实线外轮廓为检验公差带，参见图 9.21 所示的计算原理图，这个实线轮廓位于测量坐标系 $O_Mx_My_M$ 上，它是设计坐标系 $O_Dx_Dy_D$ 上直径为 0.127mm 圆的运动包络。为了比较摆杆机构的效益，该图还画出了不考虑摆杆机构的设计公差带的包络，该包络的边界为直径是 0.274mm 的圆。直径为 0.147mm 的圆为平行四边形机构上孔 G 中心的运动轨迹。事实上，直径 0.274mm 就是设计公差带的直径和孔 D、E 的 D_DFS 与 M_DFS 之间的最小直径差值之和，即 0.127+2×0.0735=0.274mm。由这个例子可以看出转移公差为 0.147mm，该数值实际上已经大于图纸上给定的公差值，说明转移公差的效益是相当大的。

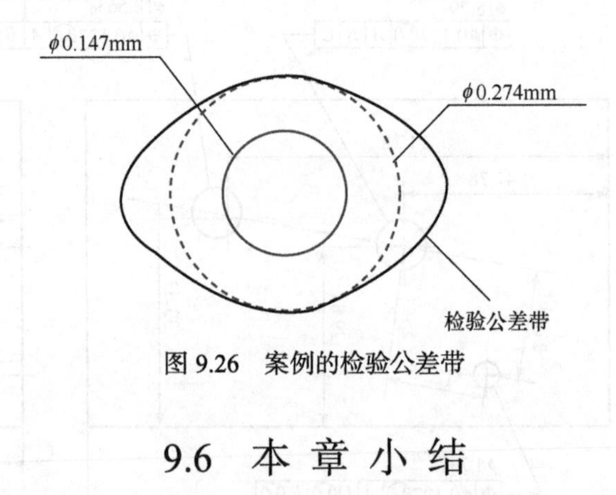

图 9.26 案例的检验公差带

9.6 本章小结

本章提出的转移公差计算的机构模型揭示了遵循相关要求的基准要素与被测目标要素几何公差之间的内在联系，毫无疑问，利用机构模型可以表示相关要求的公差带扩大效果，而且这一表示方法完全符合公差标准，也容易被工程设计人员所理解和接受，从而为学习和贯彻公差标准提供了一个实用的方法。通过研究基准遵循相关要求的条件、遵循相关要求的基准组成原理，可以掌握几何公差基准的全部组成形式，就可以对每一个组成形式建立一个描述机构，从而完全解决基准要素转移公差的计算和检验问题。总之，本书的研究能够为基准遵循相关要求的公差设计提供方法，为相关要求的零件合格性检验提供依据，将公差分析的研究内容加以扩展和深化，完善公差标准中相关要求的定义、设计方法、使用原则、检测检验方法。

转移公差与目标要素的几何类型、基准要素的尺寸公差和几何公差等多个因素相关。奖励公差容易计算，当仅与一个基准相关时转移公差也容易计算。但当多个基准应用公差相关要求时，各基准之间的综合作用没有合适的描述方法，这是转移公差难于计算的原因。

本章提出了利用组合连杆机构模型模拟转移公差的形成，建立了计算方法和检验方法。机架和运动连杆分别对应基准要素的实效状态和极限状态，运动连杆上的设计给定公差带在固定空间上形成的轨迹包络空间就是包含补偿公差的公差带，即目标要素的检验公差带。研究了检验公差带的计算方法，为实现几何要素检测自动化提供了理论和方法。

参考文献

[1] Srinivasan V. Standardizing the specification, verification, and exchange of product geometry: Research, status and trends. Computer-Aided Design, 2008, 40(7): 738-749.

[2] Srinivasan V. Computational metrology for the design and manufacture of product geometry: A classification and synthesis. ASME Journal of Computing and Information Science in Engineering, 2007, (7): 3-9.

[3] Srinivasan V. Reflections on the role of science in the evolution of dimensioning and tolerancing standards. Journal of Engineering Manufacture, 2013, 227(B1): 3-11.

[4] International Organization for Standardization. Product data representation and exchange: Application protocol: Dimensional inspection information exchange. ISO 10303-219. Bern: ISO copyright office, 2007.

[5] Spanish Institute of Standardization. Geometrical product specifications (GPS)-geometrical tolerancing-maximum material requirement (MMR), least material requirement (LMR) and reciprocity requirement (RPR). ISO 2692: 2014. Madrid: Spanish Institute of Standardization.

[6] Jayaraman R, Srinivasan V. Geometric tolerancing: Ⅰ. Virtual boundary requirements. IBM Journal of Research and Development, 1989, 33(2): 90-104.

[7] Anselmetti B. Tolerancing method for function and manufacturing. Proceedings of ILCE 95, Paris, 1995.

[8] Robinson D M. Geometric tolerancing for assembly with maximum material parts. The 5th CIRP Seminar on Computcr Aided Tolerancing, Toronto, 1997.

[9] Bennis F, Pino L, Fortin C. Geometric tolerance transfer for manufacturing by an algebraic method. Proceedings of the 2nd International Conference on Integrated Design and Manufacturing in Mechanical Engineering, Compiegne, 1999.

[10] Pino L, Bennis F, Fortin C. The use of a kinematic model to analyze positional tolerances in

assemblies. Proceeding of the 1999 IEEE Conference on Robotics and Automation, Detroit, 1999.

[11] Pino L, Bennis F, Fortin C. Calculation of virtual and resultant part for variational assembly analysis. Integrated Design and Manufacturing in Mechanical Engineering: Proceedings of the Third IDMME Conference, Montreal, 2000.

[12] 蔡敏, 吴昭同, 郭建平, 等. 计算机辅助公差设计一致性的评价工具: 软件量规. 中国机械工程, 1999, 10(11): 1260-1263.

[13] Pairel E, Hernandez P, Giordano M. Virtual gauges representation for geometrical tolerances in CAD-CAM systems. Proceedings of the 9th International CIRP Seminar on Computer-Aided Tolerancing, Arizona, 2005.

[14] Dantan J B. Functional and product specification by gauge with internal mobilities (G. I. M.). Global Consistency of Tolerances. Dorclrecht: Spinger Netherlands, 1999.

[15] Dantan J B. Assembly specification by gauge with internal mobilities (GIM)—a specification semantics deduced from tolerance synthesis. Journal of Manufacturing Systems, 2002, 21(3): 218-235.

[16] Shen Z, Shah J J, Davidson J K. Simulation-based tolerance and assemblability analyses of assemblies with multiple pin/hole floating mating conditions. ASME 2005 International Design Engineering Conferences and Computers and Information in Engineering Conference, Long Beach, 2005.

[17] Shen Z, Shah J J, Davidson J K. A complete variation algorithm for slot and tab features for 3D simulation-based tolerance analysis. ASME 2005 International Design Engineering Conferences and Computers and Information in Engineering Conference, Long Beach, 2005.

[18] ASME. Dimensioning and tolerancing-engineering drawing and related documentation practices. ASME Y14.5M-2009. New York: American Society of Mechanical Engineers, 2009.

[19] 吴玉光, 王大强. 基准遵循最大实体要求时的几何要素检验方法. 计算机集成制造系统, 2014, 20(11): 2683-2692.

[20] Wu Y G. The calculation method of the inspection tolerance zone when two datum features apply MMC/LMC. Procedia CIRP, 2018(75): 297-302.

第 10 章　装配公差分析自动化原型软件介绍

本章介绍装配公差分析自动化方法的软件实现，装配公差分析自动化方法通过模拟每一个几何要素的变动情况来仿真实际零件的制造误差，采用虚拟装配来模拟实际零件的装配过程，采用统计分析方法获得目标要素误差的概率分布情况。该方法的主要技术包括几何要素的控制点变动模型、装配模型的坐标系层次体系、基于真实机器的零件装配位置计算方法以及几何要素误差传递关系图等内容。

10.1　自动化公差分析软件的基本介绍

计算机辅助公差分析工具通常也称为 CAT 软件，目前已有多个商用 CAT 软件在生产实际中得到应用，如 VisVSA[1]、3DCS[2]和 CETOL 6σ[3]等。最基本的公差分析模型需要建立零件装配关系、零件内部几何要素的基准-目标关系、尺寸与几何公差的数值提取，现有的这些软件包都具备这些功能，它们采用人机交互的方式建立分析模型，基于蒙特卡罗模拟方法计算目标要素几何误差的概率分布，由于数据准备工作量巨大，人机交互操作步骤复杂烦琐，而且要求使用者对软件的分析流程、功能逻辑等十分熟悉，软件的自动化程度很低。这种软件只适用于简单、零件数量不多的装配模型，当机器复杂程度增加时便无能为力了。当前三维 CAD 软件已经成为产品设计的方向和主流，但是如何在三维 CAD 模型上进行公差分析与综合还是一个待解决的问题。公差分析任务烦琐且容易出错，实现公差分析自动化是设计者的梦想，研究者也在寻求自动化的公差分析方法[4-6]。但是开发一个实现分析过程自动化的方法是一项具有挑战性的工作，因此至今还没有一个自动化程度较高的 CAT 软件出现。

针对以上现状，本书作者研制了一个实现自动化公差分析的原型软件，力图验证本书提出的关于公差分析自动化的理论、原理和方法。本章对这一原型软件进行简单介绍。

该软件基于 CAD 软件 SolidWorks 并利用 VC++语言进行二次开发，通过尽可能多地使用 SolidWorks 的功能，从而简化软件开发的工作量。为了方便使用，该原型软件的人机交互尽可能简单，同时努力使该软件具有直观简洁的交互操作界面以及简洁明了的分析结果表示形式。本软件的一个最简单的操作，就是用户只需要通过鼠标指出要分析的目标几何要素，然后启动程序分析按钮，程序即可进行自动分析，并将计算结果显示在同一个界面上。因此，本软件的使用十分简单，只要求使用者具有 CAD 知识和公差分析初学知识，不需要了解软件开发的理论基础和分析流程。

软件采用统计方法进行公差分析，即通过蒙特卡罗模拟生成全部关联几何要素的实际状态，根据模拟结果计算目标几何要素的位置，通过大量目标位置数据的统计分析获得计算目标的误差概率分析结果。

原型软件要求输入的公差分析模型为 SolidWorks 机器装配模型，使用 SolidWorks 的装配关系数据，软件通过 SolidWorks 的 API 函数获取装配关系，因此该软件要求 CAD 装配模型具有正确的装配关系，但随后还允许用户修改零件的装配基准顺序。该程序目前还缺少装配关系自动识别模块，有待于今后进一步完善。

关于公差指标的处理，当前的原型软件对一个几何要素只考虑具有尺寸公差和位置公差的情况，而没有考虑方向公差和形状公差等多个公差的综合情况，此外，还要求零件三维模型具有正确的公差标注。对于尺寸公差和位置公差的处理，本软件完全与公差标准相同，它直接用公差标注的数值作为零件几何误差变动的仿真依据。另外，对公差指标的完整性和正确性检查还提供了一个单独的软件模块。

软件提供分析结果有公差分析对象的统计分布情况，包括公称值、平均值、标准差等，还有全部关联公差因子敏感度列表和贡献百分比列表。通过人机交互可以显示公差因子所在的几何要素，以便于使用者对计算结果的掌握。

10.2 公差分析过程的结构化关键技术

公差分析自动化的关键技术就是求解过程的结构化，为此，公差分析自动化软件必须基于三维实体模型、三维 GD&T 标注和三维装配信息的产品模型，只有采用实体模型表示零件几何和装配关系、采用基于实体模型的尺寸与几何公差三维标注，才能为几何推理的自动化提供基础，为分析数据的自动采集提供条件。因此，开发实现自动化的分析方法是一项具有挑战性的工作。本节仅对其中的关键技术的作用、必要性作简略说明，更详细的内容参见本书的有关章节。

10.2.1 控制点变动模型

结构化的公差分析过程需要对几何要素进行规则化处理。公差分析方法就是计算出目标几何要素变动空间的尺寸和位置，再根据功能要求将变动空间转化成相应的公差指标。机器和零件的功能、结构、形状以及尺寸等千变万化，完全按照关联要素的实际几何形状不可能自动而精确地建立目标几何要素位置与全部关联要素之间的数学关系公式，因此必须研制一个能适用于常见几何类型的变动表示模型。几何要素的控制点变动模型(CPVM)[7]定义了直线、平面、圆柱面、球面等简单几何要素的尺寸误差、位置误差和方向误差的控制点，采用改变几何要素的位置变动参数来模拟真实要素变动的方法，而几何要素的位置变动是根据误差分布规律通过概率抽样得到的，几何要素的位置变动参数的数量与自由度数量相同，真实要素的位置变动可以看成理想几何相对于理想位置沿自由度方向的位置变动，与公差带的意义一致，符合公差标准。几何要素的控制点变动模型用规则几何形状来模拟实际边界可以简化计算模型，但是每个零件的几何要素边界的形式和结构各不相同，因此控制点变动模型对每一个几何要素类型分别设定一种类型的边界，从而便于实现几何要素位置变动计算过程的结构化和自动化。

10.2.2 装配公差自动分析的坐标系体系

基于蒙特卡罗模拟的公差分析方法的特点就是目标要素位置计算的自动化，其基本方法就是采用齐次坐标变换矩阵(HTM)表示坐标系之间的位置关系，采用HTM 的连续相乘得到目标要素的位置，因此 HTM 的数量、顺序以及矩阵元素数值的自动获取是实现自动化的关键技术。为了自动获取 HTM，首先必须对机器和零件模型进行层次结构分解，建立分析模型的坐标系层次体系[8]。层次结构分解的依据就是尺寸误差和几何误差传递关系和零件装配结构，因此坐标系体系具有两个层次结构：几何要素层次的坐标系体系结构与零件层次的坐标系体系结构。在几何要素层次，坐标系包括几何公差基准参考框架(DRF)坐标系、几何要素理想位置坐标系(ICS)和几何要素实际位置坐标系(ACS)，这样的分解保证了几何要素的位置参数所代表的含义与公差标准的一致性。在零件层次，坐标系包括零件CAD 模型坐标系(CCS)、零件全局坐标系(GCS)和机器全局坐标系(MCS)。

根据公差标准规定，DRF 由尺寸公差和几何公差的基准要素组成，DRF 坐标系由实际基准要素根据基准体现原则生成，DRF 坐标系用以决定几何公差带的位置，也用以确定几何要素的理想位置。几何公差标注显式给出目标要素和它的基准要素之间的关系，但由于尺寸公差的两个标注目标并没有明确基准-目标关系，需要对两者基准和目标的属性进行识别。几何要素理想位置坐标系(ICS)相对于DRF 的位置由目标要素相对于基准要素的理论正确尺寸确定，这是位置公差理论正确尺寸的含义。ICS 的建立规则与几何要素和基准要素的几何类型相关，如直线要素，其 ICS 的坐标原点为直线中点，z 轴与直线重合，其正向为直线起点指向端点方向，x 轴的设置则根据直线在 DRF 中的位置确定。几何要素实际位置坐标系(ACS)建立在几何要素实际位置上，在控制点变动模型中，ACS 建立在替代几何上。ACS 与 ICS 之间的位置关系体现几何要素变动的真正含义。在基于蒙特卡罗模拟的公差分析方法中，ACS 与 ICS 之间的位置关系取决于几何要素位置变动所遵循的误差分布规律，由仿真程序采样确定。

CCS 由 CAD 实体造型软件在设计者创建零件实体模型时自动建立，应用程序可以通过 CAD 软件提供的 API 函数从实体模型中读出零件在 CCS 上的位置。GCS 建立在零件的基础基准上，用于表示所有几何要素的位置，基础基准要素是一个零件上用于表示关联要素位置的最基础的几何要素，基础基准要素是零件的尺寸和误差传递关系图的基础节点所对应的几何要素，因此基础基准要素需要根据零件的尺寸与几何公差标注进行识别，一旦确定了基础基准要素，GCS 相对于 CCS 的位置就可通过 CAD 软件提供的 API 直接获取。MCS 与第一个机架零件的 GCS 重合。

图 10.1 为几何要素层次坐标系和零件层次坐标系体系示意图。这些坐标系由几何要素的组成要素或者导出要素来定义，这些几何要素包括装配基准要素和公差基准要素，其中基础基准要素是一个特殊的几何要素，基础基准要素是零件的第一个基准要素，它是零件全局坐标系的定义基准要素，对于机架零件又是 MCS 的定义基准，基础基准要素只有形状误差而没有位置误差和方向误差，因此在基础基准要素上的 ACS、ICS 和 GCS 三者重合，第一机架零件的基础基准的 ACS、ICS、GCS 和 MCS 等四个坐标系重合。

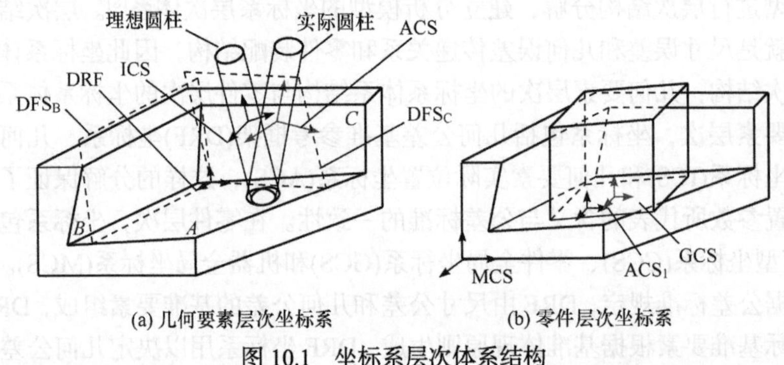

图 10.1　坐标系层次体系结构

在关联要素的坐标系建立之后，就能够计算相邻坐标系之间的 HTM，通过误差传递路径上的 HTM 连续相乘可以计算出机器模型中零件的位置与零件模型中几何要素的位置。对于零件层次，第一基准要素的 ACS 到 DRF 的 HTM、DRF 到目标要素的 ICS 的 HTM 以及 ICS 到目标要素的 ACS 的 HTM 等这三个 HTM 构成了目标要素的位置定义基本单元。通过对这些基本单元不断地递归相乘计算，即可以计算零件从基础基准要素(即零件的全局坐标系所在要素)到零件的目标要素实际坐标系的 HTM。对于机器层次，确定装配零件全局坐标系相对于定位零件第一定位基准实际坐标系的 HTM 就是计算目标零件在机器模型中位置的基本单元。零件之间的 HTM 的计算，需要根据参与装配的接触表面的几何类型、实际位置、接触表面和装配顺序等参数，模拟全部定位基准要素和装配基准要素的实际位置，再根据基准顺序确定各个接触面对的接触情况，计算出装配零件的位置，从而得到 HTM。不断地递归计算定位零件的实际位置，就可以计算出从机器最底层的定位零件(即机架零件)的 MCS 到目标零件上目标要素的 ACS 的 HTM，从而获得目标要素的一个实际位置。

10.2.3 基于替代几何的装配接触位置计算方法

蒙特卡罗模拟方法需要采样目标要素位置的大量实例，然后对所有实例位置的偏差进行统计分析，从而得出目标要素误差的统计结果，可见零件的装配位置自动计算[9]是装配公差分析的关键算法。控制点变动模型采用理想几何来替代实际几何，用理想几何的方位参数来表示实际几何的方向和位置变动情况，此时零件的装配接触表面是由替代几何表示的理想几何表面，需要建立基于替代几何的装配接触位置计算方法。当参与装配的定位基准要素和装配基准要素的替代几何偏离理想位置时，两个零件的装配接触情况与理想情况完全不同，因此需要根据装配接触表面的几何类型、装配顺序建立装配接触替代几何在带有方位误差情况下的装配位置计算方法。机器中零件的装配接触表面既有相同几何类型的表面进行接触装配，又有不同几何类型的表面进行装配，两个零件的装配接触表面的数量受功能要求和几何类型等影响也存在多种情况，因此装配接触位置计算算法十分复杂，以下仅以三平面接触装配为例说明其算法要点。

图 10.2 为三平面装配位置的计算实例，图 10.2(a)和(b)分别为装配零件和定位零件，装配零件的三个面 *a*、*b*、*c* 按照装配顺序分别与定位零件的三个面 *A*、*B*、*C* 接触，在理想状态下这三对接触表面均能够面面贴合接触，但由于在实际零件均存在制造误差，三个替代平面之间已不再保持理想状态下的相对位置关系，根据约束自由度分析方法，此时只能保证 *a-A* 两面贴合接触，而第二基准 *b-B* 只能保证一个替代平面的一条边界在另一个替代平面上；同理，第三基准替代平面 *c-C* 只能保证一个替代平面的边界顶点位于另一个替代平面上。可见，以上三个替代平面的接触情况可以根据装配顺序将其归纳为“面面贴合”、“面面对齐”和“面面接触”三个规则，基于替代几何的三平面装配位置计算必须遵循这一规则来建立算法。

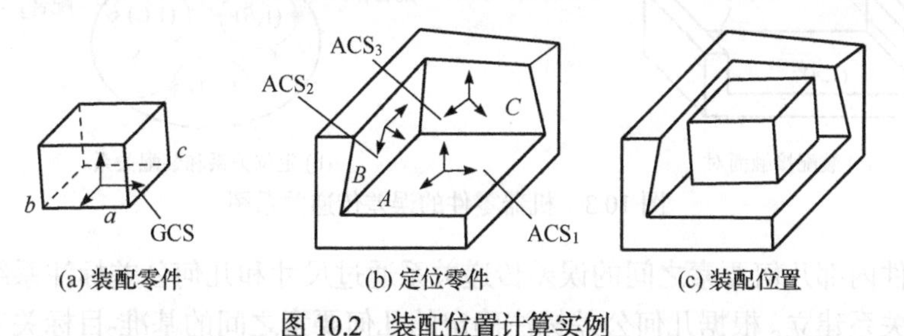

图 10.2 装配位置计算实例

10.2.4　机器误差传递关系模型及其建模方法

几何要素误差传递关系图存储了零件之间的误差传递关系和零件内部几何要素之间的误差传递关系，正是这两个传递关系图为装配公差的自动化分析提供了计算路径[10]。

机器中零件之间的误差通过装配接触面进行传递，因此零件之间的误差传递关系可以通过装配关系建立。两个参与装配的零件根据定位关系可以分为定位零件和装配零件，根据零件在机器中的位置，又可以分为机架零件、中间零件和目标零件。机架零件只承担定位功能，是一个定位零件；目标零件在误差传递关系图中不再定位其他零件，是一个装配零件；位于机架零件与目标零件之间参与装配的中间零件则既是定位零件也是装配零件。通过以目标零件为起点，根据CAD模型中的定位零件-装配零件关系查找其定位零件，再以当前定位零件为起点进行递归，即可建立从机架零件到中间零件再到目标零件的唯一、有向的装配次序，从而建立零件之间误差传递关系图。

图10.3为机器零件的误差传递关系图。其中，图10.3(a)给出了一个机器模型的装配接触面对，GFR为装配公差分析的功能目标要求，代表机器上两个零件的功能面之间的几何关系；图10.3(b)给出了机器中零件之间的定位关系和装配关系，以及零件内功能要素之间的几何要求关系。

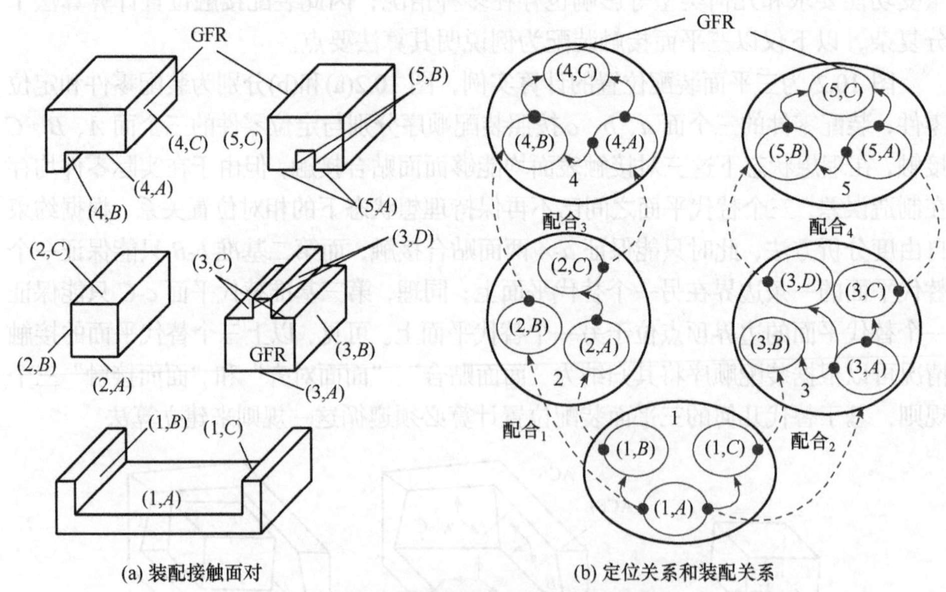

图10.3　机器零件的误差传递关系图

零件内部几何要素之间的误差传递关系通过尺寸和几何公差标注系统以及相对位置关系建立。根据几何公差标注确定的几何要素之间的基准-目标关系建立几何要素误差传递关系图；对于尺寸公差标注，则需要根据几何要素的类型、位置关系和尺寸线的位置信息识别出该尺寸公差关联的几何要素之间的基准-目标关系[11]，再将几何要素之间无向的尺寸关联关系转化为有向的误差传递关系，最终形成整个零件的几何要素误差传递关系图。

10.3 装配公差分析自动化方法的算法流程

10.3.1 公差分析原型软件 SwTol 介绍

根据以上介绍的关键技术，作者基于三维 CAD 软件 SolidWorks 并利用其提供的 API 函数和 VC++开发了一个自动化公差分析原型软件 SwTol。SwTol 的输入是机器的实体装配模型，要求装配模型包含零件三维实体模型、装配关系，实体模型中包含三维尺寸与公差标注。软件的输出包括三部分：①目标要素的位置误差分布的统计结果，包括目标要素位置变动的均值与方差和以直方图形式显示目标要素位置误差的概率分布情况；②关联要素的敏感度列表，包括敏感度指标和直方图，根据敏感度对误差传递关系图上的关联公差因子进行排队；③关联要素的贡献率列表，贡献率是关联公差对最终目标要素的公差的贡献，贡献率列表也是采用贡献大小和直方图表示的。

软件的使用非常简单，用户需要的交互操作包括：①在装配模型上用鼠标指定一个或者两个表面，第二个表面的选择操作是可选的操作。当用户指定一个表面时，程序就认为是计算这个表面的组成要素或者导出要素在机器坐标系中的位置变动情况，即当前目标要素相对于机器坐标系的变动情况。当用户指定两个表面时，程序就会认为是计算第一个表面(目标要素)相对于第二个表面(基准要素)的位置变动情况。②选定几何要素的几何误差变动的分布规律，SwTol将全部几何要素的误差分布规则设为相同，即所有几何要素的误差同时遵循同一种变动规律，但变动规律的类型有多种允许用户选择，如正态分布、均匀分布、极值分布等八种误差分布规律可以由用户选定。③基准顺序调整按钮，调整每个零件的两个或者三个装配基准的装配顺序，由于 CAD 软件提供的装配顺序不一定正确，在此处提供一个机会允许用户对其进行调整。④输入仿真次数，这个操作是一个可选操作，如果用户没有输入程序，就会根据缺省仿真次数 10000 次进行运算。

人机交互中需要改变装配基准顺序的原因是当前 SwTol 还缺少基准顺序识别模块，产品装配模型的设计者是基于理想模型进行装配操作的，在理想模型中装配顺序不影响装配结果，即三个装配基准中，无论哪一个基准先装配，最终装配模型中零件的位置是一样的，所以设计者可能存在随意决定装配基准顺序的情况。但装配基准顺序决定了误差传递路径和传递情况，因此需要增加这一环节来保证计算结果的正确性。图 10.4 为 SwTol 的界面。

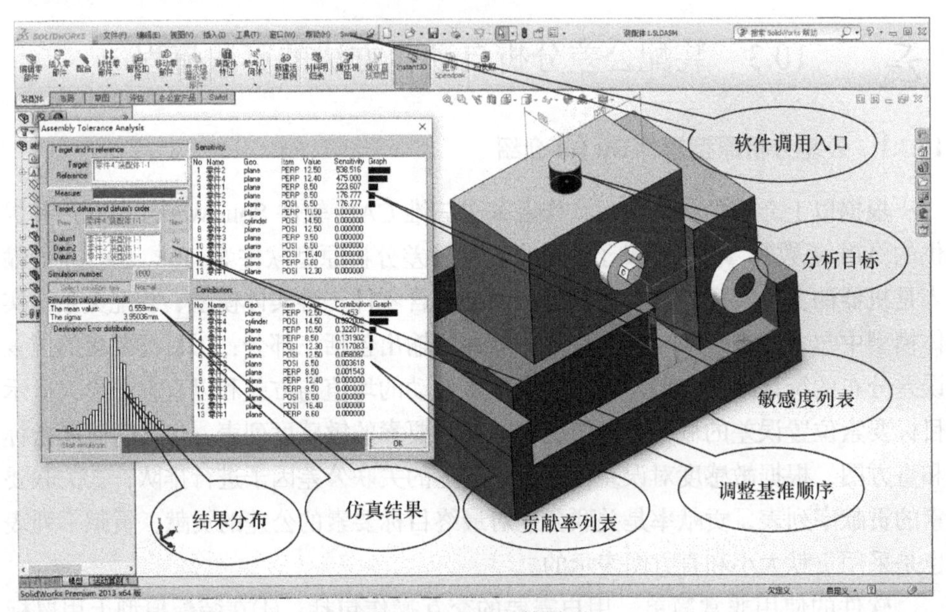

图 10.4　SwTol 的界面

第一，根据 SolidWorks 三维装配模型和零件的三维 GD&T 标注，程序自动提取装配体中的零件文档、零件之间的装配关系、零件内部几何要素的 GD&T 标注信息；第二，根据零件几何要素的误差分布规律，采用蒙特卡罗模拟方法自动生成真实零件实例；第三，自动建立机器的零件位置误差传递关系图和零件内部几何要素误差传递关系图，自动建立装配模型的坐标系层次体系，计算两个指标系之间的齐次坐标变换矩阵；第四，根据装配顺序和装配基准自动计算实例零件装配位置，计算测量目标的实例位置；第五，重复二、三、四三个步骤，得到目标要素位置的概率抽样样本，利用概率统计方法，得到测量目标的概率分析结果。图 10.5 为程序的算法逻辑。

如何表示公差设计的合理性，一个简单的判定方法就是说明当前公差方案能否达到设计目标的精度要求。而更完整的结果表示应该给出影响目标公差的全部因子，并对这些因子根据关键程度进行排队，一个最简单通用的队列是公差因子的敏感度和贡献率队列。

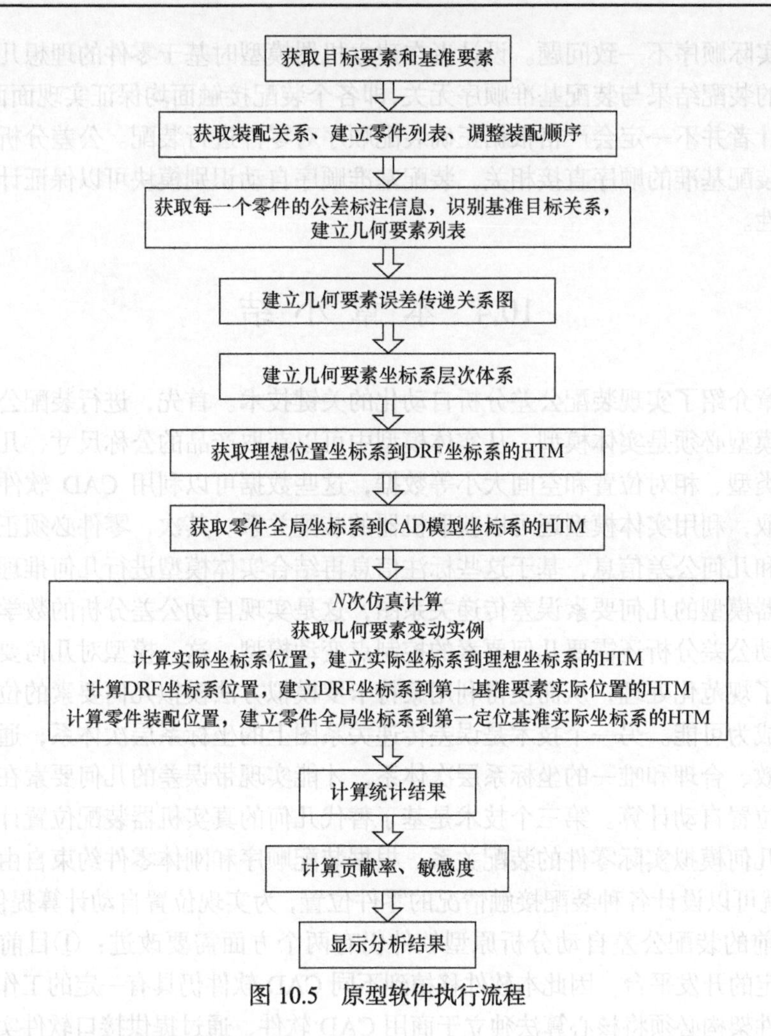

图 10.5　原型软件执行流程

10.3.2　原型软件进一步开发设想

如何与 CAD 软件集成，开发更具实用性的计算机辅助三维公差分析软件。计算机辅助公差技术的复杂性，使对公差设计技术特别是三维公差设计技术的研究远远落后于对 CAD、计算机辅助工艺规划或设计(computer aided process planning, CAPP)和 CAM 的研究，因此与 CAD 软件的集成是 CAT 软件不可避免的问题。

目前的程序是基于特定的开发平台的，因此本软件移植到不同 CAD 软件仍具有一定的工作量。理想的软件架构必须将核心算法独立于商用 CAD 软件，通过提供接口软件实现与各个 CAD 软件集成，从而将核心算法置于云端，形成新的运行方式。

另一个需要改进的地方是必须增加装配基准顺序识别模块，以解决模型装配顺序与实际顺序不一致问题。设计者在建立机器模型时基于零件的理想几何，理想零件的装配结果与装配基准顺序无关，即各个装配接触面均保证实现面面贴合，所以设计者并不一定会严格根据正确装配顺序对零件进行装配。公差分析的正确与否与装配基准的顺序直接相关，装配基准顺序自动识别模块可以保证计算结果的正确性。

10.4 本 章 小 结

本章介绍了实现装配公差分析自动化的关键技术。首先，进行装配公差分析的产品模型必须是实体模型，从实体模型中可以获取产品的公称尺寸，几何要素的几何类型、相对位置和空间大小等数据，这些数据可以利用 CAD 软件的 API 函数获取，利用实体模型还可以获取机器的装配关系。其次，零件必须正确标注了尺寸和几何公差信息，基于这些标注信息再结合实体模型进行几何推理就可以建立机器模型的几何要素误差传递关系图，这是实现自动公差分析的数学模型。实现自动公差分析还需要几何要素的控制点变动模型，这一模型对几何要素的边界进行了规范化处理，从而使得利用蒙特卡罗模拟方法模拟几何要素的位置和方向变动成为可能。另一个技术是误差传递关系图上的坐标系层次体系，通过建立这一有效、合理和唯一的坐标系层次体系，才能实现带误差的几何要素在机器模型中的位置自动计算。第三个技术是基于替代几何的真实机器装配位置计算，利用替代几何模拟实际零件的装配关系，根据装配顺序和刚体零件约束自由度分析方法，就可以设计各种装配接触情况的零件位置，为实现位置自动计算提供支持。

当前的装配公差自动分析原型软件仍有两个方面需要改进：①目前的程序基于特定的开发平台，因此本软件移植到不同 CAD 软件仍具有一定的工作量。理想的软件架构必须将核心算法独立于商用 CAD 软件，通过提供接口软件实现与各个 CAD 软件集成，从而可以将核心算法置于云端，形成新的运行方式。②必须增加装配基准顺序识别模块，以解决模型装配顺序与实际顺序不一致的问题。设计者在建立机器模型时基于零件的理想几何，由于理想零件的装配结果与装配基准顺序无关，即各个装配接触面均保证实现面面贴合，设计者并不一定会严格根据正确装配顺序对零件进行装配。公差分析的正确与否与装配基准的顺序直接相关，装配基准顺序自动识别模块可以保证计算结果的正确性。

参 考 文 献

[1] Zhengshu Z S. Tolerance analysis with EDS/VisVSA. Journal of Computing and Information Science in Engineering. 2003, 3(1): 95-99.

[2] Prisco U, Giorleo G. Overview of current CAT systems. Integrated Computer-Aided Engineering,

2002, 9(4): 373-387.

[3] Sigmetrix. CETOL 6σ Tolerance Analysis Software. https://www.sigmetrix.com/products/cetol-tolerance-analysis-software[2021-2-10].

[4] Haghighi P, Ramnath S, Chitale A, et al. Automated tolerance analysis of mechanical assemblies from a CAD model with PMI. Computer-Aided Design and Applications, 2019, 17(2): 249-273.

[5] Mohan P, Haghighi P, Shah J J, et al. Automatic detection of directions of dimensional control in mechanical parts. Detroit: American Society of Mechanical Engineers, 2014.

[6] Haghighi P, Mohan P, Shah J J, et al. Automatic detection and extraction of tolerance stacks in mechanical assemblies. International Manufacturing Science and Engineering Conference, Buffalo, 2014.

[7] 吴玉光, 张根源. 基于几何要素控制点变动的公差数学模型. 机械工程学报, 2013, 49(5): 138-146.

[8] Wu Y, Chen C. An automatic generation method of the coordinate system for automatic assembly tolerance analysis. International Journal of Advanced Manufacturing Technology, 2018, 95(1-4): 889-903.

[9] 吴玉光. 基于真实机器的装配公差分析方法. 中国科学: 技术科学, 2014, 44(9): 991-1003.

[10] Wu Y. An automated method for assembly tolerance analysis. Procedia CIRP, 2020, 92: 57-62.

[11] 杨灵锋, 吴玉光. 几何要素误差传递关系图的建立方法. 图学学报, 2020, 41(2): 295-303.